AF367102

Comprendre
le changement climatique

Sous la direction de
Jean-Louis FELLOUS
et Catherine GAUTIER

Comprendre
le changement climatique

Jean-Claude ANDRÉ, Roberta BALSTAD, Olivier BOUCHER,
Guy BRASSEUR, Moustafa T. CHAHINE, Marie-Lise CHANIN,
Philippe CIAIS, Robert W. CORELL, Jean-Claude DUPLESSY,
Jean-Charles HOURCADE, Jean JOUZEL, Yoram J. KAUFMAN,
Katia LAVAL, Hervé LE TREUT, Jean-François MINSTER,
Berrien MOORE III, Pierre MOREL, S. Ichtiaque RASOOL,
Frédérique RÉMY, Raymond C. SMITH,
Richard C. J. SOMERVILLE, Eric F. WOOD,
Helen WOOD et Carl WUNSCH

Préface de Michel PETIT

In memoriam
Gérard David Fellous,
Lucia Jean Strawson,
31 mars 1972,
Propriano, Corse.

À mes filles
Kirsten et Julie.
C. G.

À Yoram Kaufman.

PRÉFACE

par Michel PETIT

> « *Nec me pudet ut istos fateri nescire quid nesciam.* »
> « Et je n'ai pas honte comme certains d'avouer ne pas savoir ce que je ne sais pas. »
>
> CICÉRON.

Les hommes tirent des milieux dans lesquels ils évoluent les ressources nécessaires à leur survie : l'air dont ils ne peuvent se passer pendant plus de quelques minutes, l'eau dont ils ne peuvent se passer pendant plus de quelques jours et la nourriture dont ils ne peuvent se passer pendant plus de quelques semaines. Les premiers êtres humains ont commencé à se nourrir de la cueillette et de la chasse. Puis ils se sont mis à cultiver le sol, en y faisant croître les plantes qu'ils pouvaient consommer et, par là même, ont commencé à modifier leur environnement en remplaçant la végétation naturelle par des champs où poussaient les plantes qu'ils avaient choisies. L'élevage d'animaux remplaçant la chasse, ils ont été amenés à favoriser le développement de prairies pour nourrir ces animaux. Auparavant, ils avaient acquis la maîtrise du feu pour se chauffer et faire cuire leurs aliments et pour cela avaient commencé à brûler les forêts.

La montée de l'industrie s'est accélérée grâce à la découverte de la machine à vapeur qui a permis de remplacer la force musculaire des êtres humains, celle des animaux qu'ils avaient domestiqués, la force du vent et des rivières, par des sources d'énergie plus puissantes, tirées de la combustion du bois, puis du charbon et des autres combustibles présents dans le sous-sol, comme le pétrole et ses dérivés. La possibilité de disposer d'énergie est à l'origine de la plupart des éléments de confort qui nous sont familiers. L'électricité éclaire nos habitations et nos rues, elle permet aux TGV de rallier Paris à Marseille en trois heures. Les produits dérivés du pétrole, l'essence, le kérosène alimentent les moteurs des automobiles qui nous permettent de sillonner notre pays et des avions qui permettent d'atteindre en un jour les pays situés aux antipodes. Les téléphones, la télévision, les calculateurs, les hôpitaux ne peuvent fonctionner sans électricité. La disponibilité d'énergie est indispensable au maintien de notre mode de vie et, pour l'ensemble du monde, 80 % de cette énergie est produite à partir du charbon, du pétrole et du gaz qui résultent de la transformation d'anciens végétaux enfouis dans le sol depuis des centaines de millions d'années. Notre rythme actuel de consommation nous conduirait à les épuiser en un petit nombre de siècles. L'épuisement de ces ressources est donc inéluctable. Par contre, elles sont suffisamment abondantes (sous forme de charbon surtout) pour que le gaz carbonique produit par leur utilisation s'accumule dans l'atmosphère de la planète et provoque un bouleversement de son climat, si l'humanité ne limite pas les émissions qu'elle engendre par une politique volontariste. Ce phénomène est sans doute la meilleure illustration de la problématique du développement durable.

Cette problématique a été mise en évidence par les travaux des scientifiques qui ont observé l'évolution du climat, qui ont analysé les processus gouvernant cette évolution et enfin ont conduit des simulations numériques du devenir du climat par suite du rejet dans l'atmosphère de gaz à effet de serre produits par les activités humaines. C'est cette tâche que décrit le présent ouvrage, chaque chapitre étant symboliquement rédigé par un tandem franco-américain. La complexité des phénomènes météorologiques et océaniques mis en jeu est telle que les ordinateurs les plus puissants sont dans l'incapacité de les modéliser fidèlement, en particulier ceux qui se produisent à des échelles spatiales fines. Il en va ainsi de la condensation de la vapeur d'eau qui est, de plus, affectée par la présence de petits noyaux de condensation comme les aérosols. Les modèles produisent donc des résultats qui sont affectés d'incertitudes incontournables. Ces incertitudes font partie intégrante de l'état des connaissances et l'honnêteté intellectuelle commande de les présenter clairement aux non-spécialistes. Ce faisant, on court le risque d'entendre ceux que gêne, pour une raison ou pour une autre, la réduction des émissions argumenter que, puisqu'il y a des incertitudes, il est urgent de ne rien faire tant qu'elles ne seront pas levées. La réponse à cette dérobade est que personne ne sait quand elles pourront l'être et la prudence élémentaire que s'imposent les bâtisseurs dans un tel cas, consiste à prendre en considération les estimations les plus pessimistes.

De plus, l'inertie du système climatique nous commande d'agir vite. Si, conformément aux bonnes intentions de la convention de Rio, nous entendons stabiliser le climat de la planète, il nous faudra passer de la croissance incessante actuelle des émissions à une diminution de ces dernières jusqu'à descendre nettement en dessous des valeurs actuelles. La composition de l'atmosphère ne se stabilisera que quelques dizaines d'années après que les émissions auront commencé à diminuer. La température continuera à croître encore pendant quelques décennies supplémentaires avant d'atteindre une valeur plafond, très supérieure à ce qu'elle était au moment du maximum des émissions. Autrement dit, si nous ne réduisons pas nos émissions avant de souffrir vraiment de la dérive du climat, nous condamnerons les générations futures à subir pendant des millénaires des conditions climatiques encore bien plus difficiles à supporter que celles qui nous ont décidés à agir.

La réduction des émissions humaines de gaz à effet de serre est à notre portée. Il suffit pour cela que les scientifiques persuadent les citoyens du monde que le changement climatique qu'ils provoquent est un danger sérieux pour les décennies à venir, même s'il n'est pour l'instant que marginalement perceptible par tous. Cet ouvrage constituera une contribution importante à cette ardente obligation.

L'auteur

MICHEL PETIT a dirigé l'Institut national des sciences de l'Univers, la Délégation générale à l'espace, la recherche du ministère de l'Environnement et le centre de recherche de l'École polytechnique. Il a été membre du bureau du Giec et est coresponsable international pour le quatrième rapport d'évaluation du thème transversal « Incertitudes et risque ». Il préside le comité environnement de l'Académie des sciences.

INTRODUCTION

par Jean-Louis FELLOUS et Catherine GAUTIER

> « L'empire du climat est le premier de tous les empires,
> parce qu'il forme la différence des caractères et des passions
> des hommes. »
>
> MONTESQUIEU, *L'Esprit des lois*, 1748.

> « *Like the canary in the coal mine, the climate changes
> already evident in the Arctic are a call to action.* »
>
> Sénateur Susan COLLINS.

Pourquoi ce livre ?

UNE INFORMATION QUI ENTRETIENT LA CONFUSION SUR LE CLIMAT

Il y a à la fois un large consensus sur les questions de base du changement climatique et un débat intense sur les incertitudes scientifiques. En vrac, nous savons que le CO_2 absorbe le rayonnement infrarouge, que sa concentration augmente en raison de l'activité humaine, que les changements attendus de la température et des précipitations peuvent avoir des conséquences désastreuses, nous savons que le niveau de la mer s'élève, que l'Arctique fond et que l'océan devient plus acide. Dans ce livre, le lecteur trouvera beaucoup de discussions sur les incertitudes, car c'est ce qui est le plus intéressant du point de vue scientifique. D'un point de vue politique, l'incertitude peut conduire à l'inaction. Mais il est important de comprendre que l'urgence de l'action préconisée dans ce livre est fondée sur une connaissance scientifique raisonnablement solide.

Le public perçoit la question climatique à travers de multiples canaux d'information, qui confondent souvent météorologie et climat, variabilité naturelle et changements induits par l'activité humaine, variations climatiques historiques et présentes, moyennes globales et événements extrêmes, etc.

Les médias s'efforcent de fournir une vision équilibrée et honnête, et offrent souvent au public des opinions en conflit même si elles ne sont guère représentatives. Ce style d'information accorde un poids excessif aux points de vue des contradicteurs. Des livres de fiction, tels que *État d'urgence* du romancier Michael Crichton, sont présentés comme des documents scientifiquement valides et reçoivent plus d'attention qu'ils n'en méritent. La discussion sur le changement climatique a été influencée par les lobbies politiques et industriels, notamment du secteur énergétique. À ses débuts, aux États-Unis, elle s'est même inutilement polarisée le long des lignes partisanes, ce qui a fait obstacle aux discussions franches requises pour faire progresser cette science complexe et évolutive.

D'autre part, les gouvernements comme le public bénéficient d'une information scientifique à jour et de première qualité grâce à une série de rapports visant à fournir la meilleure connaissance scientifique disponible à l'appui de la Convention-cadre des Nations unies sur le changement du climat (UNFCCC). Le Groupe intergouvernemental d'experts sur l'évolution du climat (Giec, en anglais, IPCC, voir le Chapitre 1) a reçu le mandat de fournir une information utile aux décideurs. Les rapports d'évaluation du Giec, représentant le consensus de la communauté scientifique, sont publiés à intervalles de quatre à six ans à l'issue d'une procédure de revue longue et rigoureuse mettant à contribution des centaines d'experts.

En dépit du consensus scientifique international, différentes attitudes gouvernementales s'observent dans le monde à l'égard du changement du climat. En particulier, les États-Unis, l'Australie et quelques autres pays d'une part, les pays européens et la plupart des autres pays développés d'autre part, ont une position différente sur le type d'action globale à entreprendre, comme par exemple celle préconisée par le protocole de Kyoto. Ces positions diverses, de la part de nations de niveau de développement économique équivalent, sont une autre source de confusion. Certaines nations tentent de faire valoir que les incertitudes dans notre compréhension du changement climatique sont assez grandes pour remettre toute action à plus tard, ou, comme les États-Unis, que des solutions techniques pourraient suffire dans l'avenir pour renverser les tendances et éviter des situations critiques. Il est urgent que ces gouvernements sceptiques vis-à-vis d'une action préventive à l'égard du changement climatique à partir de considérations économiques, prennent conscience de l'existence d'une crise climatique qu'il faut traiter sans plus attendre, sérieusement et en profondeur.

LA COMMUNAUTÉ SCIENTIFIQUE DU CLIMAT : CONSENSUS OU DIVERGENCE ?

Fondamentalement, la science du climat s'efforce de comprendre le système complexe et interactif du climat, d'en produire des modèles permettant de prévoir son évolution, d'observer tout à la fois les tendances climatiques actuelles et dans le passé lointain, et d'étudier les impacts du climat sur la société. Comme toute science, la science du climat se fonde sur l'analyse de données et de modèles, et sur le débat autour des hypothèses qui en découlent et des théories qui en résultent. La discussion et l'évaluation critique sont la règle. En dépit du large consensus au sein de la communauté scientifique sur la réalité et la nature du changement climatique, il y a quelques désaccords quant aux multiples causes de ce changement, à sa vitesse, et aux projections des changements futurs. L'incertitude inhérente à certains jeux de données (comme les enregistrements paléoclimatiques, ou les courtes séries de données de satellites) peut conduire à des explications divergentes, une situation accentuée lorsque les études climatiques s'appuient sur des données douteuses ou peu précises (voir Chapitre 12). Il faut alors être capable d'une interprétation astucieuse pour en extraire une information climatique valide.

Il faut reconnaître que le problème climatique est très complexe et que sa compréhension requiert la collaboration de nombreuses disciplines différentes (Figure 1.1*). Le résoudre n'est pas à la portée d'un chercheur isolé, car il met en jeu une multitude de processus interagissant sur une vaste gamme d'échelles d'espace et de temps. Des quantités de données énormes et toujours croissantes doivent être collectées et analysées, et la variabilité intrinsèque du climat impose une instrumentation sophistiquée. De plus, les échelles climatiques supposent de longues séries d'observations. Des modèles complexes sont indispensables pour intégrer ces données et fournir des projections du climat futur. L'attribution du changement climatique en général à des causes naturelles ou humaines ou une combinaison des deux est toujours difficile. Et l'attribution d'un événement exceptionnel, comme un ouragan ou une vague de chaleur, à l'altération du climat ne peut se faire que sous la forme d'une probabilité par comparaison à une norme statistique (voir Chapitre 10).

Des conflits d'interprétation et des résultats divergents peuvent provenir de mesures prises par des instruments différents appliqués à l'observation d'aspects différents d'un même processus (comme la mesure de l'intensité de la pluie dans un nuage en fonction de la température au sommet du nuage pour déterminer les taux de précipitation), ou de modèles numériques effectuant des calculs distincts (en faisant par exemple des hypothèses variées sur les conditions de formation des nuages dans le modèle). Ces situations doivent être vues comme une indication de la complexité du système climatique et non d'un désaccord de fond entre scientifiques.

Il n'est pas surprenant que des opinions dissemblables existent au sein de la communauté scientifique du climat aussi bien aux États-Unis que dans les pays européens. Il n'y a toutefois pas plus de divergences

---

* Les figures en couleurs sont regroupées dans le cahier hors texte.

entre chercheurs de part et d'autre de l'Atlantique qu'il n'en existe de chaque côté. Une majorité écrasante des chercheurs du monde entier partagent l'avis selon lequel la cause du changement climatique peut sans aucun doute être attribuée à l'utilisation à grande échelle des combustibles fossiles et, dans une moindre mesure, aux changements d'utilisation des sols et à la déforestation depuis au moins le début de l'ère industrielle, à des causes naturelles et à la variabilité intrinsèque du climat.

Il faut retenir de tout ceci l'accord profond de la communauté scientifique sur la réalité du changement climatique d'origine anthropique. De surcroît, la plupart des chercheurs estiment qu'il y a urgence, que la situation représente un risque majeur pour notre civilisation et requiert *dès maintenant* une réponse rapide et coordonnée de tous les pays.

IL NE S'AGIT PAS SIMPLEMENT D'UN LIVRE DE PLUS SUR LE CHANGEMENT CLIMATIQUE

La plupart des chapitres de ce livre ont été rédigés par des experts américains et français de notoriété mondiale. Tous les auteurs ont une expérience étendue de la recherche climatique et de la coopération internationale. En écrivant leur chapitre, les auteurs se sont confrontés au défi d'approcher au plus près la « vérité » scientifique et de présenter cette connaissance aux lecteurs en les exposant à la complexité d'un changement climatique qui, en fin de compte, peut mettre en cause la survie de l'espèce sur la planète. De ce fait, ces chercheurs parlent le strict et parfois difficile langage de la science : physique, chimie, biologie, géographie, géologie et recherche socio-économique. S'adressant au lecteur non spécialiste, ils se sont efforcés d'éviter le jargon scientifique de leur discipline et emploient un vocabulaire soigneusement codifié pour éviter toute incompréhension ou erreur d'interprétation. Enfin, que ce livre soit publié simultanément en France et aux États-Unis et dans les deux langues n'est pas sa moindre originalité.

Nombre des auteurs ont collaboré au sein de programmes internationaux[1], certains ont étudié dans les mêmes laboratoires, la plupart ont travaillé ensemble aussi bien aux États-Unis qu'en Europe. Comme le lecteur s'en rendra compte, il n'y a pas d'opinion unanime entre les auteurs tout au long de ce livre, et il pourra repérer des différences de points de vue parmi les chapitres. Dans certains cas, ces divergences de

---

1. Un des auteurs du chapitre 4, Yoram Kaufman, est décédé en mai 2006 à la suite d'un tragique accident. Nous tenons à rendre hommage à sa participation enthousiaste à cet ouvrage collectif. Yoram était à la fois un collègue et un ami très cher pour beaucoup d'entre nous, aux États-Unis et en France.

vues entre auteurs du même chapitre ont été résolues par le débat ou peuvent encore se lire « entre les lignes ».

Ce livre présente une analyse du changement climatique qui se fonde sur des faits et repose sur des démonstrations. Il y est question de science : comment les particules microscopiques produites par l'activité humaine ont le pouvoir de changer les nuages et la pluie ; comment les gaz que nous déversons dans l'atmosphère agissent sur le cycle de l'eau, influent sur le phénomène El Niño et les ouragans ; comment l'utilisation des sols affecte l'eau qui les arrose ou sa capacité à absorber les gaz à effet de serre que nous émettons, etc.

Le premier chapitre fournit une synthèse des principaux résultats acquis présentés dans le livre, et des derniers apports du Giec, le quatrième rapport d'évaluation qui vient d'être publié. Dans le dernier chapitre, deux éminents chercheurs en sciences sociales traitent de la question du climat et de la société. On doit en effet comprendre que, au-delà de la description des mécanismes physiques en jeu, le changement climatique a pour cause le développement économique et social. Il aura une multitude de conséquences économiques et sociales, et ne pourra être affronté qu'au travers de réponses économiques et sociales, dont les solutions technologiques, pour autant qu'elles existent, font aussi partie.

Chaque chapitre de ce livre vise à offrir au lecteur une description d'un aspect particulier du problème climatique, de son rôle dans le bouleversement actuel du climat, des impacts et des effets en retour qui se produisent ou peuvent intervenir dans l'avenir, et de son importance pour la société. L'introduction et la conclusion tracent ensemble les axes autour desquels le livre est organisé sous la forme d'une série d'essais à la fois indépendants et interconnectés[2].

DES THÈMES TRANSVERSAUX

Quatre thèmes principaux tissent la trame de ce livre : complexité, interconnexion, incertitude sur le changement du climat et impact humain. La *complexité* résulte de la nature non linéaire du système climatique, qui peut évoluer de manière chaotique, par des changements abrupts difficiles à prévoir. Connaître la réponse du système climatique à une perturbation ne suffit pas à prédire son comportement futur en

---

2. Nous tenons à rassurer le lecteur sur un point : ce livre, écrit par un groupe d'auteurs dispersés aux quatre coins de la France et des États-Unis, a pris au sérieux le problème du climat : sa rédaction est exempte d'émissions de gaz à effet de serre ! Aucun auteur n'a voyagé pour rédiger sa partie, seuls les écrits ont voyagé... dans le cyberespace. Mis à part l'échange de courrier électronique, toutes les communications entre auteurs ont eu lieu par téléconférence.

réponse à des perturbations plus intenses, même si elles sont qualitativement semblables, en raison du dépassement de certains seuils (aussi
nommés « points d'inflexion ») au-delà desquels le système bascule vers
un nouvel état d'équilibre. L'*interconnexion* reflète la diversité du système
du climat de la Terre, qui englobe toutes les composantes de la planète :
hydrosphère, cryosphère, atmosphère et biosphère. Les interactions entre
ces composantes sont complexes et souvent aussi non linéaires, agissant
à différentes échelles inhérentes de temps et d'espace et produisant des
rétroactions dont l'amplitude est aussi difficilement prévisible. L'*incertitude* est une notion centrale en science du climat, et la réduire est l'objectif constant des chercheurs. Parmi les incertitudes climatiques figurent la
sensibilité du climat, les forçages et les rétroactions. *Réduire les incertitudes,* tel était le titre d'une brochure publiée en 1992 par le Programme
international géosphère-biosphère (IGBP), une initiative majeure de
recherche sur le changement global lancée en 1986. On doit admettre
que les premiers résultats de recherche dans un domaine nouveau et
interdisciplinaire, lorsque toutes les pièces sont assemblées, tendent à
accroître les incertitudes. Une fois les interconnexions mieux comprises
et représentées par des modèles, alors seulement la vision s'améliore et
les incertitudes se réduisent. Toutefois, la nature intrinsèquement chaotique du système climatique rend irréductible une certaine marge
d'incertitude. Enfin, *l'impact humain* est au cœur de nos préoccupations,
et le livre entier s'efforce de mettre en évidence l'urgente nécessité d'une
réponse humaine avisée aux défis menaçants qui s'annoncent.

LES MODÈLES

Pour comprendre le climat, les scientifiques ne peuvent procéder à
des expériences en laboratoire dont les facteurs sont contrôlés pour tester la sensibilité du système dans des conditions variées. Il est impossible
de conduire de telles expériences à échelle réelle, quoique l'espèce
humaine s'y soit lancée par inadvertance en modifiant imprudemment la
composition de l'atmosphère, en abusant de manière irresponsable des
surfaces continentales et en contrariant le climat en général. Les scientifiques ont toutefois la possibilité d'effectuer des expériences virtuelles au
moyen de modèles numériques, un outil unique permettant de comprendre le fonctionnement du climat et de prévoir son évolution.

Pour le non-spécialiste, un modèle ressemble à une « boîte noire »
qui dispense des prédictions du futur. En réalité, les modèles, notamment ceux du climat, sont des programmes informatiques complexes qui
calculent l'état du système (climatique) à chaque instant en se basant sur
les lois de la physique, telles que la conservation de la masse, de l'énergie, et de la quantité de mouvement, dont la plupart ont été établies

depuis plus d'un siècle. La même théorie de la mécanique des fluides, qui sait représenter de manière réaliste des écoulements complexes, comme celui des carburants dans un moteur de fusée ou les veines d'air le long des ailes des avions stratosphériques s'applique tout aussi bien à la modélisation climatique. Dans ces modèles, les incertitudes résultent de notre compréhension incomplète du système climatique et de la nécessité d'incorporer des simplifications physiques arbitraires pour améliorer la validité des simulations par les modèles.

La plupart des chapitres de ce livre font référence à des résultats de modèles, souvent présentés sous la forme de cartes colorées qui sont une représentation graphique des produits de ces modèles. Lorsque l'on compare ainsi des modèles différents, on peut avoir l'impression qu'ils fournissent des résultats divergents. En réalité, les résultats sont plus semblables que différents.

Les modèles de climat peuvent être testés et « ajustés » avec des données passées (voir Chapitre 4). Ces modèles ont des limitations évidentes, dont certaines sont surmontées grâce à la puissance de calcul sans cesse croissante des ordinateurs, tandis que d'autres qui ont trait à la limite de prédictibilité du système climatique demeureront. À l'heure actuelle, les modèles sont le seul outil dont les scientifiques disposent pour prédire le climat futur. Dans l'avenir, des calculateurs plus puissants pourront sans doute aider à résoudre le problème de la prévision du climat.

Lorsqu'ils font « tourner » un modèle de prévision climatique, les scientifiques doivent faire des hypothèses sur l'évolution des sociétés humaines, en termes de population et d'utilisation de l'énergie et des émissions correspondantes. Ceci signifie que les incertitudes associées aux projections du climat futur résultent de l'imperfection des modèles, et tout autant des incertitudes relatives aux futurs comportements humains (Figure 1.2).

LES PRINCIPALES CERTITUDES SCIENTIFIQUES

Des preuves solides, fondées sur l'observation, des changements du climat au cours du siècle écoulé sont présentées dans ce livre, en ce qui concerne la hausse de la température globale à la surface, l'accroissement du contenu thermique de l'océan, la fonte des glaciers et l'élévation du niveau de la mer, directement reliés à l'accroissement de la concentration des gaz à effet de serre (CO_2, CH_4, N_2O, O_3 dans la troposphère) et aux changements d'usage des terres (déforestation, désertification, urbanisation). On montre que ces changements récents se produisent très rapidement, sur un fond de changements beaucoup plus lents de la température et des concentrations des mêmes gaz à effet de serre qui ont lieu sur des échelles de temps longues, telles que les intervalles de plusieurs dizaines de milliers d'années qui séparent les périodes glaciaires et

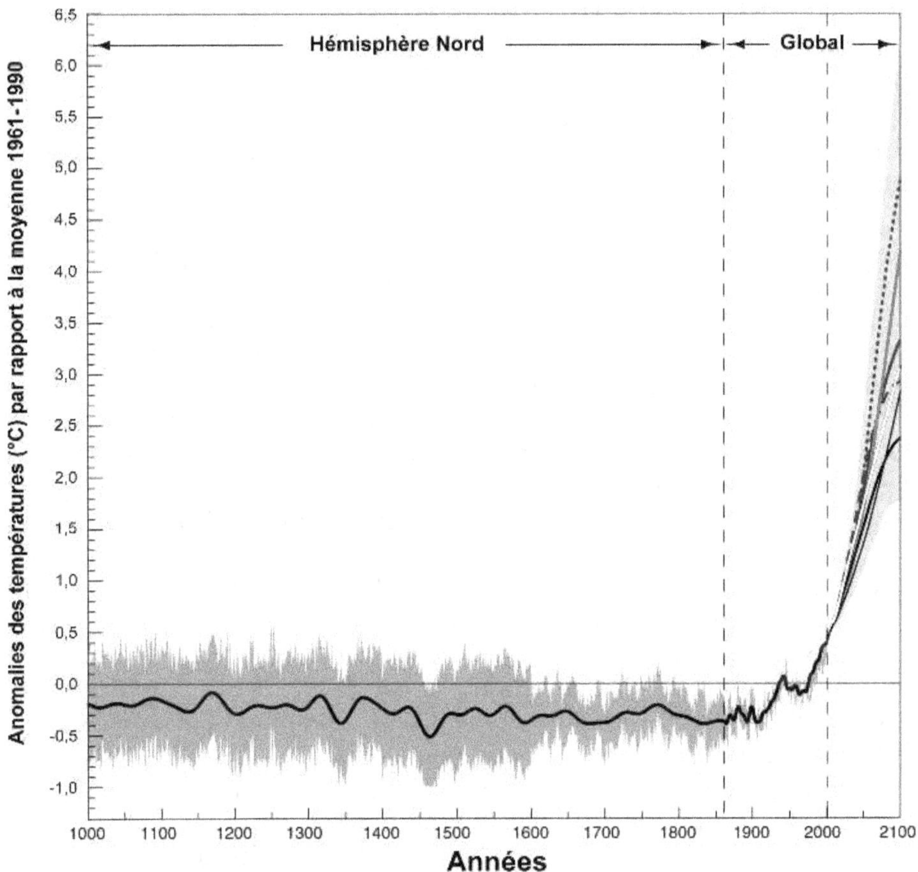

Figure 1.2. Observations depuis l'an 1000 (indicateurs de 1000 à 1860, mesures instrumentales depuis 1860) sur l'hémisphère Nord et projections globales du Giec jusqu'en 2100 (selon différents scénarios) des anomalies de température.

interglaciaires. L'effet de serre additionnel est décrit, on démontre qu'il est largement responsable des importants changements de température observés, tout en interagissant avec des rétroactions (dont celles de la vapeur d'eau, des nuages, de la neige et de la glace, et de la végétation) au sein du système climatique qui amplifient ou réduisent ces changements, et compliquent notre compréhension du changement du climat et nos prévisions de son évolution.

Tous les modèles de climat s'accordent dans leur projection d'un réchauffement accru dans l'avenir en résultat de la chaleur accumulée dans l'océan (le volant d'inertie du système) et les émissions inévitables de gaz à effet de serre produites par les hauts niveaux de consommation d'énergie fossile aussi bien dans les pays développés que dans les nations en développement. Les particules minuscules dont sont formés les aérosols atmosphériques ont la capacité de compenser une partie du réchauffement induit par effet de serre et ainsi masquer un réchauffement potentiel accru qui pourrait se révéler si les émissions d'aérosols (la pollution) venaient à se réduire. De plus, les aérosols créent un lien important entre l'activité humaine et les processus naturels à travers leurs effets sur les nuages.

Ce livre montre aussi que le cycle de l'eau est une composante majeure du système climatique car il couple la branche atmosphérique du climat aux autres compartiments actifs du système (océans, hydrologie continentale, calottes glaciaires et végétation). Malgré la robustesse de nos connaissances, fondée par exemple sur les principes de la thermodynamique, il est et il demeurera difficile de prédire les changements du cycle hydrologique sur une Terre plus chaude. De fait, l'incertitude sur l'évolution du cycle de l'eau dans un monde plus chaud est l'un des principaux obstacles à la prédiction quantitative du changement climatique.

À propos de la composante continentale du cycle hydrologique, les résultats présentés ici témoignent d'un assez bon accord entre les scientifiques dans quelques cas particuliers. Pour les prévisions régionales, par exemple, l'accord porte sur la probabilité de plus de précipitations mais moins de neige sur l'Arctique, davantage d'humidité en zone tropicale, moins aux latitudes moyennes, et une fréquence accrue des sécheresses sur les régions qui les subissent déjà, comme le Sahel en Afrique, l'Europe méditerranéenne et le sud-ouest des États-Unis d'Amérique.

On y apprend que l'océan est un environnement dynamique, très différent des descriptions simplistes passées. C'est un système dans lequel physique, chimie et biologie interagissent en permanence, d'où la difficulté pour les modèles numériques de faire des prévisions précises, et même dans certains cas de distinguer entre variabilité climatique naturelle et changements à long terme induits par l'activité humaine.

Un regard sur le cycle du carbone nous enseigne que la végétation et l'océan séquestrent de manière continue et dans des proportions similaires une large fraction du CO_2 anthropique, d'où une acidification de l'océan. Ce faisant, ces deux milieux nous apportent une aide incroyable. On apprend dans ce chapitre que l'atmosphère de la Terre n'a pas connu une telle concentration de CO_2, dépassant aujourd'hui 375 ppm, depuis au moins 20 millions d'années. Cette absence d'expérience antérieure rend difficile une extrapolation vers le futur.

Dans l'ensemble, on voit la nécessité de l'adaptation au réchauffement qui s'est déjà produit et à celui qui se poursuivra inexorablement. Il faudra envisager des stratégies d'atténuation afin de prévenir de futurs changements à grande échelle aux conséquences potentiellement catastrophiques.

Le chapitre sur la cryosphère, qui occupe les régions les plus froides du globe, confirme que le réchauffement y est le plus rapide : les glaciers de montagne reculent, la couverture neigeuse se réduit d'année en année, les calottes glaciaires de l'Antarctique et du Groenland donnent des signes de fonte, et la banquise se disloque. La diminution des glaces de mer arctiques et la fonte précoce de la neige produisent des rétroactions positives qui augmentent et accélèrent le réchauffement global et l'élévation du niveau de la mer. Des impacts majeurs sont d'ores et déjà observés sur les éco-systèmes polaires, et les zones côtières fortement peuplées sont menacées.

Comme le dit une épigraphe au début de cette introduction, l'Arctique est le « canari » du changement climatique[3]. Nous partageons cet avis, et y avons consacré un chapitre entier. Cette région subit d'année en année une perte record de glace de mer, que les scientifiques du monde entier surveillent attentivement. Les effets attendus sont bien connus. À mesure de l'absorption accrue dans l'Arctique de chaleur du soleil, le cycle implacable de la fonte et du réchauffement rétrécira les glaciers massifs du Groenland et accélérera la montée du niveau de la mer. La question se pose désormais, à la lumière des changements en Arctique, de savoir si l'accélération observée de la fonte des glaces représente, compte tenu de l'inertie des calottes polaires, un point d'inflexion criti-que au-delà duquel le climat ne pourrait se rétablir.

Ensemble
face au changement climatique

Il ne s'agit pas pour les scientifiques qui ont pris part à ce livre de se conduire en prescripteurs sur le plan politique. Leurs contributions ont l'ambition de fournir aux citoyens et aux décideurs la meilleure informa-tion disponible, politiquement pertinente, en vue d'évaluer les stratégies d'atténuation du changement climatique et d'adaptation pour y faire face. En même temps, ces scientifiques sont aussi des citoyens qui ne peuvent se priver d'exposer leurs vues sur l'urgence de la crise, même si on ne dispose pas encore d'une preuve scientifique définitive. Il faut sans délai limiter les émissions tout en adoptant des stratégies adéquates face aux changements déjà en cours. Il faut aussi développer les recherches permettant de consolider la base de connaissances sur le climat, assurer la continuité des systèmes d'observation qui fournissent aux scientifiques et à la société les moyens de comprendre et de prévoir grâce à la modé-lisation et l'assimilation des données. Les chercheurs peuvent aussi

---

3. Au XIXe siècle, les mineurs descendaient des canaris dans les mines de charbon, en guise de système d'alarme contre les coups de grisou.

encourager les autres citoyens à réévaluer leur mode de vie, promouvoir la réduction de la consommation d'énergie et l'utilisation des sources d'énergie à faible teneur en carbone, et apprendre des efforts menés dans d'autres cas pour faire face au changement du climat au travers d'initiatives innovantes de développement social.

L'Europe s'exprime à haute voix sur la question du climat. Malheureusement, l'action n'est pas toujours à la hauteur des fortes paroles. La France, par exemple, montre peu d'exemples d'action innovante pour combattre le changement climatique. Sous la pression de l'industrie automobile, le gouvernement français a récemment battu en retraite sur son intention de réduire la vitesse maximale sur les autoroutes et d'imposer une taxe additionnelle sur les véhicules 4 × 4 assoiffés. La majeure partie du financement public dans le domaine des transports va à la construction d'autoroutes plutôt qu'au soutien du fret ferroviaire ou fluvial. Les taux relativement faibles d'émissions de gaz à effet de serre s'expliquent par la prédominance en France de l'électricité nucléaire. Peu d'efforts ont été faits pour développer les énergies renouvelables, à part les biocarburants, et le financement de la recherche et du développement (R & D) sur les sources d'énergie alternatives est à un niveau particulièrement bas. La stabilité des taux d'émissions (en conformité avec les engagements de la France vis-à-vis du protocole de Kyoto) résulte de l'équilibre entre les émissions décroissantes de l'agriculture et de l'industrie et l'accroissement continu des émissions des secteurs des transports et de l'habitat. D'autres pays du sud de l'Europe sont loin de remplir leurs obligations à l'égard de Kyoto (Italie : + 12 % par rapport à 1990 au lieu des − 6 % alloués ; Espagne : + 48 % en 2004 par rapport à 1990, au lieu des + 15 % alloués), mettant en péril l'objectif global de réduction de l'Union européenne. La réduction des émissions futures d'un « facteur 4 » d'ici 2050 est à l'étude en France et au Royaume-Uni, et un tel objectif paraît réalisable. Cependant, le manque de cohérence et de volonté politiques laisse craindre qu'il ne s'agisse que d'un slogan.

De l'autre côté de l'Atlantique, il est bien connu que l'administration du président George W. Bush et le Congrès américain ont refusé de ratifier le protocole de Kyoto, et que les émissions américaines continuent de croître rapidement : + 16 % en 2003 par comparaison avec 1990, + 54 % projetés en 2030. Mais les États-Unis ont un plus fort programme de R & D relatif au climat et aux énergies renouvelables. Plusieurs États, de nombreuses villes et communautés locales ont adopté des stratégies exemplaires pour réduire la consommation de combustibles fossiles, encourager l'utilisation d'énergie renouvelable et développer des maisons dites « zéro-émission ». L'association des gouverneurs de l'Ouest a adopté à l'unanimité une résolution appelant les États et les villes à réduire les émissions humaines de gaz à effet de serre, un pas en avant important pour les gouverneurs d'États disposant de centrales thermiques et de réserves majeures de houille et de pétrole. Dans la partie orientale du continent nord-américain, les six États de Nouvelle-Angleterre et les quatre provinces maritimes du Canada se sont engagés à collaborer pour définir des objectifs régionaux et y associer les autres États et provinces de la région pour les atteindre. En Californie, le gouverneur a promulgué en 2006 une loi qui impose des limitations des émissions dans un État qui est responsable à lui seul de 9 % des émissions globales de CO_2. Plus encore, le ministre de la Justice poursuit les plus grands constructeurs d'automobiles, les accusant de mettre en danger la Californie et réclamant une compensation financière pour les dommages causés selon lui à la santé, l'économie et l'environnement.

Dans un monde dont les quarante dernières années ont vu s'élargir le fossé entre riches et pauvres, les perspectives du changement du climat ont de quoi inquiéter. Les pays pauvres (et même certaines régions des pays développés) pourraient être submergés par un nombre massif de « réfugiés du climat » fuyant des régions frappées de façon répétée par des événements extrêmes. Mais les désastres climatiques peuvent frapper tout autant pays riches et pays pauvres. Un avant-goût de ce qui pourrait devenir banal dans le futur a été observé lorsque l'ouragan Katrina a dévasté La Nouvelle-Orléans en Louisiane en 2005. Les populations les plus pauvres ont été les plus affectées par cette catastrophe, qui a fait de nombreux morts et laissé sans abri un grand nombre de survivants, toujours sans toit plus d'un an après. La vague de chaleur qui a frappé l'Europe en août 2003, faisant plus de 15 000 morts en France, surtout des personnes âgées et des pauvres, en donne un autre exemple. Le monde doit mieux se préparer à la relocalisation future inévitable de millions de personnes. En fait, en raison de la rapidité de la croissance de la population mondiale et du développement des zones côtières, le monde n'est même pas prêt à affronter les niveaux « normaux » de variabilité climatique.

Les auteurs de ce livre espèrent qu'il contribuera à convaincre de la nécessité d'améliorer notre capacité à comprendre et prévoir les changements du climat tout en travaillant à maintenir un environnement sûr et sain pour les générations futures. Les États-Unis et la France (et plus généralement l'Europe) ont l'occasion de jouer un rôle moteur dans la voie de la durabilité et de la responsabilité environnementale. S'il est clair que les décisions quant à la manière de minimiser le changement climatique et de s'y adapter seront en fin de compte fondées sur des politiques économiques et sociales, il est absolument vital que les analyses du changement climatique s'appuient sur une base scientifique solide.

De plus en plus de gens sont tentés de recourir à des « solutions technologiques », ce que l'on désigne par « géo-ingénierie », en raison de la difficulté à modifier les comportements. On parle de fertilisation en fer des océans, d'injection d'aérosols sulfatés dans l'atmosphère pour réduire le rayonnement solaire entrant, ou même du déploiement en orbite de grands miroirs pour défléchir une partie du flux solaire. Il est certes légitime de développer des recherches sur ces sujets, mais attention à ne pas ouvrir la boîte de Pandore. Nous estimons qu'en aucun cas, la recherche en matière d'ingénierie climatique ne peut servir de prétexte pour interrompre ou retarder les efforts immédiats pour mettre en œuvre des solutions économes en carbone. L'expérimentation involontaire en cours sur le climat s'avère suffisamment risquée pour que nous réfrénions toute initiative visant à de nouvelles altérations d'un système climatique complexe et loin d'être complètement compris.

Notre société globale est aujourd'hui confrontée au besoin urgent d'une réponse sage au changement du climat. Contrairement aux civilisations passées, dont la disparition est probablement due à la pression excessive qu'elles exerçaient sur leur environnement, notre société bénéficie d'une alerte précoce et de moyens prévisionnels qui peuvent l'aider à ajuster ses comportements et prévenir une issue catastrophique. La question est désormais la suivante : saurons-nous faire mieux ?

Les auteurs

JEAN-LOUIS FELLOUS a dirigé les programmes d'observation de la Terre du Cnes et les recherches océanographiques de l'Ifremer. Il travaille actuellement à l'Agence spatiale européenne (ESA) comme coordinateur de programmes d'observation de la Terre pour le climat, l'environnement et la sécurité. Il est le secrétaire exécutif du Comité mondial des satellites d'observation de la Terre (Ceos) et copréside la Commission mondiale d'océanographie et de météorologie marines (Jcomm).

CATHERINE GAUTIER est professeur au département de géographie de l'Université de Californie à Santa Barbara et a dirigé l'Institute for Computational Earth System Science (ICESS). Ses recherches portent sur la modélisation et l'observation des effets des nuages et des aérosols sur le climat ainsi que sur la pédagogie de la science du climat.

*

Pour en savoir davantage

Fellous, J.-L., 2003. *Avis de tempêtes. La nouvelle donne climatique*, Paris, Odile Jacob, 338 p.

Weart, S. R., 2003. *The Discovery of Global Warming*, Cambridge, MA, États-Unis, Harvard University Press, 228 p.

Kolbert, E., 2005. *Fields Notes from a Catastrophe : Man, Nature and Climate Change*, New York, NY, Bloomsberry Publishing, 210 p.

Chapitre 1

LE GROUPE INTERGOUVERNEMENTAL D'EXPERTS SUR L'ÉVOLUTION DU CLIMAT : LE CONSENSUS À L'ÉCHELLE PLANÉTAIRE

par Jean JOUZEL et Richard C. J. SOMERVILLE

> « C'est ainsi que la température est augmentée par l'interposition de l'atmosphère, parce que la chaleur trouve moins d'obstacle pour pénétrer l'air étant à l'état de lumière, qu'elle n'en trouve pour repasser dans l'air lorsqu'elle est convertie en chaleur obscure. »
> Joseph FOURIER, *Mémoire sur les températures du globe terrestre et des espaces planétaires*, Mémoires de l'Académie des sciences, t. 7, p. 569-604, 1824 (imprimé en 1827).

> « *After all, what's the use of having developed a science well enough to make predictions, if in the end all we're willing to do is stand around and wait for them to come true ?* »
> F. Sherwood ROLAND, lauréat du prix Nobel de chimie 1995.

Les résultats principaux du quatrième rapport du Giec (2007)

Le Groupe intergouvernemental d'experts sur l'évolution du climat (Giec) a publié quatre rapports, en 1990 [1], 1995 [2], 2001 [3, 4] et 2007 [5]. Ces rapports, qui font la synthèse des informations les plus pertinentes sur le problème du changement climatique, font largement autorité. Destinés, en premier lieu, aux décideurs, ils intéressent en fait une communauté beaucoup plus large : ils sont, par exemple, largement utilisés comme textes de référence dans le domaine de l'éducation. Dans l'encart ci-après, nous résumons les principaux résultats actuellement disponibles sur les aspects scientifiques de l'évolution du climat, tels qu'ils sont présentés dans le rapport 2007 du Giec (AR4 pour *Assessment Report number 4*).

La réunion qui a conduit à l'approbation du rapport du groupe scientifique du Giec s'est, à l'invitation de la France, tenue à Paris au début de l'année 2007. Elle a marqué la première étape d'un processus qui conduira à la publication du 4ᵉ rapport (AR4), et a été suivie de réunions d'approbation du même type à Bruxelles (groupe II), puis à Bangkok (groupe III). Enfin, en novembre 2007, sera examiné, à Valence, le rapport de synthèse portant sur l'ensemble des aspects du changement climatique.

La présentation du document approuvé à Paris, lors d'une conférence de presse qui s'est tenue le 2 février, a eu un très grand écho aussi bien en France qu'à l'étranger. Approuvé par consensus, ligne à ligne, par les représentants des cent treize gouvernements ayant participé à cet événement, le texte final ne diffère que dans sa forme de celui préparé par la communauté du Giec, et mis sur la table au début de la conférence. Aucune des conclusions auxquelles les scientifiques ont abouti après plus de deux ans de travail n'a été remise en cause, et les conclusions des rapports précédents en sortent, en règle générale, renforcées.

Ce nouveau rapport confirme l'augmentation depuis 1750 des concentrations en gaz carbonique – dont il est noté qu'elles dépassent de loin celles qui ont été observées au cours des 650 000 dernières années –, en méthane et en protoxyde d'azote. Cette augmentation est principalement due à l'utilisation des combustibles fossiles et au changement d'utilisation des terres, dans le cas du gaz carbonique, et à l'agriculture pour les deux autres gaz à effet de serre. Le forçage radiatif combiné de ces trois gaz à effet de serre est de 2,3 Wm⁻², et les forçages, directs et indirects, liés aux aérosols résultant des activités humaines sont désormais mieux compris. C'est avec une très grande confiance que le rapport estime que l'effet moyen global des activités humaines a été un réchauffement, avec une estimation du forçage radiatif égale à 1,6 Wm⁻². Le forçage lié aux variations de l'activité solaire depuis 1750 a été revu à la baisse ; il est maintenant estimé à 0,12 Wm⁻².

Le réchauffement du système climatique est désormais sans équivoque, car il est observé non seulement dans l'atmosphère, mais aussi dans l'océan, dans la fonte généralisée de la neige et des glaces, et dans l'élévation du niveau de la mer. Ainsi onze des douze dernières années ont, en moyenne globale, été plus chaudes que toutes celles qui les ont précédées depuis 1860. Des changements ont été également observés aux échelles régionales ; ils concernent des paramètres tels que l'étendue des neiges et des glaces dans les régions de l'Arctique, les quantités de précipitations, la salinité de l'océan, les structures des vents et des aspects de situations météorologiques extrêmes, comme les sécheresses, les fortes précipitations et les vagues de chaleur. Enfin, les informations paléoclimatiques confirment que le réchauffement des cinquante dernières années est atypique sur les derniers 1 300 ans au moins.

La relation entre ce réchauffement et l'augmentation de l'effet de serre lié aux activités humaines est très clairement établie : « L'essentiel du réchauffement des cinquante dernières années est très vraisemblablement dû à l'accroissement de l'effet de serre. » De *vraisemblablement* en 2001 (soit deux chances sur trois dans le langage du Giec), nous sommes ainsi passés à *très vraisemblablement* (neuf chances sur dix). De plus, on peut maintenant discerner des influences humaines dans d'autres aspects du climat, comme le réchauffement de l'océan, de différents continents et l'évolution des températures extrêmes et des vents.

Il est noté que les projections faites dans les deux premiers rapports se vérifient, ce qui donne confiance dans les modèles climatiques utilisés. L'analyse de ces modèles en regard des observations permet d'ailleurs, pour la première fois, de donner une fourchette vraisemblable pour la sensibilité climatique. Définie comme le réchauffement global de surface à la suite d'un doublement de la concentration en gaz carbonique, cette sensibilité est *vraisemblablement* comprise entre 2 et 4,5 °C, avec une valeur probable de 3 °C.

Les projections à horizon 2100 confirment largement celles présentées dans le rapport précédent. On s'attend à ce que le couplage entre le climat et le cycle du carbone en présence du réchauffement ajoute encore du gaz carbonique dans l'atmosphère, mais l'ampleur de cette réaction est incertaine. Pour un ensemble de six scénarios d'émission, et en tenant compte de ce couplage et des incertitudes associées, les meilleures estimations du réchauffement global sont comprises entre 1,8 et 4 °C avec une fourchette comprise entre 1,1 et 6,4 °C (à comparer avec la fourchette 1,4-5,8 °C du 3e rapport). Pour les deux prochaines décennies, le réchauffement simulé est d'environ 0,2 °C par décennie, et ce, indépendamment du scénario d'émission, car à cause de l'inertie du système climatique, ce réchauffement est largement le résultat de l'augmentation de l'effet de serre enregistrée au cours de la seconde partie du XXe siècle. Une autre conséquence de cette inertie est que, même si les concentrations de tous les gaz à effet de serre et des aérosols avaient été maintenues constantes au niveau de 2000, se produirait un réchauffement d'environ 0,1 °C par décennie.

On possède maintenant une confiance bien meilleure dans les caractéristiques d'échelle régionale, et dans les modifications qui affecteront les vents, les précipitations, et certains aspects des extrêmes et de l'évolution des neiges et des glaces. Ainsi, il est *vraisemblable* que les cyclones tropicaux deviennent plus intenses. Il est *très vraisemblable* que les précipitations augmentent aux latitudes élevées, et *vraisemblable* qu'elles diminuent dans la plupart des régions émergées. Il est *très vraisemblable* que la circulation thermohaline de l'Atlantique Nord ralentisse au cours du XXIe siècle, un réchauffement restant néanmoins projeté dans ces régions.

D'ici 2100, l'élévation du niveau de la mer pourrait être comprise entre 18 et 59 centimètres, valeurs qui ne tiennent cependant pas compte de l'augmentation possible de la vitesse d'écoulement des calottes de glace. Enfin, il est confirmé que le réchauffement et l'élévation du niveau de la mer dus à l'homme continueraient pendant des siècles, même si les concentrations des gaz à effet de serre étaient stabilisées.

Que savons-nous de l'évolution de notre climat ?

Le système climatique est complexe et son étude commence par l'observation. Les nombreuses données obtenues, puis leur analyse, ont permis aux chercheurs de faire des progrès spectaculaires. Nous avons désormais une vision plus claire et mieux documentée des changements qui sont survenus, au cours des dernières décennies en particulier. Par exemple, nous savons que le climat s'est réchauffé d'environ 0,6 °C au cours du XXe siècle. Il s'agit là d'une valeur calculée à partir des moyennes annuelles obtenues en combinant les températures mesurées à la surface des continents et des océans. L'obtention de cette moyenne pour l'ensemble de la planète exige une analyse méticuleuse d'un ensemble de données très diverses. On utilise à la fois des données obtenues dans les stations météorologiques et à partir de bateaux, de satellites ou d'autres sources. Ces évaluations sont réalisées indépendamment par différents groupes de recherche et il en résulte une valeur bien définie de la température moyenne de la planète. C'est un paramètre fondamental dont l'évolution au cours du temps est également bien connue.

Ainsi, on constate que les années 1990 correspondent à la décennie la plus chaude de la période – de 1861 à nos jours – sur laquelle les données instrumentales sont suffisantes pour évaluer cette température globale, tandis que 1998, caractérisée par un événement, El Niño, constitue l'année record au moins jusqu'en 2000. Ce record a pratiquement été égalé par l'année 2005.

Avant 1861 environ, les données instrumentales sont insuffisantes pour déterminer une valeur moyenne de la température à l'échelle du globe, et les autres paramètres climatiques sont encore moins bien connus. Pour documenter l'évolution du climat, nous faisons appel à des méthodes indirectes – nous parlons alors de proxy – telles que l'analyse de la croissance des cernes d'arbres. Ces méthodes nous permettent de reconstituer l'histoire passée de notre climat, mais nous devons garder à l'esprit que de telles données ont leurs propres incertitudes et doivent être interprétées avec le plus grand soin. En outre, elles ne sont accessibles que dans certaines régions. Néanmoins, nous pouvons en déduire que, dans l'hémisphère Nord, le XXe siècle a vraisemblablement été plus chaud que n'importe quel autre siècle du dernier millénaire. Nous en savons beaucoup moins sur l'hémisphère Sud, dont une plus grande partie est couverte par des surfaces océaniques moins propices à la reconstitution du climat.

Dans la seconde moitié du XXe siècle, la couverture géographique des stations est devenue suffisante pour déterminer que les températures minimales journalières – normalement enregistrées la nuit – augmentaient deux fois plus vite que les valeurs maximales, avec pour conséquence une diminution du contraste entre le jour et la nuit au cours des dernières décennies. Sur la même période, la température moyenne de surface a augmenté deux fois moins vite au-dessus des océans que des continents. Ces deux observations correspondent à ce qui est attendu dans le cas d'un réchauffement lié à l'augmentation de l'effet de serre.

Beaucoup d'autres observations, pertinentes vis-à-vis du changement climatique, sont disponibles. Il en est ainsi de l'extension géographique des glaces et de l'enneigement, qui ont diminué au cours des dernières décennies. Sur cette période, la quantité de chaleur stockée dans l'océan s'est accrue significativement et le niveau de la mer s'est élevé, au cours du XXe siècle, d'environ 10 à 20 centimètres en moyenne.

D'autres caractéristiques du climat sont moins bien ou moins précisément documentées. Ainsi, les précipitations ont augmenté dans certaines régions continentales de l'hémisphère Nord, mais la couverture géographique limitée des observations au-dessus des océans et dans l'hémisphère Sud rend difficile d'évaluer la façon dont en moyenne y ont évolué les précipitations. Autre exemple, le phénomène complexe connu sous le nom d'ENSO (*El Niño Southern Oscillation*) s'est modifié depuis le milieu des années 1970 : au cours des dernières décennies, ce phénomène a été plus fréquent qu'auparavant et il a eu tendance à durer plus longtemps et à être plus intense.

Les causes à l'origine
du changement climatique

En parallèle aux observations qui mettent en exergue la réalité du changement climatique, d'autres travaux ont permis de mieux identifier les causes qui en sont à l'origine. Les chercheurs parlent de « forçages » lorsqu'ils évoquent les processus « externes » susceptibles d'entraîner un changement climatique. Certains sont d'origine naturelle, tels le volcanisme et les variations de l'activité solaire, d'autres – dits anthropiques – sont liés aux activités humaines. Tel est le cas lorsque nos activités augmentent la concentration de gaz à effet de serre dans l'atmosphère. En outre, le climat peut se modifier sans que les forçages le soient, simplement parce que le système climatique est, de lui-même, le siège d'une variabilité (dite « interne »).

Un forçage particulièrement bien documenté est celui qui résulte du changement de la concentration du gaz carbonique (CO_2) dans l'atmosphère. Depuis deux cent cinquante ans, celle-ci s'est accrue de plus de 30 %, cette information nous étant fournie à partir de mesures directes et très précises depuis 1950 et d'analyses de l'air piégé dans les carottes de glace de l'Antarctique, auparavant. Les mesures peuvent ainsi être étendues, de façon fiable, loin dans le passé. Les résultats disponibles au moment du troisième rapport du Giec (le TAR pour *Third Assessment Report*) permettaient de dire avec confiance que depuis 420 000 ans les concentrations n'ont jamais été aussi élevées que celles atteintes actuellement. En fait, depuis 20 millions d'années, la Terre n'a probablement jamais connu des concentrations en gaz carbonique supérieures à celles que nous connaissons aujourd'hui.

De façon très concrète, la prise de conscience de la possibilité d'un changement climatique lié aux activités humaines doit beaucoup à ces mesures de gaz carbonique, et en particulier à l'enregistrement obtenu par Charles David Keeling (1928-2005). Dans les années 1950, c'est Keeling qui, le premier, a imaginé et construit un système permettant de réaliser des mesures précises de CO_2, puis de mettre en évidence l'augmentation de sa concentration atmosphérique. L'analyse isotopique a ensuite démontré que les activités humaines en sont à l'origine, car le gaz carbonique produit par les combustibles fossiles a une signature isotopique tout à fait reconnaissable.

Pourquoi sommes-nous si affirmatifs sur le rôle des activités humaines dans cette augmentation du CO_2 dans l'atmosphère ? Brièvement, ce sont les progrès en chimie fondamentale qui ont permis aux chercheurs d'arriver à cette conclusion. L'analyse de la composition isotopique de l'air constitue un exemple fascinant de la façon dont progresse la recherche, et permet aux chercheurs de franchir des étapes *a priori* difficiles, comme c'était le cas lorsqu'il s'est agi d'attribuer l'augmentation du gaz carbonique aux activités humaines. La plupart des éléments chimiques sont présents sous la forme de différents isotopes, qui sont en fait des atomes du même élément mais avec des masses différentes. Ainsi, le carbone possède des isotopes naturels de masse 12, 13 et 14. L'isotope de masse 12 représente l'essentiel du carbone présent dans la nature – mais on y trouve également l'isotope de masse 13.

Le CO_2 produit par l'utilisation des combustibles fossiles et du bois a une composition isotopique différente de celle caractéristique des autres sources de gaz carbonique dans l'atmosphère. Lors de leur croissance, les plantes extraient du CO_2 de l'atmosphère par photosynthèse et ce avec une préférence pour l'isotope léger (celui de masse 12). Comme les combustibles fossiles se sont formés dans le lointain passé à partir de plantes, ils produisent du gaz carbonique enrichi dans cet isotope lorsque nous les brûlons. En analysant la composition isotopique de l'air, les chercheurs ont confirmé que ces combustibles fossiles sont à l'origine de l'essentiel du gaz carbonique accumulé dans l'atmosphère.

Ainsi, au cours des vingt dernières années du XXe siècle, environ les trois quarts des émissions anthropiques de CO_2 dans l'atmosphère sont dues aux combustibles fossiles. Pour une grande part, le reste est lié aux changements qui ont affecté l'utilisation des terres et de façon prédominante à la déforestation.

Le gaz carbonique ne contribue pas seul à l'augmentation de l'effet de serre ; plusieurs autres gaz le font également. Depuis deux cent cinquante ans, les concentrations de ces autres « gaz à effet de serre » (GES) se sont également accrues. L'augmentation est de 150 % dans le cas du méthane (CH_4) ; elle est due pour moitié environ aux activités humaines qui incluent les combustibles fossiles, le bétail, la culture du riz et les décharges. Sur cette même période, l'oxyde nitreux (N_2O) a augmenté de 17 %, en partie à cause des activités humaines, tandis que d'autres GES, tels que les chlorofluorocarbures et les composés chimiques associés, sont entièrement liés à nos activités. Ces gaz, qui n'existent pas naturellement, ont été fabriqués et largement utilisés dans des domaines allant de la réfrigération à la fabrication de composants électroniques.

À ce jour, environ la moitié de l'augmentation de l'effet de serre peut être attribuée au CO_2, la seconde moitié à d'autres gaz. Des estimations plus précises sont fournies dans des publications scientifiques et ont été évaluées dans les rapports du Giec.

Outre ces gaz à effet de serre, des particules microscopiques, liquides ou solides, appelées aérosols, peuvent avoir une influence notable sur le climat. Les aérosols liés aux activités humaines ont une durée de vie courte comparée à des gaz tels que le CO_2 dont le temps de résidence dans l'atmosphère se mesure en dizaines d'années. Typiquement ils ne restent dans l'atmosphère que quelques semaines. Contrairement aux GES qui réchauffent la surface de la Terre en renforçant l'effet de serre, ces aérosols atmosphériques ont, en outre, tendance à la refroidir en réfléchissant la lumière du Soleil vers l'espace, ou en l'absorbant, chacun de ces deux processus ayant pour effet de réduire la quantité de lumière qui atteint la surface terrestre.

Les scientifiques utilisent la notion de « temps de résidence » qui caractérise la durée au cours de laquelle des aérosols ou des gaz restent dans l'atmosphère avant d'en être éliminés par des processus naturels.

Par exemple, certains polluants tendent à être rapidement lessivés hors de l'atmosphère lors de la formation des précipitations, tandis qu'une molécule de CO_2 peut y rester des décennies, voire des siècles. À l'opposé des GES, les aérosols ont, à cause de leur temps de résidence dans l'atmosphère relativement court, des concentrations extrêmement variables dans l'espace et dans le temps, les valeurs les plus élevées étant observées près des régions sources. Beaucoup de ces aérosols sont des polluants qui affectent la qualité de l'air, certains étant responsables des précipitations acides aux conséquences néfastes pour l'environnement. Les sources principales en sont l'utilisation des combustibles fossiles et les feux de biomasse.

En plus de ces effets qualifiés de directs, les aérosols interviennent indirectement en modifiant les caractéristiques des nuages. Ainsi, certains aérosols peuvent servir de noyaux de condensation, et modifier, par là même, les propriétés radiatives des nuages. Par voie de conséquence, ils affectent la capacité des nuages à interagir avec le rayonnement solaire et celui réfléchi à la surface de la planète, ainsi que les mécanismes de formation des précipitations et la durée de vie des nuages. Notre degré de connaissance du rôle climatique des aérosols, de ces effets indirects en particulier, est moins complet et moins bien établi que celui que nous avons de l'influence des gaz à effet de serre.

À l'influence des activités humaines sur le climat au travers des gaz à effet de serre et des aérosols s'ajoute celle de forçages « naturels », qui dans ce contexte se réfèrent à des causes autres que celles liées aux activités humaines. Les deux forçages naturels susceptibles d'avoir eu une influence significative au cours du siècle dernier sont la variabilité de l'activité solaire et l'effet des aérosols produit par les éruptions volcaniques. On pense qu'actuellement leur influence sur le climat est faible par rapport à celle des forçages d'origine anthropique, avec, au cours des deux, voire des quatre dernières décennies, une contribution nette correspondant à un refroidissement.

Au cours de la première moitié du XXe siècle, les variations de l'activité solaire sont susceptibles d'avoir participé au réchauffement observé. Ceci n'est néanmoins pas clairement établi car des mesures précises de l'activité solaire n'étaient alors pas possibles. L'avènement d'observations par satellite, à la fin des années 1970, a permis de mettre en évidence l'existence de variations périodiques de faible amplitude, associées au cycle solaire de onze ans. Des éruptions volcaniques majeures se sont produites entre 1880 et 1920, puis entre 1960 et 1991. Ces éruptions libèrent d'énormes quantités d'aérosols dans la stratosphère, provoquant un refroidissement qui peut être important et durer plusieurs années, comme cela a été le cas avec l'éruption du mont Pinatubo en 1991 (île de Luçon, Philippines).

Simulation numérique du système climatique et évolution future de notre climat

La recherche s'efforce d'être quantitative. Ainsi, loin des régions équatoriales, il est relativement facile de prévoir, sans risque de se tromper, que l'été sera plus chaud que l'hiver. Mais de combien exactement ? En un endroit donné, la différence sera-t-elle de 0,5 °C, de 2 °C, de 7 °C, ou de 20 °C ? De la même manière, la connaissance que nous avons de l'effet de serre nous permet d'être tout à fait confiants dans le fait qu'ajouter du gaz carbonique dans l'atmosphère va conduire à un réchauffement. Mais de combien pour une augmentation donnée ? La question est importante et la réponse difficile. Et puis le changement climatique ne se limite pas à un simple réchauffement. De la même façon que la fièvre est un symptôme de la maladie, c'est une caractéristique parmi d'autres, insuffisante pour décrire ce changement de façon détaillée. Dans le cas du réchauffement climatique, nous aimerions aussi savoir comment vont évoluer les précipitations, le niveau de la mer, les tempêtes, et tous les autres aspects importants de notre climat.

Notre capacité à prévoir cette évolution du climat au cours des prochaines décennies s'appuie très largement sur des simulations numériques du système climatique, avec les modèles climatiques globaux ou modèles de circulation générale (MCG) comme outil privilégié. Ceux-ci ont été développés de façon à tenir compte des propriétés les plus importantes du système climatique qui inclut l'atmosphère, les océans, les surfaces continentales, les neiges et les glaces. Ils intègrent beaucoup des interactions entre ces différentes composantes tels certains processus biologiques et chimiques. Développer puis utiliser ces modèles nécessite donc de s'appuyer sur des équipes interdisciplinaires et exige des moyens de calcul importants.

La simulation numérique joue un rôle clé dans de nombreux domaines scientifiques. Elle est essentielle dans les recherches sur le climat car il est impossible de réaliser des expériences contrôlées impliquant l'ensemble des composantes du système climatique. Ces recherches sont donc différentes de celles, plus classiques, basées sur des travaux de laboratoire et se rapprochent d'un domaine tel que celui de l'astronomie. Les modèles climatiques permettent aux chercheurs de contourner cette difficulté et d'explorer les conséquences de scénarios qui prennent en compte différents forçages, comme celui résultant d'émissions bien définies de gaz carbonique. En pratique, un MCG consiste en un énorme programme de calcul qui intègre l'essentiel de ce que nous savons du système climatique à travers des équations qui décrivent les liens qui existent entre des propriétés telles que la température, les vents, les courants océaniques et les concentrations des gaz à effet de serre. Ce programme peut être utilisé afin de connaître quel climat est simulé en réponse à ces différents scénarios.

Il serait idéal qu'un MCG soit basé uniquement sur des lois physiques bien établies. En pratique, la complexité du système climatique et la connaissance partielle que nous avons de son fonctionnement impliquent que les MCG doivent incorporer des simplifications quelque peu arbitraires afin de représenter correctement le climat présent. En outre, résoudre des équations mathématiques complexes à l'aide d'un ordinateur constitue un véritable défi qui requiert certaines approximations et introduit inévitablement quelques erreurs. Enfin, les observations climatiques ne sont pas parfaites, ce qui limite notre capacité à simuler le climat à l'aide de modèles numériques. Les MCG sont donc des outils très utiles mais imparfaits.

De nos jours, la recherche climatique s'appuie sur une hiérarchie de modèles de complexité extrêmement variable. Certains, très simplifiés, s'attachent à simuler, de façon détaillée, un petit nombre de processus spécifiques. Les MCG visent à prendre en compte l'ensemble de ces processus et sont les plus ambitieux de cette hiérarchie. Ils sont en perpétuel développement et mis à jour chaque fois que s'améliore la connaissance de certains aspects spécifiques du climat. Les MCG les plus réalistes actuellement disponibles font effectivement la synthèse de l'essentiel de nos connaissances du système climatique.

Comme toute autre science, celle du climat est incomplète sur certains points et sujette à des incertitudes. Cependant, tout indique que ces modèles ont désormais atteint un stade de développement tel que leur capacité à simuler de nombreux aspects du fonctionnement du système climatique nous rend de plus en plus confiants dans les projections de l'évolution future du climat.

Ainsi les modélisateurs viennent de réaliser à l'aide de différents MCG des simulations du climat du XXe siècle, en utilisant différentes combinaisons des forçages naturels et de ceux liés aux activités humaines. Une conclusion claire de ces travaux est que, ni les modèles ne prenant en compte que les forçages naturels (activité solaire et éruptions volcaniques) ni ceux qui ne considèrent que les seuls forçages anthropiques (effet de serre et aérosols liés aux activités humaines) ne simulent de façon correcte l'évolution du climat. À l'inverse, la prise en compte de l'ensemble de ces forçages conduit aux simulations les plus réalistes de cette évolution.

Les modèles peuvent également être utilisés pour explorer et analyser la sensibilité du système climatique à certains processus physiques ou biogéochimiques. De nombreux travaux de ce type ont permis d'identifier quels aspects du système climatique sont responsables d'une part importante des incertitudes qui restent associées aux projections du climat futur. Ces processus clés, qui déterminent la sensibilité du climat vis-à-vis des gaz à effet de serre, incluent plusieurs processus complexes et encore mal compris.

Parmi ceux-ci, nous citerons les interactions entre les nuages et le rayonnement (aussi bien le rayonnement solaire que la chaleur émise à la surface terrestre), qui devraient donc, à l'avenir, être l'objet de recherches prioritaires. Beaucoup de climatologistes considèrent que ces interactions entre nuages et rayonnement – qui, en principe, peuvent soit amplifier, soit réduire les changements dus à l'augmentation de gaz à effet de serre – constituent la première source d'incertitude vis-à-vis de la prédiction de l'évolution du climat pour les prochaines décennies et à l'échelle séculaire. Les autres points critiques concernent les interactions entre l'océan et l'atmosphère, la stabilité des grandes calottes glaciaires, et certains des aspects liés au rôle climatique des aérosols. La réduction des incertitudes et des différences entre les résultats des différents modèles passe par l'amélioration des observations et le développement indispensable et rapide de recherches sur ces sujets.

Influence de l'homme sur l'évolution passée et future du climat

Le Groupe intergouvernemental d'experts sur l'évolution du climat (Giec), présenté de façon détaillée plus loin dans ce chapitre, a produit quatre rapports complets en 1990, 1995, 2001 et 2007. Cette série de publications est caractérisée par un diagnostic de plus en plus affirmé du rôle des activités humaines sur le climat. La raison tient à la fois aux progrès de la recherche et à l'évolution même du climat. Les résultats scientifiques accumulés depuis la mise sur pied du Giec en 1988, y contribuent ainsi que le fait que les activités humaines ont modifié l'environnement planétaire en émettant de plus en plus de gaz à effet de serre et d'aérosols. Ainsi, il est presque indéniable que les activités humaines sont désormais responsables de beaucoup des changements climatiques observés.

Dans le jargon propre aux recherches sur le climat, ce problème est connu sous les noms de *détection* et d'*attribution*. Dans ce contexte, le mot détection est utilisé dans un sens précis, à savoir si une variable climatique donnée, telle que la température moyenne à la surface du globe ou l'étendue de la glace de mer, s'est modifiée de façon statistiquement bien définie. La détection consiste à déterminer si une telle variation correspond à un signal statistiquement significatif qui puisse être distingué du bruit inévitablement lié à la variabilité naturelle du climat. En revanche, la détection ne consiste pas à identifier la cause de ce changement.

C'est l'objectif de l'attribution que de définir cette (ou ces) causes et le niveau de confiance correspondant.

Ainsi, on doit noter que le premier rapport du Giec en 1990 n'a porté aucun diagnostic spécifique sur le fait qu'un signal lié aux activités humaines avait ou non une « empreinte » qui puisse se distinguer du bruit lié à la variabilité naturelle du climat. Le deuxième rapport, en 1995, parvenait lui à une conclusion énoncée de façon extrêmement prudente : « Un ensemble d'éléments suggère une influence perceptible des activités humaines sur le climat. »

En 2001, le troisième rapport devenait beaucoup plus affirmatif : « De nouvelles preuves, mieux étayées que par le passé, viennent confirmer que la majeure partie du réchauffement observé ces cinquante dernières années est imputable aux activités humaines. » Parmi l'ensemble des arguments sur lesquels s'appuie cette conclusion, le Giec mentionne l'allongement et l'amélioration de l'enregistrement de température, une meilleure estimation de la variabilité naturelle du système climatique et les progrès réalisés dans l'approche scientifique de la détection et de l'attribution.

Le Giec, qui porte un diagnostic sur les recherches dans le domaine climatique, n'en conduit pas lui-même et évite de faire des prédictions spécifiques du changement climatique futur. Une raison de ne pas essayer de prédire le climat est la difficulté à anticiper des facteurs tels que la population, le développement économique et tout autre paramètre qui affecte fortement les émissions de GES et d'aérosols, et les autres facteurs d'origine humaine influençant le climat. À l'inverse, le Giec a adopté la méthode consistant à développer des scénarios décrivant des trajectoires d'émissions envisageables. Ces scénarios sont décrits dans un rapport spécial (*Special Report on Emission Scenarios* – SRES). Les principales équipes de modélisation utilisent alors ces scénarios comme variable d'entrée de leur MCG. Ainsi les résultats des modèles ne sont des prédictions ni de notre comportement ni de l'évolution du climat. C'est en fait un moyen d'explorer des futurs possibles et, par construction, de répondre à des questions du type : « Si tel scénario d'émissions se concrétisait dans la réalité, de quelle façon le système climatique y répondrait-il ? »

Le TAR conclut qu'il est pratiquement certain que les activités humaines vont continuer à modifier la composition chimique de l'atmosphère globale, tout au long du XXIe siècle. En particulier, ce rapport indique qu'il est pratiquement certain que les concentrations en gaz carbonique vont continuer à augmenter durant ce siècle, à cause de la poursuite de l'utilisation des combustibles fossiles. Sur l'ensemble des scénarios du SRES, le TAR met en avant qu'en 2100 on peut s'attendre à une concentration atmosphérique du gaz carbonique comprise entre 540 et 970 parties par million en volume (ppmv). De telles valeurs correspondent à un accroissement de 90 à 250 % par rapport aux concentrations préindustrielles proches de 280 ppmv.

En 2100, la température moyenne à la surface du globe pourrait, d'après ce troisième rapport, être de 1,4 à 5,8 °C plus élevée qu'en 1990. Cette fourchette prend en compte la réponse obtenue par plusieurs modèles climatiques à l'ensemble des scénarios du Giec. L'ampleur des conséquences envisageables pour d'autres variables climatiques y est également discutée. Celles-ci incluent le niveau de la mer, les précipitations, le rythme d'apparition du phénomène El Niño, et prennent en compte les incertitudes associées à ces projections. Par exemple, l'élévation du niveau de la mer pourrait être comprise entre 9 et 88 centimètres. Cette amplitude importante reflète la grande variété des émissions prises en compte dans les scénarios SRES et la diversité des réponses de différents MCG, ainsi que les incertitudes associées à l'évolution dynamique du Groenland et de l'Antarctique.

Le Groupe intergouvernemental d'experts sur l'évolution du climat

LE GIEC ET L'INTERFACE ENTRE LA SCIENCE ET LA DÉCISION POLITIQUE

Les résultats récents des recherches sur le climat, tels qu'ils sont résumés dans la première partie de ce chapitre et présentés de façon très pondérée dans les autres chapitres de cet ouvrage, sont impressionnants. Pris dans leur ensemble, ils nous persuadent dans la mesure où ils incluent toute une série d'observations qui permettent de caractériser le changement climatique qui s'est déjà opéré. En outre, ces recherches se sont développées à un point où nous sommes capables de faire le lien entre ces changements observés et les facteurs qui en sont responsables. Elles en donnent une image qui démontre que les activités humaines sont la cause première des changements récemment observés. Enfin, nos simulations de l'évolution climatique envisageable dans le futur indiquent qu'il y a une très forte probabilité que des changements climatiques majeurs surviennent dans les prochaines décennies si les activités humaines continuent sur la trajectoire vers laquelle elles se sont engagées.

Ces projections obtenues à partir de modèles climatiques de plus en plus sophistiqués sont d'une certaine façon sans appel. Nous sommes à l'aube d'un siècle qui, si nous n'y prenons garde, pourrait vivre un réchauffement très rapide, aux conséquences encore mal cernées mais dont cet ouvrage laisse entrevoir qu'elles risquent d'être très néfastes.

En fait, les climatologues ne sont pas les premiers à faire face à un problème d'envergure planétaire, dont les activités humaines sont à l'origine. Au cours des années 1970, les chimistes de l'atmosphère s'inquiètent du rôle potentiel du transport aérien supersonique sur la couche d'ozone de la stratosphère dont la préservation est essentielle pour notre santé et plus généralement pour la vie sur Terre. Celui des chlorofluorocarbures (CFC) – alors utilisés pour la réfrigération et certains procédés industriels – s'avère rapidement plus préoccupant. Au point que le PNUE (le Programme des Nations unies pour l'environnement) met sur pied un comité de coordination de la couche d'ozone (1977), puis une convention mondiale qui, en 1985, aboutit à la convention de Vienne pour la protection de la couche d'ozone. Mais la prise de décision s'accélère grâce à la découverte, cette même année, d'un trou d'ozone au-dessus de l'Antarctique, mis en évidence à partir des observations réalisées par l'équipe de Joe Farman à la station britannique de Halley Bay. Les preuves scientifiques s'accumulent et conduisent vingt-quatre pays à signer, le 16 septembre 1987, le protocole de Montréal relatif à des substances qui appauvrissent la couche d'ozone. Ce protocole prévoit des mesures de contrôle puis d'élimination de certains composés ; il a été, grâce à des amendements successifs, progressivement étendu à l'ensemble des substances qui menacent la couche d'ozone. Et la bataille est en voie d'être gagnée avec l'espoir d'une reconstitution complète de cette couche vers le milieu du siècle.

Même si le défi posé par le réchauffement climatique est d'une tout autre dimension – avec, dans le cas de l'ozone, quelques grands groupes industriels qui ont su rapidement identifier des produits de substitution alors que l'augmentation de l'effet de serre apparaît indissociable du développement de nos sociétés –, le protocole de Montréal a joué un rôle indéniable de précurseur vis-à-vis de celui qui, dix ans plus tard, verra le jour à Kyoto.

Le débat sur l'augmentation de l'effet de serre liée aux activités humaines a en fait des origines beaucoup plus lointaines que celui relatif à la couche d'ozone. Un siècle se sera écoulé entre la première estimation de l'influence du changement de concentration du gaz carbonique dans l'atmosphère sur la température à la surface de la Terre, publiée en 1896 par le savant suédois Svante Arrhenius [6], et la mise sur pied de ce protocole de Kyoto. Mais ce n'est que beaucoup plus tard que la communauté scientifique perçoit l'ampleur des conséquences potentielles des activités humaines sur notre climat. Il faudra attendre l'avènement des ordinateurs qui permettent de réaliser les premières simulations climatiques dans les années 1970. Celles-ci suggèrent qu'un réchauffement important, entre 1,5 et 4,5 °C, résulterait d'un doublement de la concentration du CO_2 dans l'atmosphère.

La première conférence mondiale sur le climat organisée en 1979 à Genève, puis celle qui s'est tenue en 1985 à Villach (Autriche) mettent en lumière le risque d'un réchauffement climatique associé à l'augmentation de l'effet de serre. Elles conduisent, en 1988, à la création du Giec sous l'égide de l'OMM, l'Organisation météorologique mondiale, et du PNUE.

L'objectif du Giec est d'établir, à partir des informations scientifiques disponibles, un diagnostic sur les aspects scientifiques, techniques et socio-économiques des changements climatiques qui pourraient résulter des activités humaines. Dès le départ, le Giec s'organise en trois groupes de travail. Nous nous intéressons essentiellement aux conclusions du Groupe I, qui traite des éléments scientifiques, les deux autres groupes portant respectivement sur les conséquences, l'adaptation et la vulnérabilité (Groupe II) et sur les mesures d'atténuation (Groupe III).

LES QUATRE RAPPORTS DU GIEC (1990, 1995, 2001 ET 2007)

En 1989, l'assemblée générale des Nations unies demande au Giec de présenter un premier rapport dès l'année suivante. Publié en 1990, celui-ci fait état de certitudes quant au rôle des activités humaines sur la modification de la composition de l'atmosphère en gaz carbonique, méthane et autres composés à effet de serre, et de prédictions extrêmement préoccupantes pour le XXIe siècle avec un réchauffement moyen qui pourrait atteindre 3 °C en 2100 et une élévation de la mer de 65 centimètres. Même si le document rappelle les incertitudes nombreuses attachées à ces projections basées sur des modèles numériques, et qu'il se garde bien d'attribuer le réchauffement de 0,3 à 0,6 °C observé au cours des cent dernières années à l'augmentation de l'effet de serre, sa publication va jouer un rôle extrêmement important dans le débat sur le changement climatique.

En effet, s'appuyant largement sur ces résultats, les Nations unies s'engagent dans la négociation d'une convention-cadre sur le changement climatique qui se concrétisera lors du Sommet de la Terre de Rio en 1992. Cette convention sur le climat, à laquelle adhèrent actuellement 189 pays, a pour objectif ultime de « stabiliser les concentrations de gaz à effet de serre dans l'atmosphère à un niveau qui empêche toute perturbation anthropique dangereuse du système climatique ».

Le rôle du Giec est de fournir à cette convention, à laquelle adhèrent les gouvernements, l'information nécessaire vis-à-vis de ce problème. Il revient aux gouvernements de prendre, éventuellement, des décisions au rythme de ses réunions annuelles, les conférences des parties (COP), désormais familières à tous ceux qui s'intéressent à l'évolution de notre climat. Cette dualité entre le Giec et la convention, empreinte d'indépendance mutuelle, fonctionne, nous semble-t-il, de façon tout à fait exemplaire.

La publication, en 1995, du deuxième rapport du Giec (SAR) accompagné d'un rapport de synthèse des conclusions des groupes I, II et III en est une illustration. Il renforce les conclusions du premier rapport vis-à-vis du rôle des activités humaines dans l'augmentation de l'effet de serre, du réchauffement climatique observé et projeté dans le futur, et de l'existence d'incertitudes. Il attire l'attention sur le rôle des aérosols d'origine anthropique qui contrecarrent partiellement l'effet de serre, mais sa conclusion la plus marquante, citée plus haut, est qu'il existe « un faisceau d'éléments suggérant qu'il y a une influence perceptible de l'homme sur le climat global ». Cette conclusion des scientifiques, très prudente, a alors un impact considérable. Elle constitue un des éléments qui, en 1997, ont conduit à la signature du protocole de Kyoto.

Le troisième rapport, publié en 2001 (TAR), renforce ce diagnostic grâce à l'amélioration des modèles et à l'acquisition de nouvelles données qui permettent une meilleure connaissance des variations du climat au cours des derniers siècles. Ainsi, les efforts conjugués de paléoclimatologues, qui ont reconstruit différentes séries climatiques à partir d'approches complémentaires, et de statisticiens, qui les ont combinées et en ont extrait une valeur moyenne, conduisent à la publication d'une courbe décrivant la variation du climat de l'hémisphère Nord au cours du dernier millénaire. Celle-ci reste entachée d'une grande incertitude mais elle laisse peu de doute : le réchauffement récent sort de la variabilité naturelle. Les modèles climatiques confirment ce diagnostic avec des simulations longues qui montrent que le réchauffement des cent dernières années ne peut vraisemblablement pas être dû uniquement à des causes naturelles. En particulier, le réchauffement marqué des cinquante dernières années ne peut être expliqué que si l'on tient compte de l'augmentation de l'effet de serre. D'où cette conclusion dont nous avons déjà dit l'importance : « De nouvelles preuves, mieux étayées que par le passé, viennent confirmer que la majeure partie du réchauffement observé ces cinquante dernières années est imputable aux activités humaines. »

LE GIEC ET LE DÉBAT SUR LA POLITIQUE À METTRE EN ŒUVRE VIS-À-VIS DU RÔLE DES ACTIVITÉS HUMAINES SUR LE CHANGEMENT CLIMATIQUE

De « peut-être » en 1995, nous voici à « probablement » en 2001. Le camp des sceptiques de l'effet de serre se rétrécit, et cette conclusion a pour conséquence de placer le débat scientifique au second plan et d'ouvrir la voie à la mise en œuvre de décisions visant à prendre la mesure des risques perçus face au changement climatique. Dans l'esprit d'une large partie des décideurs, l'interrogation puis le doute vis-à-vis de l'action de l'homme sur le climat se sont transformés en une quasi-certitude et celle-ci va jouer un rôle clé dans la mise sur pied, puis la ratification du protocole de Kyoto.

Ce protocole engage, sur la période 2008-2012, les pays développés à diminuer leurs émissions de gaz à effet de serre de 5,2 % par rapport à leur niveau de 1990, les pays en voie de développement n'ayant sur cette période aucune contrainte. Les objectifs sont cependant différents d'un pays à l'autre : la France, relativement peu émettrice grâce à l'apport du nucléaire, s'engage sur un maintien de ses émissions, tandis que les États-Unis ont, à Kyoto, accepté le principe d'une diminution de 7 %. Pour que le protocole soit mis en œuvre, il fallait que plus de 55 % des pays membres des Nations unies responsables de plus de 55 % des émissions le ratifient. Cela a été chose faite en novembre 2004, avec la signature de la Fédération de Russie – motivée, au moins en partie, par le bénéfice escompté du marché des permis d'émissions favorable aux pays en transition –, mais sans celle des États-Unis. Trois mois plus tard, le 16 février 2005, le protocole de Kyoto entrait en vigueur.

En fait, à ce diagnostic clairement énoncé par le TAR – les activités humaines sont déjà en train de modifier notre climat – s'ajoutent, nous l'avons vu, des prédictions alarmantes, aussi bien sur le plan de l'augmentation moyenne de la température à horizon 2100 que vis-à-vis de l'inertie du système climatique, qui fait que les effets du réchauffement se feront sentir bien au-delà du moment où nous aurons réussi à stabiliser l'effet de serre.

Ces conclusions ont été examinées à la loupe par la communauté scientifique, par des sociétés savantes, par les grands groupes industriels et par les médias. Les sceptiques de l'effet de serre argumentent, entre autres, sur la validité de la reconstruction du climat du dernier millénaire et sur le désaccord apparent entre les températures observées à la surface et dans l'atmosphère. Ces critiques ont un certain écho, en particulier dans les médias, mais les conclusions du Giec sont largement confirmées. Il en est ainsi du document préparé en 2001 par l'Académie des sciences des États-Unis à la demande de la Maison-Blanche et qui en reconnaît la valeur. En 2005, onze académies des grands pays de la planète, incluant celles des États-Unis, de la Russie, de la Chine et de l'Inde, cosignent à l'intention des membres du G8 une déclaration commune dans laquelle elles « adjurent ces pays de reconnaître que la menace du changement climatique est évidente et croissante ». De grands groupes industriels (BP, Amoco, etc.) leur emboîtent le pas, et le camp des sceptiques se réduit progressivement, d'autant que cette prise de conscience gagne petit à petit le grand public.

LA DÉMARCHE SUIVIE PAR LE GIEC

Les rapports du Giec font donc indéniablement autorité, et cela tient à la fois à la qualité des chercheurs qui s'y impliquent et à la rigueur qui préside à leur rédaction. Chaque rapport est divisé en chapitres dont la première rédaction est confiée à une équipe d'une dizaine de chercheurs de différents pays, qui sollicitent des contributions de chercheurs impliqués dans le domaine concerné. À partir de ces très volumineux rapports (près d'un millier de pages pour les plus récents rapports du groupe I) sont rédigés des résumés d'une cinquantaine de pages, puis les « résumés pour décideurs », beaucoup plus courts et écrits de façon très accessible. Le tout est complété par un rapport de synthèse. Ces différents documents reçoivent les commentaires de la communauté scientifique (relecteurs) et ceux des représentants des instances gouvernementales. Un processus itératif fait appel aux commentaires de la communauté scientifique puis des gouvernements. Les versions successives sont révisées à partir de ces commentaires avec une méthodologie dont les règles sont définies de façon très stricte et mettent en avant la transparence et les souhaits d'une participation très large.

Le processus de rédaction et de relecture prend, chaque fois, plus de deux ans afin que soit proposé aux gouvernements un texte qui ait l'approbation de la communauté scientifique. À titre d'exemple, plus de mille scientifiques ont participé au dernier rapport du Groupe I, soit comme rédacteurs (122, sélectionnés parmi un grand nombre de candidats proposés par les gouvernements), soit comme contributeurs (515), soit comme examinateurs (420) ou comme éditeurs (21). Les commentaires provenant des différentes sources (communauté scientifique, instances gouvernementales mais aussi organisations non gouvernementales) sont pris en compte par les rédacteurs, et les textes sont amendés en conséquence. La dernière étape avant publication est celle de l'approbation par les gouvernements. Les résumés pour décideurs sont discutés ligne à ligne par les délégués de ces différents pays et approuvés après modifications éventuelles au cours de réunions auxquelles peuvent assister, au titre d'observateurs, des représentants d'organisations non gouvernementales. Le contenu des résumés étendus est également soumis à approbation et la cohérence entre les différents étages des rapports fait l'objet d'une très grande attention. Enfin, toute une série de rapports dits techniques complète ces rapports exhaustifs publiés tous les cinq ou six ans.

Les rapports du Giec sont disponibles en version imprimée (voir Références) avec pour certains une version française. Plusieurs rapports récents peuvent être librement téléchargés sur le site du Giec : http://www.ipcc.ch.

Les auteurs

JEAN JOUZEL, géochimiste, est directeur de recherches au CEA. Il a participé en tant que *lead author* aux deuxième et troisième rapports du Giec, dont il est actuellement membre du bureau et vice-président du groupe de travail scientifique (Groupe I). Depuis 2001, il dirige l'Institut Pierre-Simon-Laplace (IPSL).

RICHARD C. J. SOMERVILLE, spécialiste des aspects théoriques du climat, est *distinguished professor* de l'Université de Californie à San Diego. Il a coordonné la rédaction d'un chapitre du quatrième rapport du Giec.

Chapitre 2

EFFET DE SERRE, BILAN RADIATIF ET NUAGES

par Hervé LE TREUT et Catherine GAUTIER

> « À partir de ce jour j' n'ai plus baissé les yeux,
> J'ai consacré mon temps à contempler les cieux,
> À regarder passer les nues,
> À guetter les stratus, à lorgner les nimbus,
> À faire les yeux doux aux moindres cumulus... »
> Georges BRASSENS, *L'Orage*, 1960.

> « *Behind every cloud is another cloud.* »
> Judy GARLAND.

Introduction

Le système climatique, et ses composantes principales que sont l'océan, l'atmosphère, la surface et la biosphère, est animé par deux sources d'énergie principales : un apport de chaleur qui provient de l'absorption du rayonnement solaire et le forçage dynamique produit par la rotation de la Terre. Les autres sources d'énergie comme celles qui proviennent de l'intérieur de la planète, telle l'énergie géothermique, n'ont pratiquement aucune influence sur l'évolution du climat aux échelles de temps qui nous intéressent ici, c'est-à-dire celles allant des dizaines à des milliers d'années. Pour prédire l'évolution possible du climat en réponse aux causes naturelles et anthropiques, il est donc primordial de mesurer, examiner et comprendre comment l'énergie solaire est utilisée dans l'environnement terrestre.

La Terre reçoit son énergie du Soleil et joue en réponse un rôle actif. Comme tout corps naturel dont la température est différente du zéro absolu, elle émet du rayonnement vers l'espace, ce qui a pour effet de la refroidir. Le climat est donc en fait le résultat de l'équilibre entre l'énergie solaire absorbée (correspondant à un échauffement) et l'énergie infrarouge émise (correspondant à un refroidissement). Cet équilibre s'exprime sous la forme du bilan radiatif qui est l'élément central du bilan énergétique total de la Terre. Les activités humaines peuvent modifier ce bilan radiatif, soit directement, soit indirectement. L'équilibre et les variations de ce bilan radiatif terrestre constituent le sujet central de ce chapitre.

Définitions
et mécanismes fondamentaux

Bien que le Soleil soit situé à 150 millions de kilomètres de la Terre, il lui fournit la majeure partie de son énergie. L'énergie moyenne arrivant au sommet de l'atmosphère est, en moyenne sur une journée, d'environ 341 watts par mètre carré (Wm^{-2}). À peu près 70 % de cette énergie (donc 240 Wm^{-2}) demeure dans le système terrestre alors que le reste est réfléchi vers l'espace. L'énergie demeurée dans le système terrestre est absorbée par les constituants principaux du système climatique – eau, air, sol et végétation –, qui ont alors tendance à s'échauffer. Ce sont les nuages et des petites particules qui flottent dans l'atmosphère, appelées aérosols, qui réfléchissent la majeure partie du rayonnement solaire, déterminant ainsi l'énergie disponible pour réchauffer la planète. Une autre partie provient des molécules de l'air, mais aussi notablement des surfaces terrestres réfléchissantes comme les neiges et les glaces, ou les sols dénudés des déserts, ou encore, en plus faible part, la végétation et l'eau (Figure 1.1).

Sans un mécanisme pour se refroidir, la Terre s'échaufferait continuellement et sa température augmenterait perpétuellement. Ce mécanisme de refroidissement est l'émission de rayonnement terrestre que l'on appelle aussi rayonnement d'ondes longues ou, plus communément, rayonnement infrarouge. Tout sur la Terre, que ce soit le sol, l'eau, les gaz atmosphériques, les nuages ou les aérosols, émet un rayonnement infrarouge. Les caractéristiques de celui-ci sont dépendantes de la température de l'émetteur : plus la température est élevée et plus le rayonnement infrarouge est intense, l'intensité de la radiation variant très rapidement en fonction de la température (selon la puissance quatre de la température). Ainsi, la température de la Terre s'autorégule par l'émission du rayonnement infrarouge de manière à contrebalancer l'échauffement dû à l'absorption du rayonnement solaire. Si pour une raison quelconque l'une de ces deux composantes radiatives (solaire et infrarouge) change, l'environnement planétaire se modifiera jusqu'à atteindre un nouvel équilibre au sein duquel échauffement et refroidissement seront à nouveau en équilibre. Ces perturbations du bilan radiatif peuvent par exemple résulter du changement du rayonnement émis par le Soleil, de l'augmentation des gaz à effet de serre dans l'atmosphère ou des aérosols résultant d'une éruption volcanique.

Le rétablissement de l'équilibre peut se produire de plusieurs manières : une variation de la température de la Terre, un changement de la couverture nuageuse globale ou quelque autre réponse naturelle du système, telle une modification des surfaces enneigées. En fait, une perturbation de l'énergie reçue ou perdue par le système, quelle qu'elle soit, enclenche une série de réponses complexes et de rétroactions qui interagissent pour créer ce nouvel équilibre. Ce chapitre tente d'éclairer le lecteur sur cette suite de processus.

Comment connaît-on
le bilan radiatif de la Terre

Les observations du rayonnement ont une longue histoire datant du temps où les scientifiques commencèrent à élucider les concepts clés décrits dans ce chapitre : l'effet de serre (le Français Joseph Fourier en 1824 [7]), ou l'effet anthropogénique du dioxyde de carbone (le Suédois Svante Arrhenius en 1896 [6]). Cependant, les observations plus systématiques sont beaucoup plus récentes. La première climatologie des nuages, par exemple, a été produite par London en 1957 [8]. Pour la compiler, il a rassemblé un très grand nombre d'observations de nuages faites depuis la surface dans l'hémisphère Nord et enregistrées pendant les années 1930 et 1940. Il les sépara en fonction du type de nuages. Avec une telle climatologie, les scientifiques purent alors calculer le bilan radiatif de la planète pour la première fois. Pour cela, ils utilisèrent un modèle – dit modèle de transfert radiatif – qui permet de calculer la quantité de rayonnement réfléchi, émis et absorbé par les différents constituants de la Terre. Ces calculs faits, London et ses collègues estimèrent alors que le pourcentage de rayonnement solaire réfléchi par la Terre par rapport au rayonnement solaire incident – l'albédo de la Terre – était d'environ 30 %. Cette valeur était très proche de celle qui sera obtenue bien plus tard à partir de mesures beaucoup plus précises telles que les mesures satellitaires. Depuis ce temps-là, de nombreuses climatologies ont été réalisées à partir d'observations recueillies depuis le sol : toutes convergent vers un résultat similaire.

La manière la plus exacte d'observer le bilan radiatif de la Terre et de ses composantes, cependant, est obtenue à partir de satellites, car ils offrent une vision quasi instantanée de la Terre et s'affranchissent du rôle de l'atmosphère. Ce type d'observations a vu le jour au début des années 1970 [9]. Elles sont maintenant devenues courantes, sont réalisées à l'aide de capteurs bien plus sophistiqués et font appel à des systèmes de traitement à la fois plus rapides et plus détaillés de l'énorme ensemble de données recueillies. En fin de compte, il est désormais possible d'obtenir, de manière très précise, le bilan radiatif net à l'échelle globale. Les capteurs embarqués sur les satellites mesurent à la fois le rayonnement solaire réfléchi par la planète et le rayonnement ondes longues qu'elle émet, ainsi que le rayonnement total émis par le Soleil. On peut alors déterminer l'albédo de la Terre à partir du rayonnement solaire incident et du réfléchi. Par exemple, le satellite ERBE lancé par la navette spatiale en 1983 [10] a fourni la première estimation très précise du bilan radiatif de la Terre. ERBE a permis de « scanner » la Terre à l'aide de détecteurs de rayonnements visible et infrarouge. Et bien qu'il ait fallu à peu près dix années de travail pour finaliser les résultats, leur précision a permis au bout du compte de fournir des réponses fiables à des questions fondamentales. Ils ont fourni en particulier une première estimation quantitative de l'impact des nuages sur le climat. Une des autres applications très importantes de ces données a été de fournir une référence, utilisée pour la validation et l'amélioration des modèles climatiques (Figure 2.1).

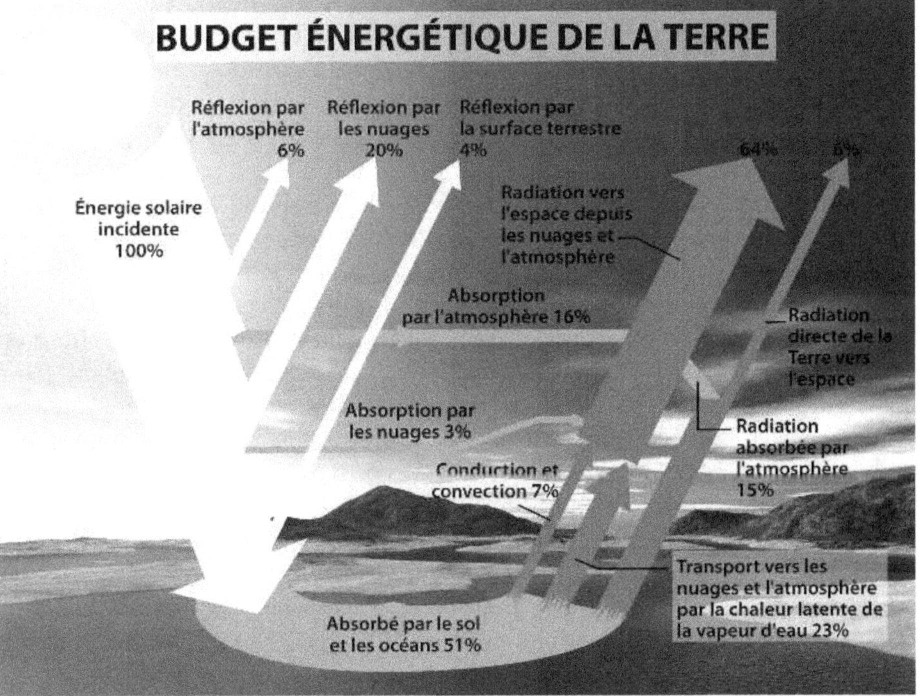

Figure 2.1. Bilan radiatif de la Terre.

En Europe, un système similaire, le radiomètre ScaRaB, a été lancé en 1994 et 1996 [11] sur des satellites russes : il était constitué de quatre télescopes disposés en parallèle et munis de filtres correspondant respectivement aux rayonnements visible, infrarouge et total, ainsi qu'à la fenêtre atmosphérique (le domaine spectral où le rayonnement infrarouge est peu absorbé par l'atmosphère). Plus tard, des instruments semblables (Gerb) ont aussi été lancés sur des satellites géostationnaires, fournissant ainsi des informations avec une plus haute précision temporelle. Enfin, plus récemment, le *Cloud and Earth's Radiant Energy System* (Ceres) a été lancé sur plusieurs satellites américains et fournit, depuis plusieurs années maintenant, une surveillance continue du bilan radiatif de la Terre.

Le forçage radiatif et ses impacts sur la circulation atmosphérique et océanique

Tous les processus susceptibles de modifier le bilan radiatif de la Terre ont un impact sur le climat. Pour aider à différencier le rôle des différentes composantes de ce bilan susceptibles d'être modifiées tant par des processus naturels, tels que la modification des nuages, que par des processus anthropogéniques, tels que les gaz à effet de serre ou les aérosols, on a introduit la notion de « forçage radiatif ». Le diagnostic des effets de ces forçages sur le bilan radiatif n'est pas simple, car il dépend de l'état de l'atmosphère, et toutes les contributions se retrouvent combinées lorsque le système climatique commence à réagir à un forçage particulier. Pour résoudre ce problème, au moins sur le plan conceptuel, le « forçage radiatif » a été défini comme représentant la modification du bilan radiatif de la Terre à la surface et au sommet de la troposphère en réponse à un facteur particulier, mais avant que ce facteur n'agisse et ne provoque une modification des autres paramètres environnementaux. Malgré tout, cette hypothèse que « toutes les choses restent égales par ailleurs » est limitée à la troposphère, l'hypothèse étant faite que la stratosphère, elle, conserve son équilibre radiatif. Dans la pratique, le « forçage radiatif » ainsi défini n'est pas observable directement, mais, bien sûr, il peut être calculé. D'après cette définition aussi, un forçage radiatif positif aura donc une tendance moyenne à chauffer la planète, alors qu'un forçage radiatif négatif aura tendance à la refroidir. Cette notion de forçage radiatif est particulièrement importante parce qu'elle permet de diagnostiquer séparément les contributions individuelles de différents effets aux variations du bilan radiatif de la Terre : modifications de la vapeur d'eau, des gaz à effet de serre et des aérosols ou bien encore des nuages.

De manière générale, l'échauffement dû à l'absorption du rayonnement solaire est supérieur au refroidissement par le rayonnement infrarouge dans les régions tropicales alors que le bilan correspondant est négatif dans les régions polaires. Un mécanisme essentiel responsable des circulations atmosphérique et océanique est, en fait, le contraste entre ces deux régions extrêmes. Comme on peut de manière générale considérer qu'il n'y a ni stockage d'énergie ni changement significatif de température de la Terre à l'échelle d'une année, le déséquilibre radiatif ainsi établi doit être rétabli par un transport de chaleur par les océans et l'atmosphère, orienté de l'équateur vers les pôles (transport méridional). En d'autres termes, ces circulations exportent de la chaleur depuis les régions tropicales vers les régions polaires pour clore les déficits du bilan radiatif. En observant la distribution méridionale du bilan radiatif, on s'aperçoit que les océans exportent environ un tiers de la chaleur des régions tropicales par l'intermédiaire de leurs grands courants avec un maximum de ce transport aux alentours de 20° de latitude (Figure 2.2). De son côté, l'atmosphère exporte le reste de la chaleur vers les pôles par l'intermédiaire des systèmes météorologiques principalement extratropicaux, le maximum étant cette fois situé aux alentours de 35° de latitude.

L'impact du bilan radiatif sur la dynamique des océans et de l'atmosphère crée aussi d'autres effets. Alors que les couches supérieures

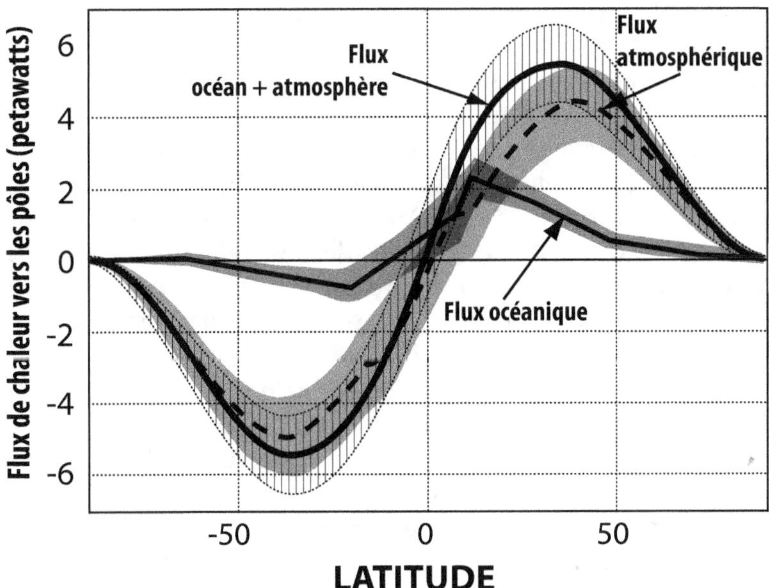

Figure 2.2. Transport de chaleur effectué par les océans et l'atmosphère.

de l'océan s'échauffent sous l'effet du rayonnement solaire, les mouvements turbulents transfèrent de l'eau et de la chaleur de l'océan à l'atmosphère. L'eau qui s'évapore des océans s'élève sous plusieurs effets : la poussée d'Archimède liée à sa différence de densité avec l'air sec, les mouvements turbulents de la couche limite, les nuages convectifs, mais aussi toute une série de mouvements organisés sur des échelles très variables. Les nuages convectifs, en particulier, transportent chaleur et quantité de mouvements depuis la surface jusqu'à la partie supérieure de la troposphère. Dans les tropiques, le mouvement vertical moyen détermine une circulation atmosphérique méridionale fermée, organisée de part et d'autre de l'équateur que l'on appelle la cellule de Hadley. Sa branche ascendante est proche de l'équateur et sa branche descendante est localisée aux alentours de 30° de latitude dans les deux hémisphères : elle correspond aux plus grands déserts du monde.

Ces régions désertiques ont un rôle important de stabilisation du climat puisque le bilan radiatif y est négatif, ce qui résulte de plusieurs causes : un albédo de surface élevé, des hautes températures de surface et une atmosphère sèche et dépourvue de nuages. Ce forçage négatif se maintient car il est en permanence compensé par l'échauffement provenant des mouvements descendants (ou subsidences), qui ont aussi un effet d'assèchement. Une autre circulation atmosphérique, la cellule de Walker, s'étend cette fois dans la direction zonale (est-ouest) avec des branches ascendantes localisées dans les grandes régions convectives du monde (dans le Pacifique Ouest et l'Amazonie) et les branches descendantes au-dessus des régions sèches et désertiques des régions tropicales.

Aux latitudes plus élevées, l'impact du bilan radiatif est très différent puisque les surfaces sont froides et souvent couvertes de neige ou de glace. Dans ces régions, la majeure partie du rayonnement solaire est réfléchie par une surface dont l'albédo est très élevé. La chaleur qui est absorbée sert principalement à fondre la neige et la glace, et seule une faible partie est disponible pour échauffer la surface. Le résultat est que l'atmosphère est stratifiée de manière très stable, avec des couches d'air froid restant près de la surface et peu de mouvements verticaux. Cette stratification est probablement la raison essentielle pour laquelle les changements de climat sont plus importants près de la surface dans les régions polaires.

Le contraste radiatif qui existe entre les océans et les continents a aussi une importance primordiale sur la manière dont le rayonnement affecte la circulation atmosphérique (Figure 1.1). Dans l'hémisphère Sud, le contraste est principalement méridional, et donc les isolignes du bilan radiatif sont parallèles aux lignes de latitude. Par contre, aux latitudes moyennes de l'hémisphère Nord, on observe un contraste marqué entre les océans et les continents à toutes les latitudes, en plus de la variation nord-sud et d'une variation saisonnière considérable.

Les gaz à effet de serre
et leur impact sur le climat

Bien que la notion d'effet de serre soit souvent associée aux effets humains sur le climat, l'effet de serre est en fait un phénomène naturel, qui existe aussi bien sur la Terre que sur les autres planètes du système solaire. Il a un impact important – principalement positif – sur les conditions de vie sur la Terre. De plus, l'équilibre climatique y est très sensible, ce qui explique pourquoi il est très facilement perturbé par les activités humaines.

L'atmosphère est principalement composée d'oxygène, à raison de 21 % de sa masse, et d'azote pour 78 %. Le reste de l'atmosphère, qui représente moins de 1 %, est composé de gaz minoritaires et de particules condensées. Malgré leur faible concentration dans l'atmosphère, certains de ces gaz ont une influence considérable sur le climat. En particulier, ils peuvent absorber une très grande partie du rayonnement infrarouge émis par la Terre. Cette énergie absorbée est ensuite réémise par ces gaz, en parties approximativement égales vers le sol, en en augmentant ainsi la température, et vers l'espace. Cet effet – appelé effet de serre – est semblable à celui causé par une vitre qui laisse passer le rayonnement solaire, mais ne permet pas au rayonnement infrarouge de s'échapper et donc produit un réchauffement de l'air à l'intérieur de la serre. Il peut être facilement illustré par ce qui se passe à l'intérieur d'une voiture lorsqu'on la laisse au soleil : les rayons du Soleil sont absorbés par les sièges et autres éléments de la voiture et leur température augmente. Mais le rayonnement infrarouge émis par tous ces éléments, air inclus, est bloqué par les vitres en verre qui sont opaques à ces rayons et donc la température augmente. On comprend aisément que plus les fenêtres sont opaques, plus la température de l'air à l'intérieur de la voiture augmente. Bien sûr, il s'agit ici simplement d'une analogie car les processus qui ont lieu au sein de l'atmosphère ont des caractéristiques bien différentes et très particulières (l'échauffement à l'intérieur d'une serre réelle ou d'une voiture est surtout dû au fait que l'air est contenu dans un espace confiné et que la convection ne peut intervenir). Toutefois, cette analogie permet de comprendre comment l'effet de serre réduit l'efficacité du mécanisme de refroidissement de la Terre par émission d'ondes infrarouges.

En fait, la Terre devrait avoir une température moyenne de – 18 °C (et donc être complètement gelée) pour émettre les 240 Wm^{-2} équivalant à l'énergie solaire absorbée par le système et être en équilibre radiatif. Ce serait en effet la température d'équilibre de la Terre si elle n'était pas entourée d'une atmosphère contenant des gaz à effet de serre. Mais l'absorption atmosphérique par ces gaz nécessite que la température de surface de la Terre soit beaucoup plus élevée afin de produire ce même refroidissement vers l'espace. La température de la Terre observée est en fait de + 15 °C – et serait encore plus élevée si elle n'était pas aussi tributaire de phénomènes d'ajustement convectif du profil vertical de température. En fin de compte, l'effet de serre agit essentiellement comme si la surface d'émission correspondant à la température de – 18 °C, nécessaire pour équilibrer le bilan radiatif au sommet de l'atmosphère, était déplacée vers le haut. Cette nouvelle surface d'équilibre correspond à ce qu'on appelle le « niveau d'émission équivalent » ; elle est située à plusieurs kilomètres d'altitude.

L'impact radiatif des gaz atmosphériques sur l'effet de serre est complètement disproportionné par rapport à leur concentration. L'oxygène et l'azote n'ont pas d'effet de serre parce que les lois de la physique demandent que les molécules aient au moins trois atomes pour qu'un gaz absorbe efficacement du rayonnement infrarouge et donc soit un gaz à effet de serre. Le gaz à effet de serre le plus important est la vapeur d'eau (H_2O) avec 60 % de l'effet total, alors que sa concentration ne constitue que 0,2 % de la masse atmosphérique. Elle est suivie du dioxyde de carbone, qui représente 26 % des effets pour seulement 0,05 % de la masse atmosphérique, et de l'ozone, dont les effets représentent 8 % de tous les effets pour seulement 0,02 % de la masse atmosphérique. Le méthane et l'oxyde d'azote représentent le reste de la contribution de 6 %. De manière générale, les effets du dioxyde de carbone dominent ceux de tous les autres gaz, sauf celui de la vapeur d'eau. Et cela ne provient pas de son forçage radiatif par molécule puisque celui-ci est plutôt petit et varie avec le logarithme de la concentration. En effet, l'absorption du dioxyde de carbone commence à saturer quand sa concentration atteint environ 100 ppm (parties de CO_2 par million en volume d'air). Donc une augmentation majeure de la concentration en dioxyde de carbone crée seulement un faible forçage radiatif. Mais la concentration totale de dioxyde de carbone est presque cent fois supérieure à celle de tous les autres gaz à effet de serre, et son effet cumulé est donc très important.

De plus, l'importance de l'effet de serre varie d'un gaz à l'autre parce que leurs temps de résidence dans l'atmosphère sont très différents. Le temps de résidence est défini comme le temps pendant lequel un gaz injecté à un moment donné reste dans l'atmosphère, avant d'être absorbé par la végétation ou les océans, ou encore détruit par une réaction chimique. L'effet des activités humaines sur la concentration des gaz à effet de serre est évidemment une conséquence directe de ce temps de résidence. Par exemple, le recyclage de la vapeur d'eau s'effectue sur un temps très court (au maximum plusieurs semaines) et, par conséquent, les activités humaines ont essentiellement un effet direct négligeable sur le cycle de l'eau (mais un effet indirect important comme nous le verrons plus loin).

Par contre, lorsque l'on ajoute du dioxyde de carbone dans l'atmosphère, les trois quarts environ prennent de l'ordre de deux cents ans pour disparaître par dissolution dans l'océan. Le reste est éliminé par des réactions chimiques avec le carbonate de calcium ou des roches volcaniques sur terre ou dans les océans : ce dernier stade peut prendre jusqu'à des dizaines de milliers d'années. Dans le cadre des prédictions du climat futur, il est nécessaire d'adopter une valeur moyenne pour la durée de vie du dioxyde de carbone et la valeur généralement adoptée est d'environ cent à deux cents ans. Le dioxyde de carbone émis consécutivement à l'utilisation du pétrole, du charbon ou bien du gaz naturel, peut donc s'accumuler dans l'atmosphère sur des décennies ou même des siècles, et ces émissions modifient donc fortement la concentration du dioxyde de carbone dans l'atmosphère.

L'augmentation de la concentration des gaz à effet de serre qui provient des activités humaines mène à une perturbation du bilan radiatif de la Terre pouvant apparaître très petite au premier abord. Un calcul très simple montre que l'impact actuel des effets anthropiques sur le bilan radiatif est de l'ordre de 2,9 Wm^{-2}, et donc représente à peine plus de 1 % du rayonnement solaire absorbé. Or la température de la Terre étant d'environ 300 °K, une perturbation de seulement quelques pour cent soutenue pendant des années représente un échauffement global de plusieurs degrés et peut donc conduire à relativement court terme (une centaine d'années) à une température qui n'a pas existé depuis des millions d'années. L'effet de serre provenant de causes anthropiques peut donc créer des modifications climatiques en réponse à des quantités additionnelles de gaz qui peuvent apparaître relativement petites car l'équilibre entre les processus radiatifs est très sensible à la concentration de ces gaz.

Le rôle des nuages

Une des inconnues principales des effets du bilan radiatif sur le climat est le rôle que jouent les nuages sur l'échauffement et le refroidissement du système climatique. De nombreux processus sont responsables de la formation et de la dissipation des nuages, allant des processus microphysiques responsables de la formation des gouttelettes à la dynamique de l'air à de multiples échelles. Les nuages sont demeurés un mystère pendant plusieurs siècles : pourquoi l'eau des nuages ne tombe-t-elle pas du ciel ? Descartes imaginait par exemple que les nuages étaient faits de petites bulles. Bien sûr, on sait maintenant qu'ils sont constitués de gouttelettes d'eau suffisamment petites (de l'ordre de quelques microns) pour être soumises à la viscosité de l'air et, de ce fait, voir leurs mouvements être fortement liés à ceux de l'atmosphère. Lorsque les gouttelettes de nuage grossissent au-delà d'environ 15 microns, elles deviennent sensibles à la gravité et tombent sous forme de pluie. Les gouttes de nuages ne se forment pas spontanément. Quand la vapeur d'eau de l'atmosphère s'approche de la saturation, il faut de plus que de petites particules (aérosols) appelées noyaux de condensation soient présentes pour que les gouttelettes se forment. Différents types d'aérosols peuvent servir de noyaux de condensation, tels le sel de mer ou les sulfates d'origine anthropique, même si tous les aérosols ne peuvent pas jouer ce rôle. La vie d'une goutte de nuage après sa formation peut être très compliquée. Un grand nombre de molécules de vapeur d'eau commencent à se condenser sur une petite gouttelette. La taille de cette gouttelette augmente ensuite aussi par l'interaction avec d'autres gouttes suivant un phénomène qu'on appelle accrétion. On trouve en fin de compte des gouttelettes de tailles très variées dans les nuages.

Le forçage radiatif des nuages correspond à l'équilibre entre leurs effets sur le rayonnement solaire pénétrant le système Terre et ceux qu'ils ont sur le rayonnement infrarouge émis vers l'espace. Ces deux effets sont importants et de signes opposés. D'une part, les nuages réfléchissent le rayonnement solaire, et donc réduisent la quantité de rayonnement solaire disponible pour échauffer le système Terre, correspondant ainsi à un forçage négatif et donc à un refroidissement. D'autre part, les nuages produisent aussi un effet de serre : en absorbant le rayonnement infrarouge émis par la Terre et le réémettant à la fois vers l'espace et la surface, ils produisent un forçage radiatif positif qui correspond à un échauffement. La somme de ces deux effets opposés dépend de la quantité de nuages et de leurs caractéristiques ; elle est très difficile à prédire *a priori*.

Bien que l'on ait observé les nuages à partir du sol depuis des décennies et que l'on ait fait des calculs de bilan radiatif depuis pratiquement la même époque, c'est seulement depuis l'arrivée des satellites que les mesures sont devenues suffisamment précises pour évaluer de manière convaincante le rôle des nuages sur le climat. Après bien des désaccords au cours des années 1980 sur le rôle net (échauffement ou refroidissement) des nuages, les observations du satellite ERBE ont permis de déterminer précisément et de manière définitive que les nuages produisaient un forçage négatif, s'inscrivant dans une fourchette allant de − 13 à − 21 Wm^{-2}, et donc qu'ils refroidissaient le climat [12]. Pendant les dernières décennies, des observations supplémentaires sont venues confirmer ce résultat crucial et ont depuis permis une surveillance continue du bilan radiatif de la Terre.

Les effets des nuages sur le climat sont complexes car ils sont ressentis aussi bien au sommet de l'atmosphère qu'au sein de l'atmosphère elle-même ou à la surface de la Terre. Ils dépendent non seulement de la couverture horizontale des nuages mais aussi de l'ensemble de leurs propriétés. L'épaisseur optique des nuages – une variable qui intègre à la fois l'épaisseur, la densité et la nature des gouttes de nuages (eau ou glace) – est un paramètre essentiel pour décrire les interactions des nuages avec le rayonnement visible. Les nuages les plus épais étant ceux qui réfléchissent le plus, limitant ainsi la transmission vers la surface du rayonnement solaire. Les nuages peuvent aussi réfléchir le rayonnement déjà réfléchi par la surface, créant ainsi des réflexions multiples entre la surface et la base des nuages, phénomène particulièrement important dans le cas de surfaces très réfléchissantes comme la neige ou la glace. Un autre paramètre qui influence, dans une mesure moindre, le bilan radiatif, est la distribution en taille des gouttes. On la représente généralement par un paramètre – le « rayon efficace » – en imaginant qu'un ensemble de gouttelettes ayant cette taille aurait le même effet sur le rayonnement solaire que la distribution plus complexe des gouttes se produisant dans le monde réel. À quantité d'eau nuageuse égale, les petites gouttes réfléchissent un peu plus que les grosses parce que, à volume d'eau égal, elles présentent une surface plus étendue au rayonnement solaire. Un élément important est lié à la présence d'aérosols dans l'air au sein duquel les nuages se forment. Plus il y a d'aérosols présents, plus le nombre de gouttelettes qui se forment est grand car un plus grand nombre de molécules de vapeur d'eau disponibles pour la condensation est utilisé pour créer de nouvelles gouttes plutôt que de plus grosses gouttes. Le résultat est que la taille effective des gouttelettes est plus petite pour un nuage « sale » contenant beaucoup d'aérosols que pour un nuage « propre » formé au sein d'un air contenant peu d'aérosols. Les nuages pour lesquels la même quantité d'eau est répartie sur un plus grand nombre de gouttelettes couvrent une plus grande surface et donc réfléchissent plus de rayonnement solaire, refroidissant le système Terre. Ceci est connu sous le nom d'effet indirect des aérosols ou encore d'« effet Twomey », du nom du scientifique qui a, le premier, suggéré ce mécanisme (voir le Chapitre 3 sur les aérosols pour plus de détails). Une autre conséquence de ce processus est que, pour une quantité équivalente d'eau initialement condensée, moins de pluie se formera, puisque les gouttelettes de nuages auront plus de difficultés à atteindre la taille nécessaire pour qu'elles puissent tomber librement sous forme de pluie : en présence d'aérosols, les nuages contiennent plus d'eau et pour plus longtemps.

La phase (liquide ou glace) dans laquelle se trouve l'eau joue aussi un rôle important car, toujours à quantité d'eau égale, les gouttelettes d'eau réfléchissent plus de rayonnement solaire que les cristaux de glace qui sont généralement plus gros.

La température affecte aussi fortement le rôle des nuages. Dans la partie basse de l'atmosphère – la troposphère –, la température décroît avec l'altitude : lorsque l'altitude d'un nuage croît, sa température décroît, ce qui augmente son effet de serre et donc son forçage radiatif. Ainsi, les nuages élevés comme les cirrus ont un très grand effet de serre et échauffent l'atmosphère. On sait bien par exemple que les nuits de ciel clair sont bien plus froides que les nuits de ciel couvert. Même pendant le jour, les cirrus, très fins en général et composés de cristaux de glace, ont un faible effet sur le rayonnement solaire qui ne suffit pas à compenser l'échauffement résultant de leur effet de serre : l'effet net des cirrus est de chauffer l'atmosphère.

Les nuages moyens, par contre, sont le plus souvent thermiquement neutres par compensation entre les effets d'échauffement et de refroidissement. L'altitude des nuages affecte leur forçage radiatif, et les changements dans la distribution de l'altitude des nuages constituent un facteur primordial susceptible d'agir sur le changement climatique.

Un monde en plein bouleversement : l'augmentation du forçage par les gaz à effet de serre

Les gaz à effet de serre à effets radiatifs importants présentés dans la section précédente – le dioxyde de carbone (CO_2), le méthane (CH_4), les chlorofluorocarbones (CFC), le peroxyde d'azote, N_2O, les PFC et le SF_6, l'ozone (O_3) et la vapeur d'eau (H_2O) d'origine anthropique, exercent un forçage radiatif qui augmente rapidement. Dans son dernier rapport (AR4), le Giec a fait le point sur ces valeurs [5].

La concentration actuelle du CO_2 est de 380 ppm (parties par million), ce qui produit un forçage radiatif d'environ 1,63 Wm^{-2} par rapport au niveau préindustriel.

C'est à la surface et dans la troposphère qu'un échauffement accru est ressenti. Par contre, la stratosphère se refroidit puisque le CO_2 ajouté élève l'altitude du niveau équivalent d'émission. La concentration atmosphérique de CO_2 a augmenté globalement d'environ 100 ppm au cours des deux cents dernières années, passant d'une valeur préindustrielle de 280 à une valeur de 380 ppm en 2004. La vitesse (taux) à laquelle l'augmentation de la concentration s'est faite s'est accélérée pendant les cinquante dernières années avec un taux maintenu à une valeur d'à peu près 2 ppm/an dans la période 2001-2003. Les émissions résultant de l'utilisation des combustibles fossiles, de la production de ciment et des torchères de gaz naturel ont augmenté rapidement de 6,1 à 6,5 de gigatonnes par an ou de 0,7 % par an. Ce taux est bien plus élevé que celui du scénario appelé « *business as usual* » (BAU) dans les premiers rapports du Giec [3].

On le sait, tout le CO_2 émis par les activités humaines ne se retrouve pas automatiquement dans l'atmosphère. Il est donc crucial de savoir combien de CO_2 est pompé par les composantes continentales et océaniques du système climatique, et par quels mécanismes, afin de pouvoir prédire les évolutions à venir. Ce sujet est revu plus en détail dans le Chapitre 8 sur le cycle du carbone.

Le deuxième forçage d'origine anthropique après le dioxyde de carbone est celui du méthane (CH_4). Avant l'ère industrielle, la concentration de méthane variait dans une fourchette de 400 à 800 ppb (parties par milliard), mais depuis elle a augmenté pour atteindre sa valeur actuelle de 1 778 ppb. Les données disponibles indiquent que le niveau atmosphérique actuel n'a pas existé depuis au moins un demi-million d'années. Le forçage radiatif estimé résultant d'une concentration de méthane de 715 ppb est de l'ordre de $0,48 \pm 0,05$ Wm^{-2}, soit un forçage environ quatre fois plus petit que celui du dioxyde de carbone, bien que le méthane soit vingt-deux fois plus actif que le dioxyde de carbone lorsqu'on l'évalue molécule par molécule. L'abondance du méthane s'est accrue de 40 % pendant les dernières vingt-cinq années. Son taux d'augmentation a cependant décru de manière importante sur la fin de cette période. Les raisons de ce déclin ne sont pas connues, tout comme leurs implications possibles pour l'avenir. Il s'agit de sujets de recherche intensifs.

Par ordre d'importance, le forçage radiatif suivant provient du CFC-12, un des gaz couverts par le protocole de Montréal. Les autres gaz aussi régulés par ce protocole et surveillés de manière continue sont tous les CFC, les HFC, les chlorocarbones, bromocarbones et halons qui sont tous très actifs sur le plan radiatif, mais ont actuellement un faible forçage étant donné leur faible concentration.

Le peroxyde d'azote (N_2O) arrive en quatrième place avec une concentration de 314 ppb et une augmentation de 44 ppb par rapport à la valeur préindustrielle de 270 ppb. Son forçage radiatif est de l'ordre de $0,15$ Wm^{-2}. On pense que la cause principale de l'augmentation du N_2O est la production de microbes accrue provenant de l'accroissement des terres fertilisées.

Les PFC, HFC et SF_6 d'origine synthétique peuvent aussi avoir un forçage radiatif important même à de petites concentrations. Leur concentration s'est accrue rapidement ces dernières décennies, ce qui pose problème compte tenu de leur durée de vie atmosphérique extrêmement longue : 3 200 ans, par exemple, dans le cas du SF_6.

Le forçage de l'ozone a deux aspects. Le premier est une conséquence de la diminution de l'ozone dans la stratosphère. Son résultat est un forçage négatif (correspondant à un refroidissement) variant de manière saisonnière ; ceci est discuté plus en détail dans le Chapitre 11 sur la chimie de l'atmosphère. L'autre provient de l'augmentation de l'ozone dans la troposphère, résultant principalement des émissions de véhicules et correspondant à un forçage positif, donc à un échauffement.

Finalement, bien qu'il soit difficile de différencier la vapeur d'eau produite par des effets anthropiques de celle produite naturellement, la majeure partie de l'eau stratosphérique provient des activités humaines et est essentiellement liée à l'accroissement de la concentration en méthane. On estime que la vapeur d'eau stratosphérique a un forçage radiatif d'environ 0,02 Wm^{-2} et qu'elle est en augmentation. Des détails supplémentaires sont donnés dans le Chapitre 11.

Tous ces forçages varient sur des échelles de temps différentes. Par exemple, à l'échelle interannuelle, la théorie suggère une relation entre la quantité de gaz à effet de serre piégée dans les tropiques et l'état de l'atmosphère. Ainsi, l'un des risques associés à l'augmentation des gaz à effet de serre pourrait être d'entraîner un El Niño (phase chaude de l'oscillation ENSO) quasi permanent. En fait, on a déjà observé une augmentation du rayonnement infrarouge moyen piégé dans l'atmosphère de 2 Wm^{-2} correspondant à un échauffement de la température moyenne de la mer dans les tropiques pendant la période 1986-1987, d'une amplitude approximative de 0,4 °K [13]. De plus, depuis longtemps, on pensait que les variations des gaz à effet de serre avaient probablement un effet négligeable sur la variabilité à court terme du système climatique, comme les variations saisonnières. Des études récentes suggèrent au contraire que la variabilité saisonnière pourrait être reliée aux variations lentes (dans ce contexte saisonnier) de la concentration du CO_2 [14].

Un récapitulatif de tous les forçages radiatifs discutés dans ce chapitre est présenté sur la Figure 2.3.

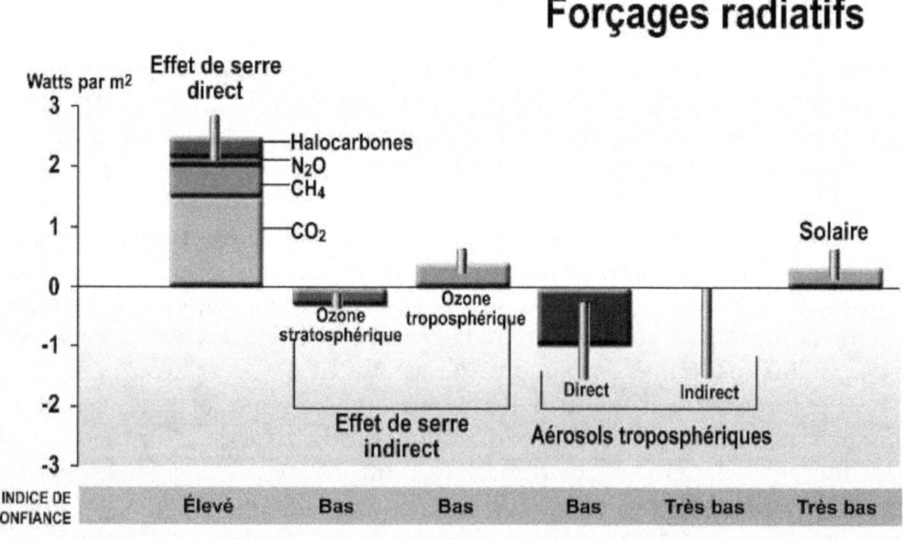

Figure 2.3. Forçage radiatif dû aux différents processus climatiques.

Rétroactions dues à l'échauffement par effet de serre

Bien que l'augmentation des gaz à effet de serre dans l'atmosphère soit un effet direct des activités humaines sur l'équilibre énergétique de la Terre, leur rôle peut néanmoins être modulé par des effets de rétroaction. Sans ces effets de rétroaction, l'augmentation directe de la température de surface de la Terre résultant, par exemple, d'un doublement de la concentration du CO_2 serait d'à peu près 1 °C à l'équilibre, une valeur que l'on peut déterminer à partir de calculs théoriques. Les différents modèles climatiques actuels fournissent une valeur variant d'un tout petit peu moins que 2 °C à un peu plus que 5 °C : la différence entre ces valeurs et celle de 1 °C mentionnée plus haut provient principalement des rétroactions. Cette gamme de valeurs indique bien qu'il existe encore une grande incertitude dans les modèles, essentiellement associée à ces rétroactions.

Certaines de ces rétroactions sont liées au mécanisme d'effet de serre lui-même. On a déjà vu que l'effet de serre naturel se manifeste par une élévation du niveau effectif d'émission (le niveau approximatif auquel la température est de − 18 °C) de quelques kilomètres. L'effet de serre d'origine anthropique amplifie ce déplacement vers le haut. La manière dont une telle modification affecte la température de surface dépend de la manière dont la décroissance de température avec l'altitude (ou le taux de variation verticale de la température) est modifiée. Ce taux de variation est en partie contrôlé par la convection : celle-ci mélange l'air verticalement lorsque la stratification est instable, en pratique lorsque la variation verticale de la température de l'air dépasse un seuil donné. Ce mélange convectif produit un fort couplage entre les variations de température à différents niveaux dans la troposphère, qui est globalement bien reproduit par les modèles climatiques. Mais d'autres effets peuvent jouer aussi, pour lesquels il est moins sûr que les modèles représentent adéquatement et fidèlement tous les processus qui entrent en jeu. Cela a été un sujet de débat important au sein de la communauté scientifique, avec un paroxysme au moment où les estimations de la température troposphérique semblaient indiquer que la température de la troposphère moyenne décroissait alors que la température de surface augmentait [15]. Ces déterminations de température étaient basées sur des mesures faites par un instrument à micro-ondes (*Microwave Sounding Unit* – MSU), embarqué sur les satellites américains de la Noaa. Bien sûr, à ce moment-là, ces résultats ont soulevé des inquiétudes dans les milieux de modélisation climatique quant au réalisme de la corrélation entre les températures de l'atmosphère simulées à différents niveaux. Ce problème s'est révélé être un artefact du traitement des données, résultant de la contamination du signal par le refroidissement stratosphérique lié à l'effet de serre ainsi que d'autres problèmes techniques. Le refroidissement stratosphérique en question est, comme on l'a vu, associé à l'échauffement de la troposphère lorsque la concentration des gaz à effet de serre augmente. Ce résultat a mis fin au débat concernant les données de MSU et a renforcé la confiance dans la capacité des modèles à traiter correctement les variations verticales de températures. Naturellement, cela ne représente pas une validation absolue des modèles, car d'autres incertitudes persistent qui peuvent avoir un effet sur l'évolution de la variation verticale de température dans un monde plus chaud. Ces incertitudes peuvent donc encore affecter la prévision de la température de surface à toutes les latitudes.

La rétroaction la plus importante est celle provenant de la vapeur d'eau. Elle est directement reliée à l'effet de serre puisque, on l'a vu, la vapeur d'eau est le principal gaz à effet de serre – représentant à elle seule entre 36 et 66 % de l'effet de serre global. Et lorsqu'elle est combinée avec les nuages, comme dans la nature, elle représente alors entre 66 et 85 % de cet effet. On a déjà mentionné que la vapeur d'eau n'était pas directement affectée par les activités humaines ; cependant, l'échauffement de la Terre peut lui-même modifier sa distribution. Dans la plupart des modèles climatiques, cette rétroaction va jusqu'à doubler la réponse du climat aux perturbations externes. Comment fonctionne-t-elle ? Pour l'essentiel selon un principe simple : lorsque l'atmosphère s'échauffe, le seuil de saturation de la vapeur d'eau augmente, permettant ainsi à l'atmosphère de contenir plus d'eau sous forme de vapeur. La concentration de la vapeur d'eau, augmentant de manière générale en réponse à l'accroissement de l'évaporation, elle-même due aux températures plus élevées, amplifie l'échauffement initial. Le rôle de cette rétroaction est si crucial pour les prédictions climatiques que beaucoup se posent encore la question de savoir si les modèles la représentent correctement. De fait, bien que la température contrôle activement la vapeur d'eau dans les régions où l'atmosphère est proche de la saturation (donc les régions tropicales en général), en ajustant la vapeur d'eau de telle sorte que l'humidité relative soit maintenue (au premier ordre), la situation est très différente dans les régions sèches. Les rapports successifs du Giec ont mis l'accent sur les incertitudes associées à l'amplitude de la rétroaction de la vapeur d'eau. Mais, récemment, on a pu disposer d'une estimation quantitative de la rétroaction de la vapeur d'eau à partir des températures atmosphériques consécutives à l'éruption volcanique du mont Pinatubo. Un très bon accord a été obtenu entre les réductions de température et de vapeur d'eau (intégrée sur toute l'atmosphère et sur la haute troposphère) observées environ trois ans après l'éruption et celles modélisées. Cet intervalle de temps a été retenu pour permettre à la vapeur d'eau de se remettre en équilibre avec une température de la mer diminuée, et ce bon accord est un indice qui suggère que les modèles simulent sans doute convenablement la rétroaction de la vapeur d'eau. Des incertitudes subsistent néanmoins : des observations récentes dans les régions tropicales suggèrent par exemple que la vapeur d'eau ne s'ajuste pas complètement selon le mode représenté dans les modèles, c'est-à-dire en maintenant l'humidité relative constante. En réalité, la confirmation définitive de la validité de la représentation de la rétroaction de la vapeur d'eau ne sera jamais possible. Malgré tout, des indices variés suggèrent que les modèles sont généralement corrects et la rétroaction de la vapeur d'eau est indispensable pour reproduire correctement les variations de température et les fluctuations du climat sur une large gamme d'échelle de temps allant du saisonnier à l'interannuel, ou encore aux évolutions paléoclimatiques.

Une autre rétroaction importante est celle liée aux variations de l'albédo de surface qui seraient associées à des variations climatiques. Son effet est de modifier l'échauffement par le rayonnement solaire à la surface : dans un climat plus chaud, les neiges et les glaces fondent, exposant une surface qui réfléchit beaucoup moins et donc absorbe plus de rayonnement solaire, produisant ainsi un réchauffement additionnel de la surface. D'après les études faites à l'aide de modèles dans lesquels on double le CO_2, cette rétroaction augmenterait l'échauffement planétaire d'environ un demi-degré. Cette rétroaction est connue sous le nom de rétroaction de l'albédo des neiges et des glaces, et a un impact significatif aux échelles paléoclimatiques, en particulier au cours des transitions entre ères glaciaires et interglaciaires. Comme pour la rétroaction de la vapeur d'eau, les modèles ne peuvent prétendre faire une évaluation exacte, particulièrement quand il s'agit d'évaluer les changements d'albédo de surface (lorsque la neige fond sur le sol d'une forêt) ou de prendre en compte l'effet de l'âge de la neige sur ses propriétés réfléchissantes.

Cette liste de rétroactions n'est bien sûr pas exhaustive. Par exemple, les changements de végétation reliés à la désertification ou aux variations de l'utilisation des sols modifient aussi l'albédo de la surface de la Terre et peuvent donner lieu à une rétroaction influencée, cette fois, par la nature de la couverture des sols et l'étendue de la végétation.

D'autres effets de rétroaction peuvent agir par l'intermédiaire de modifications de la rugosité de surface ou des échanges d'énergie turbulente entre l'atmosphère et la surface. Tous ces processus sont des sources d'incertitudes dans les modèles climatiques. Mais la plus grande source d'incertitude reste sans nul doute celle liée à l'effet des nuages, dont on a déjà mentionné l'extrême complexité. Les humains peuvent influencer la formation des nuages en produisant des aérosols résultant des activités industrielles ou des changements d'utilisation des sols. La présence de ces aérosols peut influencer la durée de vie des nuages puisqu'elle réduit la probabilité de formation de la pluie. Les nuages contenant une concentration élevée d'aérosols restent dans l'atmosphère plus longtemps au lieu de se dissiper sous forme de pluie, et ils ont un effet de refroidissement supérieur. (Des détails supplémentaires sur ces mécanismes sont fournis dans le Chapitre 3.) En fin de compte, la présence d'aérosols au sein des nuages affecte le forçage radiatif des nuages.

La description que nous venons de faire des rétroactions directes qui affectent le système climatique n'inclut pas tous les autres aspects de la machine climatique qui interagissent avec le forçage de l'effet de serre. On peut citer comme exemple l'interaction entre les processus secs et humides, principalement déterminés par la position des cellules de Hadley et Walker, et l'équilibre radiatif. Le mouvement et l'extension de ces cellules résultent en effet de forçages autres que les forçages radiatifs, tels que la rotation de la Terre, les gradients de température entre l'équateur et les pôles, et la distribution des continents. Et l'échauffement climatique peut à son tour affecter ces circulations atmosphériques à grande échelle, pouvant ainsi causer des changements de localisation des déserts, des régions de précipitation et de leur équilibre radiatif.

Sujets prioritaires de recherche : les modèles

Si l'on veut déterminer complètement le rôle de l'effet de serre sur le climat dans les décennies à venir, il va falloir faire d'immenses progrès concernant les modèles climatiques et leur validation.

Les modèles utilisés actuellement ont été développés vers la fin des années 1970 et sont continuellement améliorés depuis. Pour ne citer qu'un exemple, au début des années 1980, la plupart des modèles étaient incapables de prédire la couverture nuageuse et utilisaient des climatologies comme celles de London pour faire des calculs de bilan radiatif. Au fil des années, ces modèles ont fortement évolué. On y a par exemple incorporé une représentation de plus en plus complète des nuages. D'abord basée sur l'utilisation de simples indicateurs comme l'humidité relative ou la stabilité verticale de l'atmosphère, cette représentation a été fondée sur l'usage d'équations prédisant le contenu en eau liquide. Ces équations incluent la formation (condensation) et la dissipation de l'eau liquide par les processus de précipitation et d'évaporation.

Malgré ces progrès continus, l'incertitude sur l'estimation de la sensibilité du climat par les modèles climatiques n'a pas beaucoup changé pendant les dernières années. Par exemple, la gamme des températures calculées pour un doublement de la concentration en CO_2 dans l'atmosphère s'étend encore de 2 à 5 °C entre les modèles, cet écart provenant principalement de différences entre l'effet des nuages simulés par chaque modèle. Par exemple, certains modèles montrent une rétroaction positive très élevée tout simplement parce qu'ils prédisent qu'une grande partie des nuages bas seront remplacés par des nuages hauts au fur et à mesure que l'atmosphère deviendra plus riche en CO_2 (et donc aura un effet de serre plus grand). L'introduction dans les modèles d'une représentation des propriétés microphysiques des nuages a en revanche induit certaines rétroactions négatives associées à la croissance du contenu en eau, plus particulièrement lorsque des nuages d'eau remplacent les nuages de glaces. On voit donc que l'amélioration permanente des modèles et la complexité accrue qui leur est associée n'ont pas nécessairement aidé à réduire la gamme des valeurs d'échauffement produite par les différents modèles. Cela n'est, en fait, pas surprenant étant donné la complexité des paramètres et des processus liés à l'interaction entre les nuages et le rayonnement. Plusieurs questions fondamentales se posent donc maintenant. Serait-il possible que certains des processus complexes représentés avec trop peu de détails dans les modèles soient suffisamment importants pour dominer, voire dicter, la réponse des nuages ? Ou bien sommes-nous confrontés à une situation d'une complexité indémêlable, ce qui pourrait indiquer que la limite actuelle de prédiction des modèles reflète tout simplement une incapacité à prédire de manière précise la réalité du monde ? Certes, les modèles demeurent considérablement plus simples que le monde réel ; les nuages y sont encore grossièrement « représentés », c'est-à-dire que leurs propriétés ne sont pas explicitement calculées, mais plutôt exprimées à l'aide des paramètres provenant des observations. Cela provient bien entendu du fait que la plupart des processus dynamiques à l'origine de la formation des nuages agissent sur des échelles bien plus petites que les centaines de kilomètres représentant la maille d'un modèle : on peut constater de manière évidente cet écart entre les échelles en regardant un nuage par la fenêtre. Cependant, cette insuffisance dans la représentation des nuages fait l'objet de travaux actifs destinés à la réduire, dans au moins deux directions. Une approche en cours consiste à insérer dans chaque maille de modèle climatique des sous-modèles (à deux dimensions pour commencer) capables de « résoudre » le plus explicitement possible toutes les propriétés importantes des nuages [16]. Des modèles globaux avec une résolution de quelques kilomètres commencent aussi à voir le jour. Ces deux exemples montrent bien que les modèles climatiques sont sans doute à la veille d'importantes avancées. Bien sûr, de longues simulations climatiques doivent encore être effectuées à l'aide de ces nouveaux modèles, avant d'être utilisés pour évaluer, de manière explicite, les rétroactions discutées plus haut. Même à ce stade, tous les problèmes ne seront pas éliminés, puisque beaucoup d'études récentes suggèrent que les différences entre les résultats des modèles actuels pourraient provenir de la manière dont y sont traités les nuages stratiformes. Ces nuages stratiformes, qui résultent de mouvements turbulents de très petite échelle (une centaine de mètres), continueront longtemps de requérir un traitement au travers de « paramétrisations ». Il fait peu de doute, cependant, que les avancées imminentes dans le domaine de la modélisation des nuages vont modifier notre perspective, à la fois sur les rétroactions de la vapeur d'eau et sur celles des nuages.

Surveillance du bilan radiatif de la Terre pendant les changements climatiques en cours

L'arrivée de nouveaux instruments embarqués sur satellites offre aussi des possibilités importantes d'améliorer notre compréhension du rôle des processus radiatifs dans le contexte des changements climatiques, compréhension qui se répercutera dans les modèles climatiques.

Effectivement, comme les principaux paramètres nuageux affectant le rayonnement peuvent être déterminés à partir de satellites, les nouveaux instruments récemment mis en orbite ont le potentiel d'apporter des informations réellement novatrices. Que ce soient le lidar embarqué sur le satellite Calipso, les radars embarqués sur le satellite Cloudsat, les instruments mesurant le rayonnement solaire directionnel et polarisé dans le cas de Parasol ou les spectromètres à très haute résolution spectrale comme AIRS et IASI, leur association aux instruments plus conventionnels est déjà en train d'apporter une richesse étonnante d'informations sur les propriétés des nuages. Sont désormais mesurés : l'altitude des nuages, leur phase (eau ou glace), leur microphysique (gouttelettes ou cristaux) et leur contenu en vapeur d'eau (Figure 2.4). Il va bien sûr falloir développer de nouvelles méthodes d'analyse et les adapter au traitement de ces quantités considérables d'informations. Des études préliminaires ont déjà montré l'apport des comparaisons qui seront ainsi possibles avec les simulations de modèles. Une autre approche offerte par ces nouvelles données est de diagnostiquer directement le signal d'échauffement global en s'assurant, bien sûr, que l'on mesure en même temps les autres propriétés importantes du climat.

L'observation des composantes du bilan radiatif à partir à la fois de l'espace et de la surface est maintenant en cours. Et malgré la période relativement brève sur laquelle les observations par satellites ont été réalisées et les difficultés existantes pour obtenir une image globale à partir de mesures au sol, on observe déjà des tendances dont l'interprétation pose un défi. En particulier, une controverse récente a été soulevée par les observations de la variation du rayonnement solaire à la surface et de l'albédo de la Terre pendant les deux dernières décennies. En effet, on a constaté un déclin du flux solaire dans beaucoup de mesures effectuées à la surface au-dessus des terres jusqu'à 1990, phénomène auquel on a donné le nom d'« assombrissement global » (voir par exemple [17]). Depuis 1990 cependant, les mêmes observations de surface dans l'hémisphère Nord ont montré que cet assombrissement n'a pas persisté à la fin des années 1990 et que, au lieu de cela, un éclaircissement a été observé depuis la fin des années 1980. Les mesures faites à partir du satellite Ceres depuis les années 1970 indiquent elles aussi une réduction de l'albédo de la Terre d'une valeur de 0,006 (pour une valeur moyenne de 0,29) sur cette même période [18]. Cela correspond à une réduction du rayonnement solaire réfléchi de ~ 1 Wm^{-2} et donc à un réchauffement du système Terre-atmosphère de cette même quantité sur seulement trente années. Des mesures d'albédo de la Terre, relevées à partir d'observations de la Lune, indiquent une réduction du même ordre de grandeur [19]. Est-il possible que cette réduction de l'albédo de la Terre et l'accroissement simultané du rayonnement solaire à la surface correspondent à une réduction de la couverture nuageuse globale ? Les observations satellites ondes longues ne confirment pas cette hypothèse [18]. Une caractéristique qui permet peut-être de comprendre les raisons de cet éclaircissement global tient au fait qu'il a lieu dans des conditions aussi bien claires que nuageuses, et donc que des processus ayant lieu dans ces deux conditions y contribuent. On voit poindre ici la possibilité d'une complémentarité entre les effets directs et indirects des aérosols.

Ces résultats, encore préliminaires, et la controverse qui leur est associée montrent bien l'absolue nécessité d'avoir des observations continues et de très grande précision du rayonnement global. C'est seulement en combinant ces mesures de rayonnement à toutes les informations complémentaires existantes, comme celles de nuages ou d'aérosols, que l'on pourra saisir entièrement les changements en cours et démêler les processus responsables de ces changements. Cet exemple illustre bien le jeu d'interactions qui existe entre les différents forçages, qu'ils soient d'origine naturelle ou anthropique.

Conclusion

L'augmentation de la concentration des gaz à effet de serre fournit probablement l'indication la plus claire et la moins controversée de l'importance des facteurs anthropiques sur l'effet de serre. Elle a permis aux scientifiques d'alerter les citoyens et les responsables politiques sur les risques majeurs de changements de climat. Les mécanismes par lesquels ce forçage peut perturber l'équilibre climatique préindustriel sont bien compris, effectivement observés et raisonnablement bien représentés dans les modèles climatiques. Mais la capacité de prédire quantitativement l'évolution du climat futur reste éloignée de la capacité à affirmer l'existence d'un problème. Cela provient en particulier de la complexité, soulignée dans ce chapitre, des processus et des rétroactions qui déterminent les modifications des nuages et leurs interactions avec les aérosols.

Une attente cruciale de la société vis-à-vis des scientifiques concerne précisément la réduction de ces incertitudes. Ceci ne sera possible au cours des décennies à venir qu'avec une nouvelle génération de modèles à haute résolution et des observations continues d'un plus grand nombre de paramètres, tout ceci se produisant dans le cadre d'un signal de changement climatique de plus en plus grand et donc de plus en plus facile à comprendre et à diagnostiquer.

Les auteurs

HERVÉ LE TREUT est directeur de recherche au CNRS. Il a poursuivi des travaux de modélisation climatique au Laboratoire de météorologie dynamique, dont il est l'actuel directeur. Il a été partie prenante des travaux du Giec en tant que *lead author* en 2001 et *convening lead author* en 2006. Il est aussi professeur à l'École polytechnique et membre de l'Académie des sciences.

CATHERINE GAUTIER, voir p. 25.

Chapitre 3

AÉROSOLS ATMOSPHÉRIQUES
ET CHANGEMENT CLIMATIQUE

par Olivier BOUCHER et Yoram J. KAUFMAN

« N'oublie pas que chaque nuage, si noir soit-il, a toujours une face ensoleillée, tournée vers le ciel. »

Friedrich Wilhelm WEBER.

*« We cannot solve our problems with the same thinking
we used when we created them. »*

Albert EINSTEIN.

Une myriade d'aérosols

Les aérosols atmosphériques sont des particules liquides ou solides en suspension dans l'atmosphère. Cette définition exclut les gouttelettes d'eau nuageuse, les cristaux de glace et autres hydrométéores, qui sont examinés au Chapitre 4 de ce livre. Les aérosols atmosphériques couvrent une grande gamme de tailles, allant de quelques nanomètres à quelques dizaines de micromètres, et exhibent une grande variété de compositions chimiques. Les particules d'aérosol ne peuvent être vues à l'œil nu en raison de leur petite taille, mais elles sont visibles collectivement en raison de leur interaction avec la lumière du soleil. Chacun a pu faire l'expérience d'un ciel brumeux dû à une tempête de poussière, à des embruns, à la fumée de feux de végétation ou à des sources de pollution. Leurs sources d'émission dans l'atmosphère sont très diverses et, en conséquence, différents types d'aérosols coexistent. Certains aérosols sont d'origine naturelle comme les embruns ou les poussières volcaniques, d'autres sont dus aux activités humaines, comme la fumée des feux de déforestation ou les brumes au-dessus des régions polluées. De plus, certaines sources naturelles peuvent être amplifiées par les activités humaines, ce qui est le cas par exemple des émissions de particules terrigènes dues à l'agriculture et au trafic routier.

On distingue habituellement les aérosols primaires des aérosols secondaires. Les aérosols primaires sont produits soit par des sources de combustion, soit mécaniquement par friction du vent sur la surface terrestre ou océanique. Les poussières désertiques ou industrielles, les embruns marins, la fumée des feux de végétation, qu'ils soient naturels, associés à la déforestation tropicale ou à certaines pratiques agricoles, en sont des exemples. L'utilisation du bois ou d'autres combustibles d'origine organique comme source d'énergie domestique représente une source importante d'aérosols primaires dans certains pays émergents. Les aérosols secondaires, eux, proviennent de processus de conversion de la phase gazeuse à la phase particulaire qui ont lieu dans l'atmosphère. Les aérosols sulfatés forment le type d'aérosol secondaire le plus important, avec à la fois des sources naturelles et des sources anthropiques. La plupart des types d'aérosols dans la partie basse de l'atmosphère sont distribués autour de leur région source, en raison de leur bref temps de résidence dans l'atmosphère, d'environ une semaine. Les conditions météorologiques déterminent le sort et le transport des aérosols une fois qu'ils sont émis dans l'atmosphère. Les concentrations et les propriétés des aérosols sont modifiées pendant leur transport par les processus de dépôt sec et de dépôt humide, par les réactions chimiques en phase gazeuse dans l'atmosphère et la chimie en phase aqueuse dans les nuages. La Figure 3.1 illustre la grande variabilité spatiale des types d'aérosols et leurs propriétés.

Les aérosols de pollution consistent en des particules hygroscopiques de taille inférieure au micromètre et on peut les trouver dans les masses d'air ayant traversé des régions industrielles ou peuplées. Ces mêmes aérosols sont responsables des pluies acides et des risques sanitaires associés à la matière particulaire. Les réglementations environnementales ont contribué à diminuer substantiellement les concentrations en aérosols au-dessus de l'Europe et des États-Unis au cours des dernières décennies. Toutefois, pendant la même période, les concentrations en aérosols ont largement augmenté dans les pays émergents, en phase avec leur développement démographique et économique. Les ingrédients principaux des aérosols industriels sont les sulfates, qui proviennent de l'oxydation du dioxyde de soufre, et le carbone-suie, qui résulte d'une combustion incomplète.

La fumée provenant de feux de végétation est dominée par des particules organiques de taille inférieure au micromètre avec des quantités variables de carbone-suie émises pendant les différentes phases des feux. Lors des feux de forêt, la phase de flammes vives est suivie d'une phase de feu couvant pendant laquelle le bois émet de grandes quantités d'aérosols composés en majorité de matière organique et en minorité de carbone-suie. À l'inverse, les herbes de la savane africaine brûlent rapidement pendant la phase de flammes vives et émettent de grandes quantités de carbone-suie, avant même la phase de feu couvant. On peut observer des panaches très denses d'aérosols de combustion au-dessus de grandes régions d'Amérique du Sud (d'août à octobre), d'Amérique centrale (d'avril à mai), d'Afrique du Sud (de juillet à septembre) et d'Afrique centrale (de janvier à mars).

Les poussières désertiques sont composées principalement de grosses particules minérales de taille pouvant atteindre plusieurs micromètres. Elles proviennent par exemple des déserts du Sahara, d'Asie de l'Est et d'Arabie saoudite. Très peu de poussières sont émises au-dessus de l'Australie où les régions arides ont déjà été largement érodées. Une quantité indéterminée de poussières désertiques est émise des sols où la désertification gagne, en Afrique ou en Asie de l'Est. Une étude suggère que 10 % des émissions de poussières proviennent des activités humaines. Il n'est pas surprenant que les poussières soient émises lors des périodes de sécheresse, comme il s'en est produit pendant l'année 1983 qui a connu un puissant événement : El Niño. Les poussières africaines sont transportées au-dessus de la mer Méditerranée, jusqu'en Europe, et au-dessus de l'océan Atlantique, jusqu'en Floride, où, pendant les mois d'été, celles-ci peuvent occasionner des dépassements des seuils d'alerte à la pollution de l'air. Les poussières d'Asie de l'Est, d'origine naturelle ou dues à des changements d'utilisation des sols, peuvent être pompées jusqu'à des altitudes de 3 à 5 kilomètres puis transportées jusqu'en Amérique du Nord pendant les mois d'avril et mai. Le transport intercontinental donne lieu à des dépôts de poussières au-dessus des océans Atlantique et Pacifique, apportant des nutriments indispensables, comme le fer, au phytoplancton marin.

Les aérosols marins sont composés de particules de sel marin de taille micrométrique, émises par la friction du vent sur la surface de l'océan et l'éclatement des bulles d'air dans l'écume, mais aussi de particules de taille submicronique provenant des émissions de diméthysulfide par le phytoplancton. Les émissions de sel marin dépendent fortement des vents de surface, et culminent dans les quarantièmes rugissants.

Tout comme les gaz à effet de serre, les aérosols jouent un rôle clé sur l'environnement et le climat. Il y a néanmoins une différence fondamentale entre les deux en ce sens que les gaz à effet de serre et les aérosols opèrent sur des échelles de temps très différentes. Les gaz à effet de serre, avec des durées de vie de l'ordre de la décennie ou du siècle, sont distribués de manière homogène dans l'atmosphère et dominent les effets à long terme de l'activité humaine, alors que les aérosols troposphériques, avec une durée de vie de l'ordre de la semaine, ont une influence plus régionale et un effet transitoire au cours de l'ère industrielle. Il est important de pouvoir quantifier les interactions entre les effets climatiques des gaz à effet de serre et ceux des aérosols afin de mieux comprendre les aspects régionaux et planétaires du changement climatique. Cela nécessite quantité d'observations provenant d'instruments satellitaires et de réseaux de mesures au sol, ainsi que des campagnes de mesures spécifiques. Ces observations peuvent alors contraindre les modèles de climat, qui doivent prendre en compte les effets des aérosols pour prédire le changement climatique à venir.

Le connu, le moins connu et l'inconnu

Le climat varie de manière naturelle à diverses échelles de temps, mais il répond aussi à des modifications de la composition atmosphérique. L'effet radiatif qui découle d'une augmentation des concentrations en aérosols ou en gaz à effet de serre, connu sous le nom de « forçage radiatif », conduit à une modification du bilan radiatif de la planète qui entraîne alors une modification du climat (voir Chapitre 2). Un forçage radiatif positif signifie que le système Terre-atmosphère reçoit plus d'énergie radiative qu'il n'en émet, ce qui induit un réchauffement. Les modèles climatiques indiquent que la température de surface augmente dans une gamme de 0,4 à 1,2 °C pour chaque forçage radiatif de 1 Wm^{-2}. Les aérosols peuvent influencer le bilan radiatif de la planète de plusieurs manières que nous allons passer en revue (Figure 3.2).

Les aérosols diffusent et absorbent le rayonnement solaire et, dans une moindre mesure, le rayonnement infrarouge émis par la surface de la Terre et l'atmosphère. Cet effet de diffusion des aérosols contribue à renvoyer une partie du rayonnement solaire vers l'espace, à réduire le rayonnement solaire atteignant la surface, et donc à refroidir la planète. C'est l'*effet direct* des aérosols qui est maintenant bien connu, tout au moins dans son principe. Les aérosols anthropiques ont contribué à limiter le réchauffement observé au cours du XXe siècle, mais avec un forçage radiatif de l'ordre de − 0,2 à − 0,8 Wm^{-2}, leur importance reste incertaine. On soupçonne les aérosols absorbants, comme le carbone-suie, de jouer un rôle particulier. Ces aérosols redistribuent l'énergie solaire en chauffant l'atmosphère et en refroidissant la surface. Bien que leur effet sur le bilan radiatif de la planète soit petit, les aérosols absorbants ont un effet bien plus important sur le bilan énergétique de la surface terrestre. Diminuer la quantité d'énergie solaire disponible à la surface conduit à une réduction du flux d'évaporation, ce qui ralentit le cycle hydrologique. Les aérosols absorbants peuvent aussi influencer la formation des nuages et la précipitation. Par exemple, des observations au-dessus de la forêt amazonienne ont montré que, pendant la saison sèche, les nuages disparaissent du ciel en présence de fumée. De plus, dans les régions froides, le dépôt de carbone-suie sur la neige et la glace noircit légèrement la surface, ce qui augmente la quantité de rayonnement solaire absorbée par la surface et contribue à accélérer la fonte des

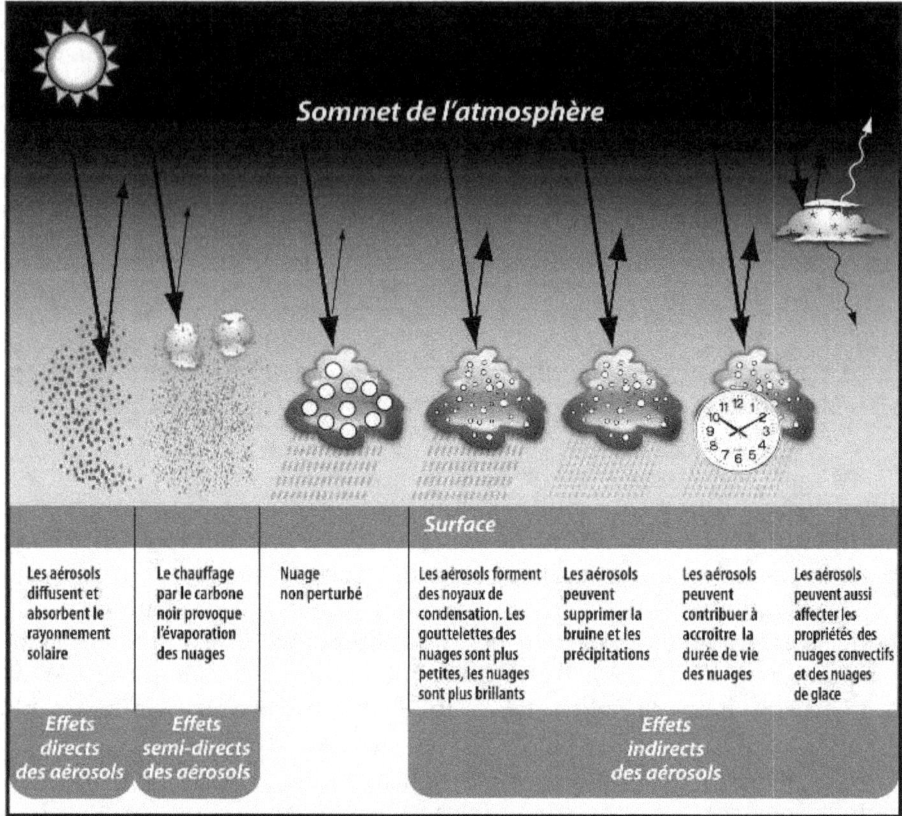

Figure 3.2. *Représentation schématique des effets climatiques des aérosols.*

neiges et des glaces. Tous ces effets des aérosols de carbone-suie restent néanmoins difficiles à quantifier avec précision.

Chaque gouttelette d'eau nuageuse nécessite une particule d'aérosol sur laquelle elle peut se former. En l'absence d'aérosol, les nuages ne se formeraient pas ou alors ils se formeraient dans des conditions météorologiques très différentes de celles que nous connaissons. C'est ainsi que la concentration, la taille et la composition des aérosols – qui peuvent servir de noyaux de condensation – contribuent à contrôler les propriétés des nuages et les processus microphysiques conduisant à la formation de pluie. La présence de nuages est toutefois plus liée à l'humidité de l'air et aux processus dynamiques qu'aux propriétés des aérosols. Si les aérosols sont nécessaires à la formation des nuages, il semble que les aérosols de pollution ou ceux issus des feux de végétation se liguent pour empêcher ou retarder la formation de la pluie (comme s'ils essayaient intentionnellement de limiter leur lessivage !). Des observations aéroportées montrent qu'une augmentation d'un facteur 6 de la concentration en aérosols submicroniques résulte en une augmentation d'un facteur 3 à 5 de la concentration en gouttelettes nuageuses. L'analyse de données satellitaires indique que l'augmentation des concentrations en aérosols s'accompagne d'une diminution de la taille des gouttelettes de l'ordre de 10 à 25 %, car la même quantité d'eau liquide se répartit entre un plus grand nombre de gouttelettes. Un nuage avec des gouttelettes plus petites et plus nombreuses dispose d'une plus grande surface d'eau liquide, ce qui augmente son pouvoir réfléchissant, de l'ordre de 30 % dans le cas qui nous intéresse. Ce mécanisme d'action des aérosols a été proposé il y a déjà trente ans comme pouvant contrecarrer l'effet de serre additionnel dû aux émissions anthropiques. Si les aérosols sont vraiment responsables des variations des propriétés optiques des nuages que l'on peut observer, alors le forçage radiatif associé se chiffre entre $-0,5$ et $-1,5$ Wm^{-2}. Cet effet, appelé effet indirect des aérosols, est très incertain et fait l'objet d'intenses recherches.

Non seulement les aérosols sont à l'origine d'un forçage radiatif *via* leur effet sur la concentration en gouttelettes nuageuses, mais ils affectent aussi les processus dynamiques et microphysiques à l'origine de la pluie. Dans une atmosphère non polluée, la taille des gouttelettes nuageuses augmente à mesure que le nuage se développe, jusqu'à atteindre un rayon critique de l'ordre de 10 à 15 microns au-delà duquel des gouttes de pluie peuvent se former. Il arrive aussi qu'une gouttelette d'eau se congèle si la température du nuage chute en dessous de -10 °C. Les données satellitaires montrent que, dans une atmosphère polluée, non seulement les gouttelettes sont plus petites, mais elles grossissent moins vite lorsque le nuage se développe. En conséquence de quoi le nuage ne précipite pas, ou alors précipite plus tard qu'il ne l'aurait fait en l'absence d'aérosols de pollution. Cette diminution de l'efficacité à précipiter a été observée sur des strato-cumulus dont les propriétés ont été modifiées par les aérosols émis par les navires, mais aussi sur des cumulus au-dessus de l'océan Indien. Des concentrations élevées en aérosols fournissent les noyaux de condensation sur lesquels la vapeur d'eau peut se condenser alors que le nuage se refroidit. Cela contribue à augmenter le contenu en eau liquide du nuage, son étendue et sa durée de vie. Les gouttelettes d'eau qui ne précipitent pas en raison des quantités élevées d'aérosols pourraient le faire si elles se congelaient. Mais les observations sur des tours convectives suggèrent que les aérosols retardent la congélation des gouttelettes jusqu'à des températures inférieures à -37 °C.

La réduction de la taille des gouttelettes à la base des nuages due aux aérosols, la réduction de la croissance des gouttelettes alors que le nuage se développe et la difficulté pour le nuage à congeler sont trois effets qui se cumulent pour créer des conditions microphysiques moins propices à la précipitation, ce qui donne plus d'importance aux processus dynamiques. Si le nuage n'a pu précipiter, la masse d'air polluée devra attendre que les conditions dynamiques soient à nouveau remplies avant que la précipitation puisse avoir lieu et enfin lessiver les aérosols. Une étude portant sur un enregistrement de cinquante ans de précipitations en Californie et en Israël révèle une diminution des précipitations orographiques de l'ordre de 15 à 25 % en aval des régions urbaines côtières. Cette diminution est principalement attribuable à des nuages orographiques relativement fins. La diminution observée sur le flanc le plus humide de la montagne est compensée par une augmentation d'amplitude similaire sur le flanc le plus sec.

On peut se demander si les aérosols peuvent modifier la quantité totale de précipitation et non simplement la redistribuer géographiquement. Il y a en effet deux mécanismes suivant lesquels les aérosols pourraient diminuer la quantité totale de précipitation sur les continents. Le premier opère *via* une diminution du rayonnement solaire à la surface, ce qui contribue à réduire le flux d'évaporation au-dessus des océans et des continents, et donc la quantité d'eau disponible dans l'atmosphère pour la précipitation. Le second mécanisme implique un changement de la circulation atmosphérique. Deux études de modélisation ont montré que l'absorption du rayonnement solaire par les aérosols au-dessus du continent asiatique pouvait augmenter le transport de vapeur d'eau des régions océaniques vers les régions continentales et donc la précipitation.

En résumé, les aérosols émis par les activités humaines induisent des gouttelettes d'eau nuageuse plus nombreuses et plus petites. Ils sont aussi à l'origine d'un grand nombre de processus qui, selon le type de nuages et les conditions météorologiques et topographiques locales, peuvent entraîner une augmentation ou une diminution de la couverture nuageuse et de la précipitation. Force est de constater que nous ne savons pas encore prédire l'effet des aérosols anthropiques sur les pluies ! Les aérosols anthropiques sont en fait un dangereux génie que l'on a laissé sortir de sa bouteille.

La mesure des aérosols,
une collaboration internationale

Mesurer les aérosols atmosphériques est un véritable défi. À la différence des gaz, ils ne peuvent être décrits uniquement par leur concentration. Caractériser les aérosols requiert de connaître leur distribution en taille (combien y a-t-il de particules dans chaque intervalle de taille), leur composition chimique, leur forme, leur degré de mélange et leurs propriétés optiques. De plus, il nous faut comprendre comment leurs propriétés varient avec l'humidité de l'air.

Nous sommes très loin d'une caractérisation complète des aérosols atmosphériques bien que plusieurs décennies de recherche aient conduit à des progrès énormes sur les techniques de mesure. On peut schématiquement classer celles-ci en deux catégories : les techniques *in situ* et les techniques de télédétection. Les techniques *in situ* consistent à échantillonner les aérosols dans l'atmosphère avant de les analyser d'une manière ou d'une autre, alors que les techniques de télédétection mesurent les aérosols à distance en tirant bénéfice de leur interaction avec le rayonnement électromagnétique. La plupart des mesures *in situ* sont réalisées depuis la surface de la Terre, mais des avions de recherche ou des ballons offrent aussi des possibilités intéressantes. La télédétection est généralement réalisée à partir de la surface ou de l'espace à bord de satellites d'observation de la Terre. Les deux types d'observations, *in situ* et télédétection, ont des avantages et des inconvénients. Les observations *in situ* permettent de mesurer une large gamme de paramètres physiques, chimiques et optiques. Mais ces observations nécessitent de « manipuler » les aérosols d'une manière ou d'une autre, et cela peut altérer leurs propriétés physiques et chimiques, en particulier la quantité d'eau qu'ils contiennent. La télédétection est attrayante, parce qu'elle permet de mesurer les aérosols dans leur état naturel et d'accéder à leurs propriétés optiques qui déterminent leur interaction avec le climat. De plus, une couverture totale de la surface terrestre n'est possible qu'avec des instruments de télédétection à bord de satellites. Les observations satellitaires ont aussi leurs inconvénients, car elles sont limitées à quelques-uns des nombreux paramètres qu'il nous faudrait connaître pour mieux comprendre les interactions entre les aérosols et le climat. Le potentiel des missions satellitaires est toutefois loin d'être épuisé et les missions à venir devraient repousser les limitations actuelles.

La mesure du rayonnement solaire transmis et diffusé jusqu'à la surface terrestre permet de caractériser les aérosols, comme leur pouvoir de diffusion et d'absorption et même leur distribution en taille. Aeronet (Aerosol Robotic Network[1]) est une fédération de réseaux de télédétection depuis le sol, d'abord issue d'une collaboration entre la Nasa et le Cnes (au travers du réseau Photons[2]), et qui s'est ensuite étendue au réseau canadien Aerocan. Le but d'Aeronet est de « surveiller » les propriétés des aérosols et de valider les produits encore expérimentaux issus des observations satellitaires. Fort de plus de deux cents instruments quasi identiques qui appartiennent à des agences spatiales nationales, des instituts de recherche et des universités, le réseau Aeronet a réussi à imposer des normes sur les instruments, leur étalonnage et la production des données. Deux mesures radiométriques (du rayonnement solaire transmis et diffus) sont réalisées à huit longueurs d'onde et transmises de chaque instrument vers trois

---

1. Voir le site http://aeronet.gsfc.nasa.gov

2. Photons est financé par le Centre national d'études spatiales (Cnes), le Centre national de la recherche scientifique (CNRS) et l'université de Lille.

satellites géostationnaires, avant d'être retransmises à une station de réception sur le sol. Le réseau fournit en temps quasi réel des observations sur les épaisseurs optiques en aérosols, leur distribution en taille et le contenu en vapeur d'eau de l'atmosphère. Cette collaboration internationale, qui comporte une forte composante franco-américaine, a grandement contribué à améliorer notre compréhension des aérosols atmosphériques.

Mais même cet impressionnant réseau de mesures ne fournit pas la couverture spatiale dont les scientifiques auraient besoin pour comprendre les effets climatiques des aérosols, du fait de leur grande hétérogénéité spatiale. C'est pourquoi les satellites d'observation de la Terre jouent un rôle critique. Que leur orbite soit héliosynchrone ou géostationnaire, les satellites sont d'excellents outils pour étudier et surveiller les aérosols atmosphériques. Le rayonnement électromagnétique réfléchi et émis par la Terre contient la signature des propriétés de la surface terrestre et de l'atmosphère. La mesure des propriétés spectrales, angulaires et de polarisation de ce rayonnement peut donc nous renseigner sur plusieurs des propriétés de la surface et de l'atmosphère, dont les aérosols.

Les instruments de télédétection peuvent être décrits par analogie avec l'œil humain, qui n'est sensible qu'à une bande étroite de longueurs d'onde dans le spectre visible, du violet au rouge. C'est à nos deux yeux, qui observent les objets dans notre champ optique avec des angles d'observation légèrement différents, que nous devons notre perception de la profondeur. La télédétection des aérosols a d'abord été développée avec un instrument à une bande spectrale et une seule direction de visée (ce qui correspondrait à la vision d'une personne daltonienne et borgne). L'arrivée des instruments Toms[3], qui disposent de deux bandes spectrales dans l'ultraviolet, a rendu possible l'observation de panaches de fumée ou de poussières au-dessus d'une atmosphère diffusante. Toutefois, le premier instrument qui a été conçu spécifiquement pour mesurer les aérosols a été Polder[4]. Il utilise une combinaison de bandes spectrales couvrant une gamme de longueurs d'onde plus large que celle de la vision humaine et une caméra à grand champ qui permet d'observer la même scène sous différents angles. De plus, Polder mesure la polarisation de la lumière, ce qui permet de distinguer les aérosols du mode fin au-dessus des continents. Après Polder, deux autres instruments (Modis[5] et MISR[6]) sur le satellite Terra mesurent les concentrations et les propriétés des aérosols à l'échelle globale depuis l'an 2000. Au-dessus des océans, Modis utilise la signature spectrale des aérosols dans une gamme de longueurs d'onde très large allant du visible au proche infrarouge, ce

---

3. *Total Ozone Mapping Spectrometer*, une série de quatre instruments de la Nasa.
4. *Polarization and Directionality of the Earth's Reflectances*, un instrument du Cnes.
5. *Moderate Resolution Imaging Spectroradiometer*, un instrument de la Nasa.
6. *Multiangle Imaging SpectroRadiometer*, un instrument de la Nasa.

qui permet de distinguer les aérosols du mode fin des aérosols du mode grossier comme les poussières et les sels marins. Au-dessus des continents, les propriétés des aérosols sont plus difficiles à déduire et Modis utilise une combinaison de canaux pour différencier l'effet de la surface de celui des aérosols. MISR, quant à lui, détecte le rayonnement solaire réfléchi à différents angles de visée le long de la trace du satellite, ce qui permet d'extraire la signature des aérosols de celle de la surface.

La prise de conscience du rôle des aérosols sur la température de surface, la nébulosité et les précipitations, a suscité le besoin de mesures satellitaires encore plus précises. Un effort international majeur, qui réunit la Nasa, le Cnes, l'Agence spatiale européenne et d'autres, a conduit au déploiement d'un train de satellites, connu sous le nom de A-Train, volant en formation et comportant de nombreux instruments conçus pour observer les aérosols, les nuages et d'autres paramètres atmosphériques (Figure 3.3). Outre Modis sur le satellite américain Aqua et Polder sur le microsatellite français Parasol, l'instrument OMI[7] sur la plate-forme américaine Aura mesure l'effet des aérosols sur le rayonnement

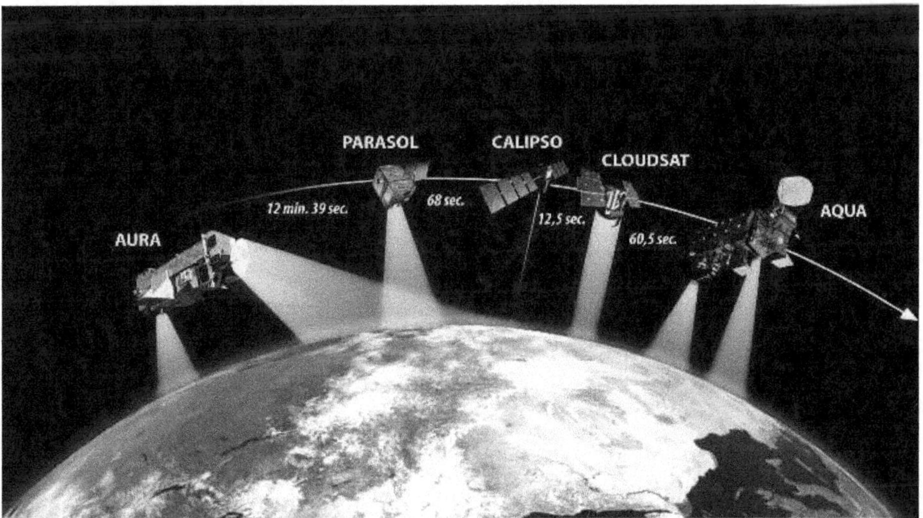

Figure 3.3. Le A-Train est une constellation de satellites volant en formation serrée pour échantillonner l'atmosphère de manière quasi simultanée. Les différents instruments mesurent les aérosols, les nuages, certaines espèces atmosphériques gazeuses et d'autres paramètres comme les profils verticaux d'humidité et de température. Parasol est une mission spatiale du Cnes, Calipso est une collaboration entre le Cnes et la Nasa, les autres satellites sont des missions de la Nasa.

---

7. *Ozone Monitoring Instrument.*

ultraviolet qui est sensible aux aérosols absorbants et aux poussières au-dessus des déserts. Complétant ces observations, l'instrument Ceres[8] sur Aqua mesure les différents termes du bilan radiatif, alors que les instruments AIRS et AMSU mesurent les profils de température et de vapeur d'eau. Les scientifiques espèrent pouvoir tirer parti des synergies entre tous ces instruments, de manière à percer certains des mystères des interactions entre aérosols et nuages.

Aérosols atmosphériques et problèmes sociétaux

Malgré leur rôle climatique important, les aérosols atmosphériques n'ont pas fait l'objet de la même attention de la part des médias et du public que les gaz à effet de serre. Cette situation évolue et il y a maintenant une plus grande prise de conscience du rôle des aérosols dans le changement climatique. Mais les aérosols jouent aussi un rôle dans d'autres problèmes environnementaux. Les aérosols de sulfates sont responsables des pluies acides qui ont des effets néfastes sur les écosystèmes sensibles, comme les forêts boréales d'Amérique du Nord et de l'Europe. Les concentrations en aérosols, ou « matière particulaire », influencent aussi la qualité de l'air et l'acuité de ce problème est maintenant bien perçue à l'échelle locale, régionale et continentale. En raison de leur court temps de résidence dans l'atmosphère, les aérosols sont avant tout concentrés près de leurs régions sources. En conséquence, les émissions industrielles d'aérosols relèvent à la fois des problématiques des pluies acides, de la qualité de l'air et du changement climatique.

L'impact des émissions industrielles de dioxyde de soufre sur l'acidification des lacs et des écosystèmes est devenu évident au début des années 1980 et des mesures ont été prises pour réduire les émissions en Amérique du Nord et en Europe pendant les années 1980 et 1990. La réduction des émissions a été immédiatement suivie d'une réduction des concentrations en aérosols de sulfates et des dépôts acides. Les études épidémiologiques montrent également une relation de causalité entre les concentrations de matière particulaire et un certain nombre de risques sanitaires comme l'asthme ou les maladies cardio-vasculaires. Les législations successives visent à améliorer la qualité de l'air dans les pays déve-

---

8. *Clouds and the Earth's Radiant Energy System*, un autre instrument de la Nasa.

loppés et imposent des réductions d'émissions de plus en plus exigeantes. Nous avons donc assisté à une réduction des émissions et des concentrations en aérosols en Amérique du Nord et en Europe, tout du moins pour certaines espèces chimiques. Parce que les pays émergents suivent des trajectoires économiques différentes, les émissions d'aérosols et de leurs précurseurs continuent d'y augmenter. Essayer de prévoir ce que vont devenir les émissions d'aérosols dans le futur est un exercice difficile, mais on peut s'attendre à ce que les émissions anthropiques continuent de diminuer dans les pays développés. Il est envisageable que les émissions décroissent également dans les pays émergents au fur et à mesure de l'amélioration du niveau de vie et de la prise de conscience des problèmes environnementaux et sanitaires. Ironiquement, une réduction des niveaux d'émissions, qui est essentielle pour notre qualité de vie, en particulier dans les régions urbaines et périurbaines, va entraîner un réchauffement supplémentaire des régions concernées. Cet effet est néanmoins difficile à quantifier avec précision car la réponse climatique à un forçage radiatif est à la fois de nature régionale et globale. Des simulations numériques du climat montrent qu'un arrêt complet des émissions anthropiques d'aérosols entraînerait un réchauffement supplémentaire d'à peu près 1 °C qui se manifesterait en quelques décennies. Cette estimation est néanmoins incertaine : le forçage radiatif des aérosols étant mal connu, le réchauffement associé à sa suppression l'est tout autant.

Il est regrettable que les aérosols aient des effets si néfastes sur la santé humaine et sur les écosystèmes, et qu'ils interfèrent avec la formation de précipitations, car ils auraient le potentiel de contrecarrer le réchauffement induit par les gaz à effet de serre anthropiques. Certains experts et scientifiques promeuvent l'idée d'utiliser les aérosols dans le cadre d'une stratégie délibérée de contrôle du climat. Si les aérosols ne sont pas souhaitables dans les régions peuplées de la Terre, pourquoi ne pas les introduire au-dessus des océans ou dans la partie haute de l'atmosphère ? Une telle technique de « géo-ingénierie » consisterait à injecter des aérosols réfléchissants dans la stratosphère (au-delà de 10 kilomètres d'altitude). Comme les processus de dépôt sont très lents dans la stratosphère, leur temps de résidence y est de quelques années. En réfléchissant une partie du rayonnement solaire vers l'espace, ces aérosols stratosphériques artificiels diminueraient la quantité d'énergie solaire absorbée par la planète et pourraient en conséquence ralentir ou même masquer complètement le réchauffement. D'autres chercheurs ont proposé un mécanisme de production artificielle de sel marin au-dessus des océans avec un effet semblable sur le bilan radiatif de la Terre. Cependant, comme ce chapitre et ce livre le démontrent, il existe encore de nombreuses lacunes dans notre compréhension du fonctionnement du système climatique. Il est donc impossible d'affirmer avec quelque confiance que ce soit ce que serait la réponse climatique à ces nouveaux forçages radiatifs. Par exemple, on ne sait pas comment la couverture nuageuse de haute altitude répondrait à une augmentation des concentrations d'aérosols stratosphériques à mesure que ces aérosols sédimenteraient dans l'atmosphère. Dans le même ordre d'idées, les nuages bas verraient leurs propriétés modifiées par la production accélérée de sel marin, avec des rétroactions possibles sur la circulation atmosphérique générale. La réponse incertaine, et pour une part peut-être même inconnue, du climat à cette augmentation volontaire des concentrations en aérosols pourrait aussi être associée à des effets secondaires indésirables. Il faudra donc mettre en perspective les bénéfices potentiels sur la température de surface avec ces effets négatifs. Par exemple, épaissir la couche d'aérosols stratosphériques induirait une modification des flux de rayonnement solaire direct et diffus à la surface de la Terre, auxquels les écosystèmes sont sensibles. De plus, et comme on l'a déjà vu, du bilan radiatif de la surface dépend le flux d'évaporation, donc le cycle de l'eau et les précipitations. En d'autres termes, cela reviendrait à jouer à l'apprenti sorcier avec un système climatique que l'on comprend encore de manière imparfaite. En raison du large différentiel de durée de vie entre les aérosols et les gaz à effet de serre, une telle solution d'ingénierie du climat devra être maintenue pendant de nombreuses générations pour contrecarrer les émissions de gaz à effet de serre d'une seule génération. Dans le contexte actuel de nos connaissances scientifiques, la modification délibérée du climat n'apparaît donc pas comme étant une solution appropriée.

Les aérosols atmosphériques ont des effets multiples sur le climat de la Terre. Les émissions anthropiques d'aérosols provenant de la combustion des combustibles fossiles et de la biomasse sont un des facteurs clés qui permettent d'expliquer l'évolution des températures depuis le début de la période industrielle. Néanmoins, de nombreuses incertitudes persistent, en particulier quant au rôle des aérosols naturels et anthropiques sur les nuages et la précipitation. La prise de conscience croissante de l'importance des aérosols sur le climat, le cycle de l'eau et la santé humaine vont continuer à stimuler la recherche dans ce domaine. Notre compréhension des aérosols atmosphériques continuera de progresser au fur et à mesure que de nouveaux outils de mesure et de modélisation se développeront. Mais si nous ne comprenons pas suffisamment bien le rôle des aérosols, nous ne pourrons jamais correctement traiter la question des changements à court terme du climat.

Les auteurs

Olivier Boucher est directeur de recherche au CNRS, et actuellement en détachement au Met Office Hadley Centre en Grande-Bretagne, où il dirige l'équipe « Climat, Chimie et Écosystèmes ».

Yoram J. Kaufman (1948-2006) était *senior fellow* et chercheur en sciences de l'atmosphère au Goddard Space Flight Center de la Nasa à Greenbelt (Maryland). Il a été le responsable scientifique du satellite d'observation de la Terre Terra. Membre de la Société américaine de météorologie et récipiendaire de la médaille Verner E. Suomi en 2006, Yoram J. Kaufman figure parmi les scientifiques les plus cités en géosciences selon le classement de l'ISI.

*

Pour en savoir plus (en français)

Physique et Chimie de l'atmosphère, sous la direction de R. Delmas, G. Mégie et V.-H. Peuch, chapitre 4 « Aérosol atmosphérique et chimie hétérogène » et chapitre 10 « Rôle de la chimie atmosphérique dans les changements globaux », Belin, 2005.
O. Boucher, « L'influence climatique des aérosols », *La Météorologie*, 8ᵉ série, n° 17, p. 11-22, mars 1997.

Pour en savoir plus (en anglais)

Climate Change 2001, *The Scientific Basis, Contribution of Working Group I to the Third Assessment Report of the Intergovernmental Panel on Climate Change*, chapitres 5 et 6, Cambridge University Press, 2001.
Y. J. Kaufman, D. Tanré et O. Boucher, « A satellite view of aerosols in the climate system », *Nature*, 419, p. 215-223, 2002.
V. Ramanathan *et al.*, « Aerosols, climate, and the hydrological cycle », *Science*, 294, p. 2119-2124, 2001.

Chapitre 4

CYCLE GLOBAL DE L'EAU ET CLIMAT

par Pierre MOREL et Moustafa T. CHAHINE

« Un modèle sans observation n'est qu'un exercice mathématique gratuit. Des observations sans modèle n'apportent que confusion. »

Jacques-Louis LIONS.

« *I've lived in good climate, and it bores the hell out of me. I like weather rather than climate.* »

John STEINBECK.

Introduction

Nous appelons notre planète Terre parce que nous vivons sur les continents, entourés de paysages terrestres. Mais, en toute justice, nous devrions l'appeler « planète Eau » puisque c'est la présence quasi universelle de cet élément qui différencie notre planète de tous les autres astres du système solaire et fait que, seule dans l'espace, la Terre brille d'un reflet bleu qui la distingue exclusivement[1]. Les océans sont le berceau de la vie sur la planète et demeurent un habitat essentiel pour d'innombrables espèces marines, cependant que l'accès à une source d'eau fraîche est une condition indispensable à la vie sur les terres émergées. Mais la présence dans l'atmosphère terrestre d'eau, solide, liquide et gazeuse, joue un rôle encore plus primordial : elle détermine le climat de la Terre et son maintien dans un intervalle compatible avec l'activité biologique intense et si diversifiée qui caractérise notre planète. En fait, on sait que ces circonstances favorables ne persisteront pas indéfiniment. Notre planète perd ses réserves d'eau, sous la forme d'atomes d'hydrogène qui s'échappent dans l'espace sans être remplacés en quantité suffisante par l'accrétion de météorites de glace ou autres sources extraterrestres. Ce

---

1. D'après Arthur C. Clarke (né en 1917) : « Qu'il est inapproprié d'appeler cette planète Terre, alors qu'elle est clairement Océan. »

processus continuera inexorablement jusqu'à l'assèchement complet de la planète, à l'échéance d'environ un milliard d'années. Toute vie sera alors stérilisée par un effet de serre brûlant dû à l'accumulation sans contrepartie du gaz carbonique qui s'échappe de l'intérieur de la Terre, comme Vénus. En attendant cette issue fatale, la vapeur d'eau, les gouttelettes liquides et les particules de glace qui constituent les nuages et la pluie sont des agents essentiels du mécanisme de régulation climatique, dont nous allons découvrir les rôles multiples dans ce chapitre et les autres parties de l'ouvrage.

L'eau présente dans l'atmosphère détermine le point d'équilibre du climat et contrôle la réponse climatique à toute influence externe ou changement des paramètres de l'environnement. Inversement, la circulation atmosphérique et les processus météorologiques animent le cycle de l'eau entre l'atmosphère, les océans et les continents. Dans ce livre, on a choisi de traiter séparément la partie atmosphérique du cycle de l'eau et sa relation au climat. Ce choix reporte au Chapitre 6 la question de l'impact d'un changement climatique sur la circulation océanique (tout déséquilibre entre pluies et évaporation affecte la salinité et par suite la densité de l'eau de mer). De même, la répartition des précipitations entre évaporation, infiltration dans le sol et ruissellement vers les rivières est traitée au Chapitre 5.

La condensation de la vapeur d'eau et les précipitations dégagent une quantité d'énergie importante qui alimente le « moteur atmosphérique » et plus particulièrement les phénomènes météorologiques. Les grandes perturbations météorologiques et les systèmes orageux sont effectivement de gigantesques moteurs thermiques, alimentés par la chaleur latente de condensation de la vapeur d'eau qu'ils extraient de l'air ambiant. Inversement, les *perturbations cycloniques* d'échelle planétaire aussi bien que les systèmes orageux d'échelle intermédiaire ou même un nuage convectif individuel injectent dans l'atmosphère l'eau entraînée depuis la surface et en même temps déclenchent les pluies qui enlèvent le surplus d'humidité en altitude. Cette question des interactions « aller et retour » entre phénomènes climatiques et météorologiques reste un domaine relativement peu étudié dans l'état actuel des sciences.

Humidité atmosphérique et climat

On partira de la constatation que la vapeur d'eau est, de loin, le gaz à effet de serre le plus important sur la Terre. En moyenne globale, la vapeur d'eau atmosphérique réduit de quelque $90\,\mathrm{Wm^{-2}}$ la perte de rayonnement infrarouge de la planète vers l'espace. Ceci est à comparer à tous les autres gaz à effet de serre abondamment cités (gaz carbonique, méthane, dioxyde d'azote, etc.) qui contribuent seulement pour 28 Wm^{-2} à l'effet de serre total. Il va de soi qu'une erreur, même mineure, dans le budget de l'eau atmosphérique aura un impact considérable sur l'équilibre radiatif calculé. Une augmentation de 5 % de l'humidité relative de l'atmosphère libre (c'est-à-dire au-dessus de la couche mélangée par la turbulence atmosphérique) aurait pour effet d'accroître de 2 à 3 Wm^{-2} l'effet de serre total, suivant les conditions ambiantes.

L'humidité relative est le rapport entre le nombre de molécules d'eau effectivement présentes dans une unité de volume d'air au nombre maximum qui peut exister en phase gazeuse à une température donnée (Figure 4.1). Par définition, l'humidité relative maximum est 100 %. Au-delà de cette valeur, l'eau en excès doit se condenser et précipiter. Le contenu en eau de l'air humide saturé n'est pas constant mais, au contraire, augmente très rapidement en fonction de la température, suivant la relation bien connue de Clausius et Clapeyron. Comme chacun a pu le constater, toute machine réfrigérante telle qu'un climatiseur produit la condensation de l'eau en excès qui ne peut plus rester à l'état gazeux dans l'air refroidi.

La majeure partie de l'eau précipitable contenue dans une colonne atmosphérique se trouve dans les couches les plus basses, qui sont aussi les plus chaudes, en raison justement de la décroissance rapide en altitude de la capacité en eau de l'air. De fait, l'humidité de la *couche limite planétaire* (de la surface jusqu'à 1 ou 2 kilomètres d'altitude) est proche de la saturation et étroitement asservie à la température de surface (sauf toutefois à l'intérieur des continents où l'humidité du sol est aussi un facteur déterminant). Cet état de chose est pratique pour les modélisateurs puisqu'il suffit de prédire la température pour obtenir une estimation raisonnable du contenu en vapeur d'eau. Toutefois ceci n'a qu'une utilité limitée pour calculer l'effet de serre, qui se produit principalement dans la région où l'air est sensiblement plus froid que la surface. Les hautes couches, au-dessus de 5 kilomètres d'altitude, ne contiennent que 5 à 10 % de l'humidité totale de l'atmosphère, mais produisent la moitié de l'effet de serre total de l'eau atmosphérique.

La vapeur d'eau dans cette région – connue sous le nom de *haute troposphère* – est éloignée des conditions de saturation aussi bien en eau liquide qu'en glace, de sorte que le contenu maximal en eau n'est pas le facteur dominant. L'humidité de la haute troposphère ne peut être déduite directement de la température ambiante. Il faut donc tenir un bilan exact des processus complexes et hautement variables qui régissent le budget en eau de chaque parcelle d'air, comme on peut s'en rendre compte en observant les variations diurnes ou même horaires du contenu en eau de l'atmosphère et du rayonnement net à la surface. Les modèles climatiques les plus récents sont encore loin de représenter ces phénomènes avec le degré de détail voulu.

Processus humides et nuages
dans la nature

L'injection dans l'atmosphère libre de vapeur en provenance des régions riches en eau (couche limite proche de la surface des terres ou des océans) résulte de toutes sortes de mouvements verticaux, allant de la cellule individuelle associée à un nuage convectif unique jusqu'aux cyclones d'échelle continentale. Dans les tropiques, les mouvements ascendants sont généralement confinés dans le noyau des cellules convectives qui constituent les cumulus. Le mouvement ascendant dans ces colonnes étroites peut être puissant et pénétrer la stratosphère jusqu'à des altitudes élevées. Même les avions de ligne modernes évitent de voler à travers ce type de nuages pour se préserver des dommages éventuels causés par les gradients de vent trop violents. La branche descendante de l'écoulement est généralement plus douce et étalée sur une large zone entourant le noyau central. L'effet principal de ces cellules convectives est d'assécher le gros de l'atmosphère en produisant des pluies diluviennes, mais ces mêmes nuages sont aussi une source d'humidité pour les hautes couches. Cette fonction est réalisée par un phénomène de « dé-traînement » de parcelles d'air saturé provenant du noyau central ou par sublimation des particules de glace qui se répandent latéralement à partir de la tête du nuage. La quantité de glace répandue par un cumulus dépend de l'efficacité des différents processus mécaniques et physiques qui régissent la condensation de l'eau et la formation des gouttes de pluie à l'intérieur du nuage. À l'échelle planétaire, la circulation de Hadley transporte l'humidité de la zone des pluies équatoriales vers la branche descendante qui domine les zones arides subtropicales.

Aux latitudes tempérées, les échanges entre basses et hautes couches s'opèrent par des perturbations orageuses occasionnelles ou par les mouvements ascendants et descendants associés à la propagation des grandes dépressions cycloniques. En moyenne, le résultat est une humidité atmosphérique à peu près stable à long terme, mais fort variable d'un jour à l'autre au gré des perturbations météorologiques. Là encore, le processus régulateur de l'humidité atmosphérique fait intervenir une multitude de phénomènes de toutes natures et de toutes échelles, depuis la condensation des molécules sur certains aérosols (noyaux de condensation) jusqu'aux grandes perturbations de l'écoulement atmosphérique planétaire. Il est inutile de souligner la complexité de ces phénomènes et l'extrême difficulté d'en rendre compte d'une manière suffisamment exacte pour satisfaire les besoins de la prédiction climatique. Cette difficulté est d'autant plus grande que ces perturbations météorologiques fonctionnent comme des machines largement autonomes au sein de la circulation générale de l'atmosphère, évidemment sujettes à la disponibilité de l'énergie qui les alimente, mais par ailleurs libres de « vivre leur vie » suivant leurs propres lois dynamiques.

Une analyse similaire s'applique à la formation et au développement des nuages étendus qui affectent de façon importante les flux de rayonnement. Une quantité relativement faible d'eau condensée sous forme liquide ou solide peut avoir un effet tout à fait disproportionné sur le bilan radiatif de la planète, à la fois en réfléchissant vers l'espace une partie du rayonnement solaire incident et en ajoutant une part non négligeable à l'effet de serre de l'atmosphère. Vus de l'espace, les nuages sont omniprésents et recouvrent au moins la moitié de la Terre. Ils contribuent à 50 % de l'albédo de la planète : en l'absence de couverture nuageuse, le « clair de Terre » sur la Lune serait deux fois moins lumineux. Ce phénomène se traduit par un déficit de quelque 50 Wm^{-2} par rapport au rayonnement solaire qui serait absorbé par la Terre en l'absence de nuages. D'un autre côté, les nuages froids – principalement les cirrus formés de glace – piègent une partie du rayonnement infrarouge émis par la surface, ajoutant quelque 30 Wm^{-2} à l'effet de serre des gaz absorbants.

Même les nuages stratus relativement calmes ont leur propre dynamique interne qui gouverne leur persistance. Les parcelles d'air à la base de la couche nuageuse sont réchauffées par le rayonnement infrarouge montant de la surface relativement chaude et dotées d'une force ascensionnelle qui les pousse à s'élever. Inversement, les parcelles d'air au sommet du nuage rayonnent vers l'espace et se refroidissent : elles ont donc tendance à s'enfoncer. Il en résulte une multitude de tourbillons alternés qui brassent constamment l'air dans la couche nuageuse, et constituent la « turbulence » subie par les avions de ligne au moment de la traversée de telles couches nuageuses. On ne connaît aucun moyen de rendre compte de la gamme entière de ces phénomènes, sauf simulation explicite de leur fonctionnement mécanique et physique détaillé. Quantifier les échanges radiatifs au sein du milieu hétérogène constitué par l'air, les aérosols et les nuages épars est un autre défi, non moins difficile. Toute modification notable de la couverture nuageuse, qu'il s'agisse de la nature physique (liquide ou glace) des particules d'eau, de leur diamètre, ou de leur distribution verticale, a un impact direct sur le transfert du rayonnement et le bilan énergétique qui en découle.

En dépit des efforts consacrés à la modélisation détaillée des flux d'eau liquide et de glace dans chaque parcelle d'air représentée dans un modèle de circulation atmosphérique, il n'y a à court terme aucun espoir d'une simulation exhaustive de ces processus excessivement complexes dans le cadre de la prévision du climat planétaire. Il faudra probablement bien des années avant de voir aboutir les tentatives actuelles pour attaquer ce problème, par exemple les efforts de simulation détaillée dans des échantillons de petite dimension sélectionnés au sein de la masse d'air [16].

Processus humides et nuages dans les modèles

Une difficulté fondamentale, qui compromet les résultats obtenus avec les modèles à maille grossière, réside dans le caractère non linéaire de la relation entre, d'une part, les paramètres de la circulation générale de l'atmosphère et, d'autre part, la dynamique et la thermodynamique des perturbations orageuses ou des cellules convectives individuelles. La moyenne des réponses instantanées d'un ensemble de perturbations météorologiques d'échelle intermédiaire à une variation des paramètres locaux est différente de la réponse de l'ensemble au changement des paramètres moyens. Les modèles de climat sont pour le moment incapables de résoudre le détail des phénomènes météorologiques et ne simulent pas explicitement la dynamique propre à chaque système individuel. Par suite, les modèles climatiques ne prédisent pas la résultante exacte de tous ces phénomènes non linéaires. Au lieu de cela, on utilise des expressions empiriques moyennes fondées sur l'observation de ce qui se passe dans le climat actuel. Un problème non moins fondamental est l'usage de quantités intégrées qui n'ont pas d'équivalents exacts dans la nature. Au mieux, les modèles sont testés en comparant des « produits globaux » intégrant une multiplicité de processus élémentaires à des statistiques d'observations étendues à toute la planète, mais généralement incomplètes ou entachées d'incertitudes diverses.

Les spécialistes de modélisation semblent eux-mêmes attacher assez peu d'importance à l'analyse de la qualité des formules empiriques qu'ils utilisent. Il est vrai qu'ils ne disposent guère des données adéquates pour une telle analyse. Nombre d'études fondées exclusivement sur la simulation numérique pure sont censées investiguer des interconnexions climatiques relativement subtiles, comme l'impact d'un réchauffement sur l'humidité des sols ou encore les trajectoires de molécules marquées provenant de sources diverses. Les modélisateurs donnent généralement la référence des formules empiriques qui entrent dans leurs modèles, mais analysent rarement l'impact des simplifications inhérentes à ces formules. Seules les lois physiques fondamentales applicables aux processus élémentaires, ou encore les relations de similitude qui peuvent exister entre phénomènes de même nature mais d'échelles différentes ont une validité assurée, quelles que soient les conditions ambiantes. Les relations empiriques fondées sur des statistiques actuelles peuvent naturellement changer en même temps que le climat.

Le troisième rapport du Groupe d'experts intergouvernemental sur l'évolution du climat (Giec) reconnaît que « les processus physiques élémentaires sont représentés dans les modèles avec des degrés divers de réalisme », mais estime néanmoins que « le succès des modèles utilisés actuellement donne une certaine crédibilité aux résultats » ([3], p. 427). Le Giec ne définit pas ce qu'on entend par « succès », s'agissant de simulations qui ne peuvent être comparées quantitativement à aucun phénomène climatique observé dans le passé, faute d'une connaissance complète de tous les facteurs en cause. Tous ces travaux de simulation numérique restent donc entachés d'une marge d'incertitude suffisante pour justifier le scepticisme de certains experts (voir par exemple [20]). Dans le cas des processus qui gouvernent le cycle de l'eau, il est clair que les modèles climatiques ne sont pas construits à partir de lois physiques élémentaires prouvées de manière irréfutable. Ils s'appuient au contraire sur des relations empiriques qui peuvent être validées ou non par des investigations plus approfondies.

Les formules empiriques utilisées dans les modèles sont ajustées de manière explicite ou implicite pour imiter les aspects aisément observables des phénomènes climatiques actuels. Cet ajustement est une procédure délicate parce que tous les processus élémentaires interagissent, par le biais d'un impact sur la température ou l'humidité de l'air ambiant, ou encore par les changements qu'ils induisent dans la circulation atmosphérique. Toute modification de la représentation d'un processus particulier (telle qu'introduire une distinction entre eau liquide et glace dans les nuages) va affecter tous les autres processus. De fait, les praticiens de la prévision numérique du temps savent bien qu'une amélioration manifeste d'une de ces formules se traduit tout d'abord par une détérioration de la prévision, tant que les autres formules n'ont pas été ajustées pour tenir compte du nouveau « climat » simulé par le calcul. Malgré tout, bien que les prévisions numériques du climat ne puissent être considérées comme des vérités scientifiques certifiées, on peut cependant accepter avec une certaine confiance les pronostics concernant *des quantités pour lesquelles les modèles ont effectivement été ajustés* (en particulier le réchauffement global). Voyons comment cela peut se faire.

Tout d'abord, on se rappellera qu'une modification de la composition de l'atmosphère se traduit par un changement de l'effet de serre équivalent à l'addition d'un certain flux de rayonnement au sommet de la troposphère. La base de référence en cette matière est le doublement de la concentration préindustrielle du gaz carbonique, initialement 280 ppm. L'augmentation correspondante de l'effet de serre se traduit par un apport supplémentaire d'énergie d'environ 4 Wm^{-2}. La question est de savoir de combien la surface de la Terre doit se réchauffer pour compenser globalement le phénomène par une augmentation égale ΔF du rayonnement terrestre dispersé dans l'espace. Le rapport du réchauffement global moyen ΔT (degrés Kelvin) à ΔF (Wm^{-2}) est le *coefficient de sensibilité climatique* λ qui résulte des seuls ajustements de l'atmosphère à un forçage externe.

Sur une période de quelques années, le changement climatique que l'on peut attendre d'une augmentation progressive de l'effet de serre est largement occulté par les variations météorologiques aléatoires d'une saison ou d'une année à l'autre. Toutefois, le même raisonnement peut s'appliquer à un phénomène analogue, mais d'ampleur sensiblement plus grande et aisément observable : les variations saisonnières du bilan énergétique de chaque hémisphère. Cette idée n'est pas aussi extravagante qu'on pourrait l'imaginer. D'abord, les deux hémisphères ne sont pas tellement différents dans la mesure où on se limite aux seuls phénomènes atmosphériques. L'un et l'autre comprennent des zones climatiques similaires allant des tropiques aux régions polaires et le même type de circulation générale. Deuxièmement, les processus humides dont nous avons parlé sont liés à des perturbations météorologiques de relativement petite échelle, en tout cas beaucoup plus petite que les dimensions planétaires. Finalement, la durée de vie de chaque orage ou perturbation météorologique se mesure en heures ou en jours, de sorte que ces systèmes dynamiques ont tout loisir de s'ajuster au changement des conditions ambiantes entre l'hiver et l'été. Bien entendu, il n'est pas question de prendre le cycle saisonnier du « climat hémisphérique » pour un analogue exact du changement climatique global. (Mais existe-t-il un équivalent exact ?) Certes, une moitié d'atmosphère ne constitue pas un système isolé puisqu'il y a des échanges de chaleur notables entre le Nord et le Sud. Inversement, les échanges de chaleur entre l'atmosphère et l'océan sur une période de six mois ne pénètrent guère au-delà de 200 ou 300 mètres de profondeur, ce qui n'est pas le cas pour le lent réchauffement global. Ne parlons pas des ajustements encore plus lents de la végétation, de la nature des sols, ou des calottes glaciaires.

Quoi qu'il en soit, voyons les chiffres. Utilisant les mesures spatiales de l'*Earth Radiation Budget Experiment* (ERBE) réalisées par le Langley Research Center de la Nasa, et les données climatologiques communiquées par Abraham Oort du Geophysical Fluid Dynamics Laboratory de l'Université de Princeton, on calcule aisément les différences entre les trois mois de l'été météorologique (juin, juillet, août) et les trois mois d'hiver (décembre, janvier, février). Les résultats sont présentés dans le tableau ci-dessous.

	Hémisphère Nord	Hémisphère Sud
ΔF (été-hiver)	21 Wm^{-2}	9 Wm^{-2}
ΔT (été-hiver)	11,7 °K	5,1 °K
$\lambda = \Delta T/\Delta F$ (sensibilité)	0,56 °K/Wm^{-2}	0,57 °K/Wm^{-2}

Peut-on en déduire quelque chose concernant le réchauffement global ? Certainement, car l'égalité des coefficients hémisphériques – malgré une différence importante entre les ΔT des deux hémisphères – indique une relation linéaire entre le réchauffement de la surface et le flux de rayonnement infrarouge au sommet de l'atmosphère. La même relation devrait s'appliquer également aux ajustements purement atmosphériques au réchauffement climatique global, tant que celui-ci reste d'une amplitude modeste par rapport aux variations saisonnières. Ce n'est pas par coïncidence que le coefficient de sensibilité des premiers modèles climatiques ultrasimplifiés, réduits à une seule colonne d'air représentant la moyenne de l'atmosphère tout entière [21], était voisin de $\lambda = 0{,}5\ °K/Wm^{-2}$ ([3], p. 354).

Les modèles actuels les plus sophistiqués ne peuvent pas être comparés aussi simplement parce qu'ils font intervenir bien d'autres composantes de l'environnement planétaire, chacune réagissant également au changement des conditions climatiques avec différentes constantes de temps, généralement bien plus longues que l'atmosphère. Chacune de ces composantes ajoute sa propre réponse ou feed-back à la réponse de l'atmosphère seule, augmentant ou réduisant d'autant la sensibilité effective du système combiné. Par exemple, la prise en compte du couplage avec la glace de mer conduit au bout d'un certain temps à la disparition de la banquise de l'océan Arctique, avec pour conséquence une augmentation sensible de la quantité de rayonnement solaire absorbée par la mer et des échanges air-mer, deux effets qui ne peuvent qu'accélérer le réchauffement.

On trouve que la moyenne des coefficients de sensibilité d'une quinzaine de modèles analysés dans le rapport du Giec (IPCC, 2001) est légèrement inférieure à $1\ °K/Wm^{-2}$, ce qui est tout à fait compatible avec une sensibilité voisine de $0{,}5\ °K/Wm^{-2}$ pour la seule atmosphère. Tout ceci est donc cohérent et incite à accorder notre confiance aux prévisions numériques du réchauffement global et de ses conséquences directes – telles que la fonte des glaciers ou l'élévation du niveau des mers – *non pas parce que les modèles sont des représentations fidèles des processus physiques réels, mais simplement parce que leur formulation est assise sur une solide connaissance empirique de la variabilité climatique actuelle.* Il en va différemment des projections relatives à des phénomènes liés de manière plus indirecte au réchauffement global, tels l'impact sur les perturbations météorologiques ou le régime des pluies, qui sont autrement problématiques.

Le cycle de l'eau
dans le changement climatique

Les phénomènes de précipitation se présentent habituellement en deux grandes catégories : pluies persistantes, relativement régulières, provenant de nuages stratifiés de type stratus, et pluies orageuses de courte durée provenant de nuages convectifs à grand développement vertical (cumulus). Le premier type est le résultat du mouvement ascensionnel de l'air forcé par la progression d'une perturbation météorologique de grande échelle ou encore la pente du relief : même une modeste colline peut déclencher la pluie quand les propriétés de l'air s'y prêtent. Ces précipitations, relativement uniformes sur des distances d'une centaine de kilomètres, dominent les latitudes extratropicales à l'exception de l'intérieur des continents pendant l'été. Au contraire, les précipitations orageuses sont associées à des circulations cellulaires vigoureuses et concentrées dans un domaine de quelques kilomètres seulement. Ces cellules convectives sont les principales sources de pluie dans les tropiques et sur les continents pendant l'été. Il n'est pas rare que de telles cellules convectives soient encastrées dans une couche stratifiée de nuages précipitants ; elles sont la cause des averses ponctuelles qui s'ajoutent à la pluie régulière.

Les modèles climatiques sophistiqués et les modèles de prévision numérique du temps rendent explicitement compte des transformations de la vapeur d'eau, de l'eau liquide et de la glace au sein de chaque parcelle d'air, en même temps que leur transport dans les trois dimensions. Avec ces modèles, les prévisions de pluie associée à des perturbations météorologiques sont plutôt réalistes en ce qui concerne la localisation géographique, mais fameusement imprécises en ce qui concerne la quantité d'eau précipitée. Le sigle anglais QPF (*Quantitative Precipitation Forecast*) appartient encore au domaine de la recherche scientifique. Par ailleurs, les pluies convectives sont « paramétrisées », c'est-à-dire estimées sur la base de relations empiriques avec certains paramètres de la circulation atmosphérique à grande échelle. Cette procédure est éminemment fragile, à cause notamment du seuil de déclenchement mal connu des phénomènes convectifs et de la variabilité spatio-temporelle de l'humidité de l'air. La prévision des pluies orageuses est donc encore peu fiable au-dessus des continents et de précision inconnue en mer. Nous savons cependant que les prévisions numériques de la distribution moyenne des précipitations calculées sont fort sensibles aux approximations faites dans les modèles. Une modification même mineure d'un algorithme parmi des dizaines d'autres dans un modèle de circulation générale peut parfaitement changer de manière significative la répartition des pluies sur toute la planète (voir par exemple [22]).

Si on ajoute à ces problèmes non résolus les incertitudes sur l'évaporation des océans, sur les processus hydrologiques des continents et sur les phénomènes de mélange atmosphérique, on voit que toute prévision à long terme du cycle global de l'eau est fort aléatoire, pour ne rien dire des augures qui supputent le futur des ressources en eau dans telle ou telle région particulière. L'état actuel des connaissances ne permet pas même de fixer le signe – positif ou négatif – des changements attendus dans telle ou telle région, alors que l'impact évident de l'augmentation des besoins en eau n'est que trop facilement prévisible. On doit cependant garder à l'esprit que des variations locales liées au changement climatique sont susceptibles d'exacerber les tensions existantes sur les ressources en eau dans bien des régions du monde (voir Chapitre 5).

Ces déficiences sont un obstacle incontournable sur la voie d'une amélioration des prévisions du climat, parce qu'à l'échéance de quelques décennies ou d'un siècle, le climat dépendra pour une grande part des changements qui interviendront dans la circulation des océans. Or la circulation océanique profonde est gouvernée par de subtiles différences de densité de l'eau de mer, elle-même dépendante de la température et la salinité. La salinité, à son tour, dépend de la dilution de l'eau de mer, c'est-à-dire, en fin de compte, du flux net d'eau douce échangé avec l'atmosphère (précipitation moins évaporation). Par exemple, un scénario climatique envisageable conduit à un affaiblissement du Gulf Stream qui transporte de vastes quantités d'eaux chaudes tropicales vers l'Atlantique Nord. Cette circulation de l'océan Atlantique est conditionnée par la formation de masses d'eau relativement denses qui plongent en profondeur. Ce processus serait bloqué par un apport excessif d'eau douce dans l'Atlantique Nord, au plus grand dam des Scandinaves qui n'apprécieraient certainement pas de voir s'installer chez eux un climat comparable à celui de l'Alaska (Oslo et Stockholm sont, à un degré près, à la même latitude qu'Anchorage). D'une manière générale, il faut savoir que les échanges d'eau jouent un rôle au moins aussi important que les échanges d'énergie dans le couplage de l'atmosphère avec les autres composantes actives de l'environnement, océans, réseaux hydrologiques terrestres, calottes glaciaires de l'Antarctique et du Groenland, sans même parler de la végétation. *Aucun pronostic climatique à long terme ne peut être sérieusement envisagé sans une prévision quantitativement exacte du cycle global de l'eau.*

Ceci est une tâche qui peut intimider les plus audacieux, considérant la diversité et la complexité des processus humides, le caractère aléatoire des pluies, et l'extrême variabilité géographique des phénomènes hydrologiques (l'humidité du sol varie d'un échantillon à l'autre à une distance de quelques mètres !). Nous avons fait brièvement le tour des difficultés de modélisation et de prévision numérique de ces phénomènes, notablement la pluie. Mesurer les mêmes quantités à l'échelle globale est un défi non moins sérieux. Il est excessivement difficile d'établir une base de données d'observation suffisante pour identifier de façon certaine les variations en cours ou futures. Des réseaux pluviométriques denses et bien entretenus existent dans les régions développées. Avec les précautions voulues, ces réseaux peuvent fournir une information statistique fiable sur le régime des pluies, pourvu que le paysage ne soit pas trop chahuté. Même aux États-Unis où la densité des mesures est élevée, il est impossible de mesurer exactement le total des précipitations reçues en pays montagneux. Ailleurs dans le monde, les mesures pluviométriques sont trop dispersées et/ou incertaines pour une interprétation quantitative. Sur les océans, aucune mesure directe n'est faisable. Il existe bien un réseau d'îles basses qui fournissent des mesures pluviométriques, mais, même sur l'atoll le plus plat, de telles observations ne sont pas nécessairement représentatives des conditions en haute mer. La différence de température de l'eau entre le lagon et le large est suffisante pour créer un « climat pluviométrique » local. Les amateurs de récits de voyage savent que les anciens navigateurs polynésiens étaient capables de guider leurs csquifs vers des îles basses cachées par l'horizon en se dirigeant vers le nuage, visible à des distances de plusieurs dizaines de milles, qui se développe au-dessus de tels atolls.

La seule alternative aux mesures pluviométriques traditionnelles est l'estimation indirecte fondée sur les observations par satellite. Jusqu'à présent le choix est entre la détection des nuages convectifs qui se distinguent par la température très froide de leur sommet, ou une mesure de l'absorption du rayonnement micro-onde émis par la surface de l'océan, due à l'eau liquide et à la glace dans les nuages précipitants. La première méthode donne une information intéressante sur la probabilité et la localisation des averses orageuses, mais seulement une indication grossière de la quantité de précipitation (la relation empirique entre l'étendue des nuages froids et les statistiques pluviométriques dépend bien sûr des conditions climatiques locales). La seconde méthode renseigne sur le contenu en eau des nuages, une information *a priori* plus étroitement liée à la quantité recherchée. Néanmoins l'interprétation quantitative de ces mesures passe par l'utilisation de modèles de nuages qui introduisent un certain degré d'arbitraire. De plus, les processus de précipitation sont massivement sous-échantillonnés par ces observations radiométriques. En particulier, le lobe d'antenne des instruments micro-ondes est sensiblement plus étendu qu'une cellule convective, de sorte que la contribution cruciale des averses denses et concentrées est perdue pour une large part. En outre, les observations par les satellites à défilement sont bien trop espacées dans le temps pour saisir l'évolution temporelle des systèmes orageux. Finalement, aucune méthode connue d'observation spatiale ne permet de mesurer les chutes de neige.

Sans doute, on peut se fier à l'observation spatiale pour caractériser les différences régionales et les fluctuations des précipitations d'un mois à l'autre ou d'une année à l'autre, mais toute estimation quantitative de tendances à long terme est entachée de toutes sortes d'incertitudes et plus ou moins biaisée. D'un autre côté, aucune autre source de mesures ne saurait fournir des informations suffisamment complètes et précises pour servir de base au perfectionnement des modèles hydrologiques et climatiques globaux.

Conclusion

Il est peu probable que les progrès à venir de l'observation des précipitations ou d'autres paramètres hydrologiques à l'échelle planétaire ouvrent des perspectives inattendues pour comprendre l'évolution à long terme du régime des pluies ou l'impact du changement climatique sur les processus de condensation. Il n'existe réellement aucune alternative à l'usage de modèles beaucoup plus réalistes des cellules convectives génératrices de pluie et des perturbations météorologiques d'échelle intermédiaire avec les résolutions spatiale et temporelle voulues. Il n'y a pas non plus d'alternative à la validation de ces modèles par des mesures tridimensionnelles détaillées d'un nombre représentatif de « cas d'école ». Seuls de tels modèles peuvent établir un lien fiable entre processus physiques ou dynamiques élémentaires et modèles de prévision climatique à grande échelle, sans recours à des statistiques climatologiques incomplètes et/ou changeantes.

Nous voyons clairement la limite des modèles actuels, qui intègrent une multiplicité de processus élémentaires complexes et interactifs dans l'expression d'un « produit » intégré unique calculé en fonction de paramètres moyens qui ne correspondent pas nécessairement à la réalité physique locale. Il est temps de prendre en compte la dynamique propre des phénomènes météorologiques individuels qui constituent le climat global. En un mot, il est temps de réconcilier les sciences du climat avec la prévision des phénomènes météorologiques réels [23]. Il ne faut pas se cacher que ceci sera un effort héroïque pour les deux communautés.

Les auteurs

PIERRE MOREL a créé le Laboratoire de météorologie dynamique du CNRS. Il a été le responsable scientifique du projet de satellite franco-américain Eole et l'initiateur du programme de satellite météorologique européen Meteosat. Il a également rempli les fonctions de directeur général adjoint du Cnes, puis celles de directeur du programme mondial de recherches sur le climat. Il a ensuite été conseiller scientifique pour les sciences de la Terre au siège de la Nasa à Washington et directeur par intérim des programmes de recherche de la Nasa dans le même domaine.

MOUSTAFA T. CHAHINE a été un pionnier des études d'atmosphères planétaires et des méthodes d'observation de leur structure verticale à partir de satellites artificiels. Il a fondé et dirigé la division des sciences de la Terre et de l'espace du Jet Propulsion Laboratory de l'Institut de technologie de Californie (CalTech). Il a également rempli, jusqu'en 2004, la fonction de directeur scientifique pour l'ensemble du Jet Propulsion Laboratory et conduit en parallèle le développement de l'instrument Atmospheric Infra-Red Sounder (AIRS), embarqué sur le satellite Aqua de la Nasa, mis en orbite en 2002. Il préside actuellement l'équipe pluridisciplinaire chargée de l'analyse des observations de cet instrument et de leurs applications météorologiques et climatologiques.

Chapitre 5

INFLUENCE DU CHANGEMENT CLIMATIQUE
SUR LE CYCLE HYDROLOGIQUE CONTINENTAL

par Katia LAVAL et Eric F. WOOD

> « Et l'eau ce don du ciel,
> L'eau qui, couvrant la plaine ou suintant d'une voûte,
> S'épand tantôt par flots et tantôt goutte à goutte,
> L'eau qui baigne la fleur,
> L'eau qui de ses baisers presse la terre avide,
> Seule chose ici-bas qui sans vieillir se ride
> Et pleure sans douleur[1]. »
>
> Victor HUGO, *Vers datés*, I, 1820-1851.

> « *A river seems a magic thing.*
> *A magic, moving, living part of the very Earth itself.* »
> Laura GILPIN.

Qu'est-ce que le cycle hydrologique ?

L'eau est un élément physique et chimique essentiel sur la Terre, et couvre 70 % de sa surface. C'est un constituant fondamental de la vie. L'eau existe sous trois phases : à l'état solide, sous forme de neige et de glace, à l'état liquide et à l'état vapeur. À la température ambiante, les molécules d'eau sont liées entre elles, ce qui confère à cet élément des caractéristiques physiques et chimiques très particulières, par exemple une très grande capacité calorifique ou une très grande valeur de chaleur latente de vaporisation ; cela influe sur les caractéristiques climatiques de la Terre. Un changement de phase s'effectue avec transfert d'énergie : lors de l'évaporation, la vapeur d'eau absorbe de l'énergie qu'elle restitue à l'environnement quand elle se condense et génère des précipitations ; on

---

1. Katia Laval est reconnaissante à Suzanne Mériaux d'avoir attiré son attention sur ce poème de Victor Hugo.

dit que la surface fournit de la chaleur latente à l'atmosphère. Cet échange relie le cycle hydrologique au cycle énergétique.

Le principal réservoir d'eau sur la Terre est l'océan, mais cette eau est salée. L'atmosphère, plus petit réservoir, contient cent mille fois moins d'eau. Le volume de glace qui recouvre les calottes polaires et les glaciers est du même ordre de grandeur que toute l'eau contenue sur les continents (humidité des sols, eaux souterraines, lacs, marais, rivières et pergélisol). Le cycle hydrologique décrit les transferts d'eau entre les différents réservoirs, et les bilans de ces transferts permettent d'évaluer l'évolution de leurs stocks. On trouvera les évaluations des volumes d'eau emmagasinés dans la Table 1a et les échanges entre ces réservoirs dans la Table 1b.

L'évapotranspiration correspond aux trois processus qui permettent le transfert de l'eau de la surface de la Terre vers l'atmosphère : l'évaporation provient essentiellement des océans, mais aussi des lacs, des rivières et de l'humidité des sols ; les végétaux fournissent de l'eau à l'atmosphère en transpirant ; et la sublimation permet la transformation directe de l'eau recouvrant les surfaces enneigées et englacées en vapeur. La circulation atmosphérique transporte ensuite cette eau évaporée et la redistribue entre les différents réservoirs terrestres par les précipitations. Une part de l'eau précipitée sur les continents ruisselle ou s'infiltre dans le sol pour être finalement transférée vers les océans.

La Figure 5.1 décrit, à titre d'exemple, le bilan hydrologique sur une région, le bassin du Mississippi. Sur cette région continentale, les pertes

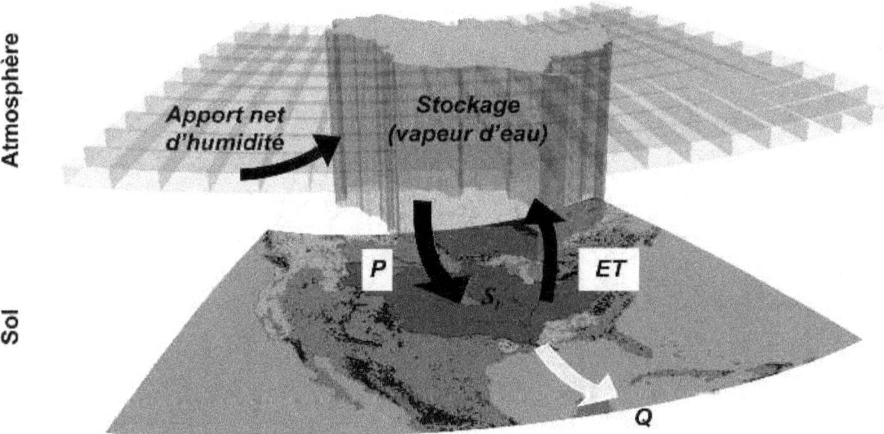

Figure 5.1. Schéma décrivant le cycle hydrologique entre une région continentale, le bassin du Mississippi, l'atmosphère et l'océan. ET désigne l'évapotranspiration, P la précipitation, S_1 l'eau emmagasinée sur le bassin du Mississippi (contenu en eau du sol, des lacs et des réservoirs d'eau souterraine), Q le ruissellement des eaux superficielles et sous la surface. Q relie le réservoir continental à celui de l'océan.

en eau sont l'évapotranspiration vers l'atmosphère, et le ruissellement de l'eau par les rivières ou les eaux souterraines vers les océans alors que les précipitations jouent le rôle de source d'eau. Un tel bilan peut être décrit pour n'importe quelle échelle spatiale. La différence entre les sources d'eau et les pertes est égale, sur un intervalle de temps donné, à la variation de la quantité d'eau emmagasinée sur ce bassin-versant. Dans l'atmosphère qui surplombe cette région, en plus des pertes par précipitations et de la source d'eau « évapotranspirée », la circulation transporte de la vapeur d'eau qui peut s'ajouter ou se déduire de ces sources. La différence entre ces termes sources et puits est égale à la variation de vapeur d'eau atmosphérique.

Table 1a : Quantité d'eau stockée
dans les différents compartiments [25]

Réservoirs	Volume	Pourcentage du total d'eau (en %)	Pourcentage de l'eau douce (en %)
Océans	1338×10^6 km^3	96,5	
Atmosphère	$0,013 \times 10^6$ km^3	0,001	0,04
Continents (total)	48×10^6 km^3	3,46	
Eaux souterraines : total (dont eau douce)	$23,4 \times 10^6$ km^3 ($10,5 \times 10^6$ km^3)	1,7 (0,76)	30,1
Humidité des sols	$0,016 \times 10^6$ km^3	0,001	0,05
Lacs (dont eau douce)	$0,176 \times 10^6$ km^3 ($0,091 \times 10^6$ km^3)	0,013 0,007	0,26
Marais	$0,011 \times 10^6$ km^3	0,0008	0,03
Rivières	$0,002 \times 10^6$ km^3	0,0002	0,006
Calottes et glaciers	$24,1 \times 10^6$ km^3	1,74	68,7
Pergélisol	$0,30 \times 10^6$ km^3	0,022	0,86

Les volumes d'eau douce, essentiellement stockée dans les glaces et l'eau souterraine, varient lentement, selon des échelles de temps pouvant atteindre des milliers d'années. Dans les autres réservoirs, les variations plus rapides vont induire une variabilité du cycle hydrologique continental sur des échelles plus courtes, la saison ou l'année. Enfin, la durée nécessaire au renouvellement de la vapeur d'eau atmosphérique définit son temps de résidence : il est de l'ordre de dix jours.

Les équations décrivant ces termes de stockage et de transfert s'expriment par des relations physiques qui dépendent de variables comme la température et l'humidité de l'air (et leur profil vertical), le vent, ainsi que des variables qui caractérisent la surface comme le type de végétation, avec son système racinaire, la structure et la texture du sol, et son humidité. L'influence des variations du climat sur le cycle hydrologique est complexe et difficile à évaluer, alors que ces effets ont des implications sociétales très importantes. Par exemple, l'augmentation de température due au réchauffement climatique accroît la capacité de l'atmosphère à contenir de la vapeur d'eau, puisque cette quantité est limitée à un maximum, la vapeur d'eau saturante, qui croît exponentiellement avec la température. Cet effet, qui a donné lieu dans le passé à des controverses, semble vérifié récemment par des observations de la vapeur d'eau sur les océans [24].

**Table 1b : Quantité d'eau échangée
entre les différents réservoirs**

Échanges	Continents-Atmosphère	Continents-Océans	Océans-Atmosphère
Précipitation	0,099 $\times 10^6$ km³/an		0,324 $\times 10^6$ km³/an
Évapotranspiration	0,062 $\times 10^6$ km³/an		0,361 $\times 10^6$ km³/an
Ruissellement total		0,037 $\times 10^6$ km³/an	

Les paragraphes suivants décrivent les changements récents du cycle hydrologique continental, évalués par des observations ou par des modèles ; nous rapportons aussi les conclusions du quatrième rapport du Giec qui évalue les résultats les plus probables, tels qu'ils sont étudiés par les modèles de circulation générale. Nous mettons en évidence les difficultés à obtenir des résultats fiables pour certaines variables comme l'évapotranspiration, pour laquelle jouent le changement climatique dû à l'augmentation de l'effet de serre et les changements de couverts et d'usage des sols.

Modifications des composantes du cycle hydrologique sur les continents : observations et modélisation

Un « certain » consensus existe dans la communauté scientifique sur l'évolution observée et sur les prévisions des modifications des variables climatiques reliées au cycle hydrologique terrestre. Le consensus est plus grand quand ces variables dépendent directement de la température de surface, et cela est particulièrement vrai sur l'Arctique (voir Chapitres 7 et 9).

Les premières projections de changement climatique par les modèles de climat ont été effectuées, il y a quarante ans environ, par les scientifiques du Geophysical Fluid Dynamics Laboratory de l'Université de Princeton, aux États-Unis. Ces projections avaient été obtenues avec un modèle dont la résolution spatiale était très basse, et dont la physique atmosphérique et océanique était très simplifiée. Le résultat le plus marquant en était le réchauffement à haute latitude et ses conséquences sur le bilan hydrologique. On observe aujourd'hui ce réchauffement et ses conséquences : fonte du permafrost, fonte et disparition précoces de la neige au printemps, plus faible extension des surfaces enneigées, fonte plus précoce des glaces dans les rivières, intrusion d'arbres dans les régions de toundra et disparition de forêts boréales stressées par des températures trop chaudes. On dispose d'observations de ces phénomènes à partir de données satellites depuis le début des années 1980 (voir par exemple [26]).

Les variations de surface enneigée ont un impact potentiel très important sur le climat, car la neige réfléchit bien plus le rayonnement solaire que les surfaces sans neige. Cette rétroaction modifie le bilan thermique, en amplifiant le réchauffement dû à l'effet de serre additionnel, ce qui peut entraîner la fonte du permafrost et des conditions plus propices à l'extension de la végétation dans ces régions (voir par exemple [27] et travaux cités). La tendance à l'accroissement des débits de nombreuses rivières en Sibérie a été attribuée à la fonte du permafrost, mais d'autres causes ne peuvent être éliminées, comme l'augmentation des pluies qui accompagnerait le réchauffement dans les hautes latitudes.

Dans les latitudes moyennes, l'élévation de température a pour effet de transformer une partie des chutes de neige en pluie. Ceci provoque à la fin de l'hiver du ruissellement et des inondations, et modifie les stocks d'eau dans les régions où ces stocks dépendent de la fonte des neiges. Ces effets ont été observés dans l'ouest des États-Unis (voir par exemple

[28]). Enfin, le retrait de nombreux glaciers, observé ces dernières années, est lié, lui aussi, à l'augmentation de température de la surface.

Sur les autres termes du cycle hydrologique, il est plus difficile de déterminer l'influence des gaz à effet de serre. Une température plus chaude favorise l'évapotranspiration. Lors du réchauffement climatique, l'évaporation augmentera si la surface contient suffisamment d'eau disponible, comme sur un lac, une rivière ou un sol bien humide. En revanche, si l'évaporation est limitée par un déficit de la surface en humidité (on dit qu'il y a stress hydrique), alors celle-ci ne subira pas de variation. De plus, l'accroissement de l'évaporation provoquera une augmentation des précipitations si on est à une période où l'eau évaporée est recyclée et correspond à un pourcentage important de la pluie locale. Au contraire, si les précipitations ont plutôt pour origine la convergence de vapeur d'eau atmosphérique, alors l'effet de la modification de l'évaporation sur la pluie sera négligeable. Dans les prévisions du climat par les modèles, pour un doublement du CO_2, les précipitations augmenteront globalement de 2 %, avec cependant des variations géographiques importantes (voir par exemple [29]), et elles présenteront une plus forte variabilité, en hausse de 4 %.

Peut-on s'attendre, avec ces changements limités, à un accroissement des événements extrêmes ? Il semble que ce soit le cas dans les latitudes tropicales : on n'a pas détecté d'augmentation du nombre total des cyclones, mais des observations récentes ont mis en évidence le fait que les cyclones les plus intenses, de classe 4 et 5 avec des vents supérieurs à 56 ms^{-1} (voir par exemple [30]), sont plus fréquents. Ces résultats ont toutefois été remis en question par une étude qui attribue ces changements à des variations décennales du climat. Les orages d'été correspondant à des situations de convection intense pourraient aussi s'intensifier, entraînant des inondations brutales, mais les observations dont on dispose ne montrent pas de tendance marquée à l'accroissement ; il faut noter que la forte variabilité, tant spatiale que temporelle, de ces phénomènes accroît la difficulté de mesurer un signal significatif. De plus, le ruissellement dépend des propriétés du sol, et de son état hydrique qui favorise plus ou moins l'infiltration.

Le bilan d'eau, décrit sur la Figure 5.1, suggère deux équilibres : sur le continent, et en moyenne sur quelques années, la différence entre les précipitations et l'évapotranspiration est égale au débit des rivières. La moyenne sur une longue période permet de négliger la variation du stockage de l'eau emmagasinée sur la région, bien plus faible que chacun des autres termes. Dans l'atmosphère, la différence entre les précipitations et l'évapotranspiration est égale au flux de vapeur d'eau par la circulation, en négligeant, cette fois encore, la variation de la vapeur d'eau stockée par l'atmosphère. Quand les précipitations augmentent dans une région, on peut s'attendre à une augmentation du ruissellement et, probablement, de l'humidité des sols, pourvu que la variation de l'évapotranspiration ne s'oppose pas à ces modifications. Cette situation a été observée dans le bassin du Mississippi, où les précipitations ont augmenté de 10 %

et le débit du fleuve de 22 % de 1949 à 1997 [31], et cela alors que les activités d'aménagement du fleuve auraient tendance à réduire son débit.

Les débits des rivières du nord de l'Eurasie vers l'océan Arctique ont aussi augmenté, mais la cause de cette variation n'a pas été identifiée. Bien que les observations quantitatives de l'eau dans les sols soient assez rares, il semble qu'en Russie, où l'on dispose d'enregistrements de longue durée, l'humidité des sols ait augmenté.

L'autre situation extrême qui nous préoccupe est la situation de sécheresse, qu'elle soit provoquée par l'augmentation de l'évaporation ou la baisse des précipitations. Cette situation pourrait survenir plus fréquemment dans les régions situées plutôt au sud des moyennes latitudes dans l'hémisphère Nord. Dans ces régions, l'augmentation de température induit une plus forte évapotranspiration en fin d'hiver et au début du printemps, quand les sols sont gorgés d'eau. Cela a pour conséquence d'assécher les sols pendant le printemps. Il s'ensuit une situation où l'évaporation, limitée par le stress hydrique, diminue par manque d'eau disponible. Pendant l'été, l'eau évaporée étant recyclée, on aura aussi une diminution des précipitations, ce qui maintiendra une situation de sécheresse.

De nombreux facteurs, incluant la circulation générale, sont en jeu pour déterminer la précipitation, et il est difficile d'attribuer une cause précise à un événement de sécheresse particulier : c'est le cas pour la sécheresse qui a affecté l'ouest des États-Unis dans les dernières années. Cependant, les simulations de changement climatique indiquent que des régions particulières comme la région méditerranéenne au sud de l'Europe, le sud-ouest des États-Unis et une partie de la Chine subiront à l'avenir des sécheresses plus fréquentes.

Les simulations du climat du XXe siècle montrent aussi que la sécheresse a augmenté au Sahel [32] ; des études ont montré que ce phénomène est dû à une variation de la circulation atmosphérique de ces régions et de la convergence d'humidité dont la cause probable est l'augmentation de la température de l'eau de surface dans l'Atlantique [33].

Pour les variables dépendant fortement des propriétés de surface, comme son état hydrique, les rétroactions rendent plus difficile une projection quantitative de leur évolution. Ainsi, l'évapotranspiration dépend des conditions météorologiques (température, vent, humidité de l'air), mais aussi du contrôle biophysique que la plante peut exercer pour réduire ou augmenter sa transpiration en fonction de l'eau disponible dans le sol ; l'infiltration de la pluie dans le sol dépend de son état hydrique ; l'écoulement des rivières dépend non seulement de la quantité d'eau précipitée, mais aussi de l'état de sécheresse du sol précédant l'épisode de pluie, de la topographie et du couvert végétal recouvrant le bassin-versant. À basse température, la pluie est transformée en neige et le sol peut geler. Ces états affectent fortement le cycle hydrologique puisqu'un sol gelé empêche l'infiltration de l'eau et que la précipitation sous forme de neige est stockée pendant quelques mois avant de contribuer au ruissellement lors de la fonte. Toutes les variations climatiques qui peuvent jouer sur ces mécanismes auront une influence sur le bilan hydrologique terrestre, mais la complexité des interactions et leur forte non-linéarité rendent toute projection très difficile.

On trouvera les évaluations récentes des modifications des variables hydrologiques dans la Table 2. Une difficulté majeure est de pouvoir séparer deux influences dues à l'homme : le rôle de l'augmentation de l'effet de serre et celui des changements d'utilisation des sols dus aux cultures, à l'irrigation, à l'urbanisation et à la déforestation.

Table 2. Tendances des variables hydrologiques, analysées sur des enregistrements dont les périodes sont indiquées, en précisant si ces analyses sont régionales (R) ou globales (G) sur les continents (adapté de [34]).

Variable	Période considérée	Régional (R) ou global (G)
Précipitations	XXe siècle	Augmente (R, G) avec des décroissances régionales (R)
Ruissellement	XXe siècle	Augmente (R, G)
Nébulosité	1950-2000	Peu de changement/ Augmente (G)
Orages tropicaux (fréquence et intensité)	1950-2000	Peu de changement/ Augmente (G)
Inondations	XXe siècle	Peu de changement/ Augmente (R)
Sécheresses	XXe siècle	Peu de changement/ Augmente (R)
Humidité du sol	1950-2000	Augmente (R)
Évaporation (surface d'eau libre)	1950-2000	Décroît (R)
Évapotranspiration	1950-2000	Augmente (R)
Longueur de la saison de croissance des cultures	XXe siècle	Augmente (G), à partir de la température et de données satellitaires

Modifications du cycle hydrologique simulées par les modèles

Dans ce paragraphe, nous décrivons le consensus entre les modèles actuels les plus performants quant à l'évaluation du changement climatique au moyen de simulations du climat du XXe siècle et du XXIe siècle, selon un scénario de fortes émissions de gaz à effet de serre, dénommé A2. Ce scénario[2] est défini dans [35]. Les Figures 5.2 a-d donnent respectivement le nombre de modèles qui prédisent une augmentation (en haut), une diminution (au milieu) ou pas de changement (en bas), d'un certain nombre de variables hydrologiques, ces différences étant calculées entre un climat simulé dans des conditions préindustrielles (simulation de contrôle, notée PICNTRL sur la Figure 5.2) et le climat projeté pour la période 2070-2099, pour le scénario A2 (simulation notée SRESA2 sur la Figure 5.2). Les résultats présentés sont la moyenne annuelle de la précipitation (a), de l'évapotranspiration (b), du ruissellement (c), et de la neige de printemps (d), moyennée sur mars-avril-mai et calculée en eau liquide équivalente.

Dans la région arctique, tous les modèles prédisent, de façon claire, plus de précipitations et plus de ruissellements avec une augmentation sur l'est de la Sibérie et une diminution sur l'ouest de la Sibérie de la neige de printemps.

Ceci, bien sûr, modifie la quantité d'eau douce qui s'écoule vers l'océan Arctique avec un effet potentiel sur la circulation thermohaline et la formation d'eau profonde au nord de l'Atlantique (voir Chapitres 6 et 9). Le fait que l'on ait simultanément plus d'évapotranspiration, de précipitation et de ruissellement dans cette région suggère que le cycle hydrologique y est amplifié.

Sur la région méditerranéenne, au sud de l'Europe, les résultats des modèles correspondent à une diminution de la pluie et, par conséquent, un plus faible ruissellement. Cette situation de plus grande sécheresse apparaît aussi dans le sud et le sud-ouest des États-Unis et du Mexique mais, dans ces régions, le consensus sur le ruissellement est moins net. Globalement, on peut en déduire que le climat serait plus sec aux moyennes latitudes, et plus humide dans les hautes latitudes et les régions tropicales, certaines de ces conclusions ayant été confirmées par les observations des trente dernières années. C'est pourquoi certains affirment que les régions sèches

---

2. Voir le site http://www.grida.no/climate/ipcc/emission/index/htm.

deviendront plus sèches, et les régions humides plus humides, suggérant que la variabilité spatiale du cycle hydrologique sur Terre sera augmentée.

Enfin, dans l'hémisphère Nord, le résultat de ces simulations sur la décroissance de la neige au printemps est frappant. Les ressources en eau dans ces régions dépendent de l'accumulation de la neige qui permet de recharger les sols en eau nécessaire pour les cultures ou la production d'énergie. C'est le cas de l'ouest des États-Unis. Dans la région du plateau tibétain, la décroissance de la neige peut avoir des conséquences graves pour les ressources en eau en Chine et en Inde.

Observation et modélisation du cycle hydrologique actuel

Nous revenons, dans ce paragraphe, sur les difficultés à mesurer et à modéliser le cycle hydrologique terrestre. Alors qu'il semble, théoriquement, que chacun de ces termes puisse être déterminé aisément, leur mesure précise reste un défi pour ceux dont la variabilité spatiale et temporelle est très importante. Citons les précipitations solides, l'évaporation, la percolation de l'eau des sols vers les nappes. Modéliser ces variables est aussi un défi, car les processus comme l'infiltration et l'évapotranspiration dépendent de nombreux paramètres atmosphériques et de conditions de la surface.

PERSPECTIVE HISTORIQUE

L'homme s'est intéressé très tôt au cycle hydrologique, puisqu'on trouve des enregistrements en Chine, qui datent de 1200 avant J.-C. Dans la Grèce ancienne, les études remontent à 300 avant J.-C., quand le philosophe Théophraste (372-287 avant J.-C.) a décrit le cycle atmosphérique ; celui-ci a ensuite été étendu au cycle continental par l'ingénieur romain Marcus Vitruvius qui a introduit les concepts d'infiltration et d'eaux souterraines, afin de décrire l'écoulement vers les fleuves d'une partie des précipitations. Pendant la Renaissance, les mesures de Léonard de Vinci (1452-1519), de Bernard Palissy (1510-1589), de Pierre Perrault (1608-1680), d'Edmée Mariotte (1620-1684) parmi d'autres, parviennent à établir que les rivières sont alimentées par l'eau des précipitations. Plus tard, des scientifiques comme Edmond Halley (1656-1742) quantifient les termes du bilan hydrologique pour la région méditerranéenne.

Enfin, John Dalton (1766-1844) établit la loi fondamentale de l'évaporation et identifie clairement les composantes du cycle hydrologique ; les lois d'écoulement des eaux souterraines seront précisées grâce aux travaux d'Henri Darcy (1803-1858).

Les mesures systématiques de précipitations commencent avant 1800 en Europe et aux États-Unis, et vers 1820 en Inde. Ces mesures permettaient de relier la précipitation au débit des rivières et aux crues ; ces études avaient pour but l'aménagement des rivières, comme les barrages, les endigages et les ponts. Plus tard, les mesures de température et de variables météorologiques ont été utilisées pour estimer les besoins en eau pour la consommation urbaine ou l'irrigation.

Les enregistrements dont on dispose aujourd'hui permettent des estimations de crues ou de ressources en eau ; à savoir les précipitations, le débit des rivières et les températures. Ce que l'on connaît bien et que l'on mesure avec précision est la valeur moyenne sur de nombreuses années des termes du bilan sur une région ; il faut noter que l'évapotranspiration est déterminée par la différence entre la précipitation et l'écoulement généralement mesuré par le débit des rivières, ce qui n'est vérifié que lorsqu'on considère une moyenne annuelle.

DIFFICULTÉS LIÉES AUX OBSERVATIONS

Quand on s'intéresse à un domaine restreint ou à une période courte, les mesures sont peu précises. Par exemple, l'observation de la précipitation locale est difficile à cause de la forte variabilité spatiale des précipitations ; de même, sur un temps inférieur à l'année, on ne peut pas négliger les variations de stockage d'eau sur les continents. Mais, probablement, la variable la plus difficile à mesurer sur l'échelle de temps adaptée à la modélisation du climat est l'évapotranspiration : ses variations sont influencées par la diversité du paysage comme la topographie, la végétation, le type de sol et l'usage du sol, des facteurs qui, tous, influencent le bilan.

Il est intéressant de discuter plus précisément les difficultés de modéliser et de mesurer l'évapotranspiration, qui a un rôle unique sur le climat car sa valeur joue sur le cycle hydrologique, le cycle énergétique et le cycle biogéochimique. L'énergie nécessaire pour évaporer l'eau de la surface est nommée énergie de chaleur latente. Le rayonnement net qui arrive à la surface est réparti entre le flux de chaleur sensible, le flux de chaleur latente et le flux de chaleur pénétrant dans le sol. Quand un sol a suffisamment d'eau disponible, l'évapotranspiration est limitée par le rayonnement net qui arrive à la surface. Ainsi l'évapotranspiration croît généralement quand le printemps arrive, car l'ensoleillement augmente.

Mais, dès que le sol n'a plus d'eau disponible, le système sol-végétation va restreindre cette évaporation. La végétation contrôle cet échange en fermant ses stomates ; le rayonnement net est alors évacué plutôt sous forme de chaleur sensible ; c'est la décroissance de l'évaporation au cours de l'assèchement des sols qui est difficile à évaluer alors que, souvent, c'est à cette période que l'eau évaporée est recyclée sous forme de pluies locales.

Puisque le rayonnement net présente une variation diurne importante, avec le lever ou le coucher du soleil, ou encore l'apparition et la disparition de la couche nuageuse, l'évapotranspiration présente aussi une importante variation diurne. Cette variabilité joue un rôle non seulement sur le cycle diurne de la température, mais aussi sur la couche limite atmosphérique. Les surfaces plus humides, avec une plus forte évaporation et une température plus faible, ont tendance à produire dans l'atmosphère, dans certaines conditions, plus d'humidité et de nuages. Les mesures d'évapotranspiration présentent des erreurs importantes (de l'ordre de 20 à 30 %) ; la méthode du « seau d'eau », parfois employée dans le passé, qui mesure simplement la hauteur d'eau évaporée dans un seau rempli d'eau, évalue de manière incorrecte l'évaporation des surfaces naturelles. Notre capacité à modéliser l'évapotranspiration est encore insuffisante, ce qui limite sérieusement les projections estimées de l'impact du changement climatique sur le cycle hydrologique. Alors que la détermination de l'évolution de la température progresse, l'accord sur le bilan hydrologique présente encore de nombreuses incertitudes.

Influence du couvert végétal et de ses changements sur le cycle hydrologique

Il est bien connu que la végétation est déterminée par les variables climatiques comme la température et la précipitation. Mais le rôle que la végétation et ses modifications ont sur le climat est moins reconnu. Le couvert végétal échange de l'eau, de la chaleur, de la quantité de mouvement et du CO_2 avec l'atmosphère. Ces échanges dépendent de paramètres qui caractérisent le couvert. Le fait que 65 % de la précipitation continentale a pour origine l'évapotranspiration des continents prouve le rôle du système sol-végétation sur le climat. Pendant l'été, aux moyennes latitudes, l'évaporation est la source essentielle de la précipitation régionale. Et quand un sol est plus sec qu'une année normale, l'évaporation et la précipitation (qui en résulte) diminuent. S'il est plus humide, elles augmentent. Cette interaction permet d'expliquer la persistance d'étés secs ou humides certaines années. Des études ont montré que de fortes inondations sur le centre des États-Unis pendant l'été 1993 avaient été favorisées par des sols qui avaient emmagasiné beaucoup d'eau pendant l'hiver précédent.

L'interaction entre l'évaporation et les pluies peut jouer différemment dans le cas de la mousson. Les situations de mousson existent sur les régions continentales qui bordent les zones de convergence intertropicales et affectent en particulier l'Inde, l'Asie du Sud-Est et l'Afrique de l'Ouest. Avant le démarrage de la mousson, le contraste thermique entre l'océan et le continent provoque l'existence d'une zone dépressionnaire sur les terres. Par conséquent, des vents de sud-ouest soufflent de l'océan et apportent de l'air chargé d'humidité vers la terre. Cette circulation de grande échelle interagit avec une situation de forte convection locale. Les mouvements convectifs ont pour origine la température très chaude de la surface et sont amplifiés par l'existence de montagnes qui soulèvent les masses d'air. On assiste, après les épisodes pluvieux, à un refroidissement de la surface dû à l'évaporation qui a pour effet de supprimer la convection. Ces interactions complexes entre les zones sèches et humides sur l'Afrique de l'Ouest semblent influencer la formation de cyclones qui se développent ensuite au large de l'Atlantique ; ces cyclones, en s'amplifiant, vont conduire à des ouragans qui affectent les États-Unis. Un projet international de grande envergure, conduit par des équipes françaises, a pour objet de mieux comprendre ces interactions et de différencier, sur la formation des cyclones, le rôle du changement climatique dû à l'effet de serre de celui des variations de couvert sur les terres [36].

Depuis quelques années, on porte beaucoup plus d'attention aux effets créés par la gestion de l'eau et l'irrigation sur le climat. On a observé (par exemple en Israël ou dans l'ouest des États-Unis) que l'irrigation avait changé les conditions météorologiques locales. Sur de bien plus vastes régions, comme l'Asie du Sud-Est, où l'irrigation est très développée, on peut s'attendre à une influence encore plus prononcée sur la circulation et le climat. La compréhension de ces effets n'est pas encore totale car de nombreux paramètres sont modifiés quand les cultures remplacent la végétation naturelle. On doit aussi progresser pour mieux comprendre le rôle des grands barrages sur les volumes d'eau emmagasinée sur les continents. Ces changements jouent non seulement sur la distribution de l'eau dans les sols, mais aussi sur la convergence de l'eau dans l'atmosphère. Par exemple, la diminution du débit du Nil après la construction du barrage d'Assouan a modifié la convergence de l'eau atmosphérique à long terme sur ce bassin.

Examinons les conséquences de la déforestation, qui se développe souvent pour instaurer des cultures, comme cela s'est produit par exemple sur l'Amazonie ou sur des régions semi-arides. De nombreux mécanismes peuvent jouer. Les paramètres physiologiques, comme la surface foliaire ou le système racinaire, moins développés pour les cultures, vont faire décroître l'évapotranspiration. Mais les plantes ont des stomates, à travers lesquels se font les échanges entre la plante et l'air. Ces échanges (de vapeur d'eau et de CO_2) sont mesurés par un paramètre, la conductance stomatique ; les cultures ont une conductance plus grande que les arbres, et cet effet sur la transpiration viendra s'opposer au précédent. Enfin, la plus importante indétermination vient de la dépendance de cette conductance avec le stress hydrique du sol, qui joue très différemment sur les deux types de couvert.

D'autres paramètres encore influencent le cycle hydrologique lors d'une déforestation. L'albédo de la surface augmente et la rugosité décroît. Par conséquent, l'énergie disponible pour les flux de chaleur latente et sensible est diminuée et la turbulence atmosphérique qui apparaît entre la surface et l'atmosphère diminue. Enfin, le taux d'infiltration aussi est modifié. Tous ces mécanismes jouant simultanément, c'est l'effet résultant qu'il nous faut évaluer en les quantifiant de manière précise, alors que chacun de ces effets dépend du climat local. Des recherches sont développées pour mieux comprendre et modéliser ce type d'évolution. Des études sur le climat d'il y a 6 000 ans ont montré que le développement de la végétation conduit à une contraction des déserts et à l'expansion des zones humides, par un effet de rétroaction biogéophysique : la présence de végétation accroît la transpiration, ce qui accroît les précipitations, lesquelles favorisent la croissance de la végétation (et *vice versa* en cas de perte de végétation). Néanmoins, des observations à long terme de la distribution des écosystèmes sont nécessaires pour confirmer les projections obtenues par les modèles de climat.

De manière générale, la végétation est une variable fondamentale pour comprendre le climat et pour définir les projections futures des variations climatiques. Et les changements anthropiques du couvert végétal peuvent avoir des effets sur le climat dont on doit tenir compte quand on s'intéresse au climat futur [37].

Conclusion

Au cours du dernier siècle, des modifications du cycle hydrologique ont été observées. Elles peuvent être attribuées au changement du climat induit par l'augmentation des gaz à effet de serre comme le CO_2, qui a conduit à l'augmentation de la température moyenne et de la vapeur d'eau atmosphérique, elle-même gaz à effet de serre. Elles peuvent aussi être attribuées, pour partie, à d'autres activités humaines, comme le changement de la couverture des sols (déboisement), l'assèchement des zones humides, l'agriculture irriguée et le stockage de l'eau par les barrages. Ces activités affectent aussi le bilan hydrologique terrestre, lequel est couplé au cycle de l'eau dans l'atmosphère, de sorte que tout changement de l'un affecte l'autre. Le réchauffement global modifiera les valeurs moyennes et la variabilité du bilan hydrologique, mais la complexité des interactions, qui ne sont pas bien représentées dans les modèles, limite la confiance dans les projections à l'échelle régionale. Néanmoins, les observations et le consensus autour des modèles indiquent pour les trente à soixante années à venir une augmentation des précipitations au-dessus des terres, un réchauffement accentué de l'Arctique ayant pour résultats un retrait précoce de la neige et une perte de pergélisol, un assèchement des moyennes latitudes avec une sécheresse régionale accrue mais, à l'inverse, l'humidification des zones tropicales et des hautes latitudes. Au total, ces résultats suggèrent une intensification du cycle hydrologique, assortie de variations régionales importantes.

Les auteurs

KATIA LAVAL est professeur à l'université Pierre-et-Marie-Curie, où elle dirige l'école doctorale « Sciences de l'environnement ». Ses recherches portent sur le rôle du sol et de la végétation dans le climat et sur l'évaluation des bilans hydrologiques terrestres. Elle est correspondant national à l'Académie d'agriculture de France.

ERIC F. WOOD est professeur de travaux publics et d'ingénierie environnementale à l'Université de Princeton. Ses recherches portent sur la climatologie des cycles hydrologiques, la modélisation des bilans hydriques et thermiques, et leur détermination satellitaire ainsi que leur assimilation dans les modèles. Il est membre de l'American Geophysical Union et de l'American Meteorological Society.

Chapitre 6

L'OCÉAN ET LE CLIMAT

par Jean-François MINSTER et Carl WUNSCH

« Ô mer, nul ne connaît tes richesses intimes. »
Charles BAUDELAIRE, *L'Homme et la Mer.*

« Every man, wherever he goes,
is encompassed by a cloud of comforting convictions,
which move with him like flies on a summer day. »
Bertrand RUSSELL, cité par Steven Pinker,
The Blank Slate (trad. fr. *Comprendre la nature humaine*), p. 2.

Introduction

L'océan contient pratiquement toute l'eau liquide de notre planète, et c'est un énorme réservoir de chaleur, de carbone ou de biodiversité. Ces réserves sont déplacées de façon complexe par les courants marins au sein des masses d'eau et sont aussi échangées avec l'atmosphère et les surfaces continentales. Observer et comprendre comment l'océan agit au sein du système climatique reste un problème très difficile. En effet, il faut pour cela accumuler des observations de l'océan à l'échelle de notre planète, suivre ses changements, et développer des modèles numériques représentant le système qui soient aussi réalistes que possible. Cette compréhension, et en particulier celle de la variabilité de la machine océan, commence tout juste à émerger. En outre, des informations sur le comportement de l'océan dans le passé, et tout particulièrement lors des changements paléoclimatiques majeurs, illustrent ses comportements possibles. Enfin, on accumule des observations sur les effets secondaires des changements climatiques, comme par exemple l'élévation du niveau des mers qui a des impacts potentiels importants le long des côtes.

Comprendre l'océan est critique pour l'étude de la variabilité du climat, la détection de changements à long terme et la prédiction d'éventuels changements futurs. Avec celle qui concerne les autres composantes du système climatique, elle est revue régulièrement : cela fournit le rapport du Giec (plus connu sous le nom d'IPCC, Intergovernmental

Panel on Climate Change). Dans ce chapitre, nous ne répétons pas le rapport du Giec, mais souhaitons décrire une partie des enjeux scientifiques : en particulier, nous discutons des difficultés à comprendre la circulation océanique et ses fluctuations. Dans la conclusion, nous présentons aussi notre point de vue quant à la prise en compte de ces incertitudes dans le processus de décision publique qui en découle.

La perspective historique

L'OBSERVATION DE L'OCÉAN

Voyons d'abord comment observer l'océan et décrire son état climatique. Il faut pour cela observer trois éléments complémentaires :

1° Les propriétés de surface de l'océan et les flux d'échange d'énergie et de quantité de mouvements avec l'atmosphère ; 2° Les propriétés physiques et chimiques de l'océan (par exemple la température, la salinité, la concentration d'oxygène ou de gaz carbonique) ; 3° Le transport ou le mélange de toutes ces propriétés.

Les propriétés de surface sont accessibles à l'observation depuis des siècles. Plus récemment, les satellites ont rendu possible la détermination systématique de nombreux paramètres à la surface des océans, comme la température ou la rugosité due à l'effet du vent, avec une couverture d'observation exceptionnelle. On pourrait penser qu'on peut déterminer l'état de l'intérieur de l'océan grâce à l'observation de ses interactions avec l'atmosphère et la cryosphère ; cependant, celles-ci sont également déterminées par les transports océaniques, ce qui rend cette approche impraticable. L'observation des propriétés et des transports dans les océans est donc indispensable.

Contrairement au cas de l'atmosphère, on ne peut pas sonder l'océan à distance car le rayonnement électromagnétique ne se propage pas bien dans l'eau. En pratique, déterminer les propriétés de l'intérieur des océans nécessite de déployer des instruments dans la colonne d'eau et de récupérer leur mesure. Jusqu'à une époque très récente, il fallait pour cela envoyer un navire océanographique à l'endroit désiré et déployer les instruments en profondeur au bout d'un câble. Cette démarche est extraordinairement coûteuse et lente. Un navire océanographique coûte entre 10 000 et 50 000 euros par jour et il lui faut de un à deux mois pour traverser un océan en faisant des mesures jusqu'au fond. En conséquence, les observations sont longtemps restées très peu nombreuses, au point que la simple reconnaissance initiale de la distribution des propriétés dans les océans a nécessité la contribution de nombreux pays et s'est étalée sur plusieurs décennies.

Dès les premières observations, vers 1870, il est apparu que les propriétés fondamentales de l'océan variaient spatialement sur de grandes distances : cela a amené à décrire un océan stable constitué d'un nombre limité de grandes « masses » d'eau relativement homogènes (Figure 6.1). Quant aux changements temporels, ils ont été longtemps pratiquement indétectables faute d'observations répétées et ont donc été considérés comme négligeables.

L'observation des paramètres chimiques et biologiques a été encore plus difficile que celle de la température et de la salinité. Les mesures de sels nutritifs (les nitrates par exemple) ou de l'oxygène dissous dans l'eau sont devenues routinières depuis les années 1950. En revanche, la mesure d'autres paramètres, comme le gaz carbonique dissous dans l'eau, n'a

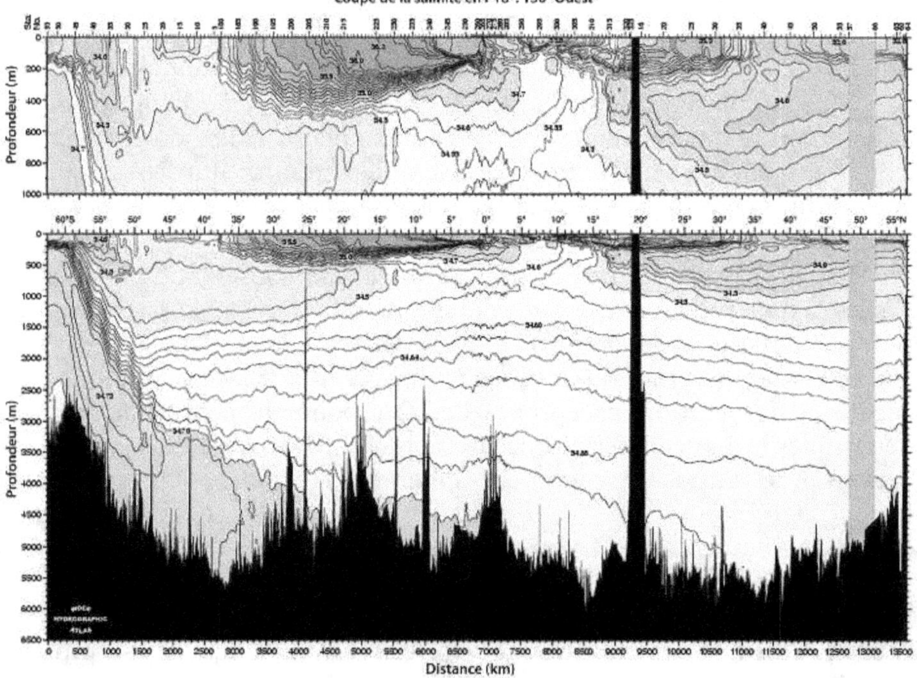

Figure 6.1. Coupe P16 de la salinité (d'après l'Atlas Woce) à travers l'océan Pacifique central. La salinité varie de 36 (près de la surface dans les tropiques) à environ 34 (le vaste domaine clair en profondeur). Une salinité de 34 correspond à une contribution à la densité de 3,4 %. On notera la distribution à grande échelle de la salinité et la présence de fluctuations à petite échelle, qui n'est parfois qu'un « bruit », mais représente dans certains cas, par leur dérivée spatiale, des variations importantes de la densité et donc des courants. Les structures à grande échelle peuvent être décrites en utilisant des données acquises sur des décennies, mais les petites échelles varient rapidement dans le temps.

atteint la précision et l'exactitude nécessaires que dans les années 1970. En outre, pour beaucoup de ces paramètres, il faut rapporter des échantillons de plusieurs litres d'eau de mer à bord des navires océanographiques. La première description systématique de ces paramètres à l'échelle de tout l'océan a donc eu lieu entre 1972 et 1978. Et encore, ce programme appelé Geosecs s'est limité à échantillonner l'océan en 422 points seulement. Il va sans dire que la description des propriétés chimiques des mers faisait l'hypothèse que l'océan était stationnaire.

LA DESCRIPTION THÉORIQUE DE L'OCÉAN

La distribution des propriétés de l'océan ne permettant pas d'en décrire les mouvements, comprendre ces mouvements peut se faire à partir des équations qui en décrivent la dynamique. Ces équations sont celles d'un fluide s'écoulant à la surface d'une sphère en rotation (la Terre), possédant la thermodynamique particulière de l'eau de mer, et soumis à un ensemble de forces et d'échanges d'énergie avec l'atmosphère. Bien entendu, la géométrie des continents et l'effet du fond des mers doivent également être pris en compte. Si l'on veut, en outre, décrire les flux de carbone, il faut considérer les échanges de gaz carbonique avec l'atmosphère et l'ensemble de phénomènes thermodynamiques, chimiques et biologiques qui affectent les espèces chimiques du carbone au sein des océans.

Les méthodes visant à résoudre ces équations sont décrites dans les ouvrages d'océanographie (voir par exemple *Open University* en 2001 pour une présentation simplifiée). En pratique, les océanographes simplifient ces équations de façon à représenter les effets qu'ils veulent analyser. Comme les observations suggéraient que l'océan était stationnaire et animé de mouvements de grande échelle, une simplification extrême des équations a été introduite : les océanographes ont d'abord éliminé tous les termes qui représentaient des changements dans le temps, ou des phénomènes de petites échelles spatiales (approximativement, toutes les échelles inférieures à 1 000 kilomètres). De nombreuses solutions de ces équations simplifiées ont alors été élaborées. Elles ont fourni une description élégante – et souvent contre-intuitive – des mouvements dans les masses d'eau, entraînés par les vents et les flux de chaleur à la surface, et qui semblait bien cohérente avec les observations. Au début des années 1970, un schéma des grands flux océaniques profonds était disponible et généralement accepté. La Figure 6.2 [38] est représentative de ce type d'écoulement stable des eaux profondes décrit par la théorie.

Cependant, les conséquences de ce schéma en termes climatiques n'étaient pas réellement étudiées. D'une part, le climat n'était pas encore le sujet majeur de l'océanographie, qu'il est devenu à juste titre dans les années 1980. Il n'y avait en outre que peu d'études du cycle de l'eau ou

Figure 6.2. Solution obtenue par Stommel et Arons en 1960 pour le courant abyssal dans l'océan. On notera sa nature stable à grande échelle, suggérant que l'écoulement dominant est méridional et lent. Voir par comparaison la Figure 6.4 qui montre l'estimation à partir d'observations du courant réel à travers l'Atlantique Nord.

du gaz carbonique. D'autre part, les océanographes avaient en tête que l'océan ne contribuait que marginalement aux transports de chaleur au sein du système climatique. Autrement dit, l'océan était perçu, notamment par les météorologues, comme un réservoir statique de chaleur et d'eau sans effet dynamique sur le climat.

L'émergence d'un nouveau paradigme : la variabilité de l'océan

Cette vision d'un océan stationnaire animé d'écoulements laminaires a été remise en cause à partir des années 1970 : il a bien fallu convenir qu'elle était incomplète au point d'induire une perception faussée des océans.

La première cause de ce changement de paradigme est venue de progrès technologiques, et notamment de la mise au point au milieu des années 1970, d'instruments capables de mesurer *in situ* et d'enregistrer divers paramètres à relativement haute fréquence, sur des durées de plusieurs mois ; les techniques de récupération de ces instruments ont également été fiabilisées. Il devint alors apparent que les propriétés des océans, comme sa température et sa salinité, montraient des fluctuations rapides (sur des échelles de temps de quelques semaines) et que ces fluctuations se décorrélaient les unes des autres sur des distances de l'ordre de 100 kilomètres. Avec l'accumulation de ces observations, il est apparu progressivement qu'en fait, l'océan était turbulent (on parle de turbulence méso-échelle) et que ces mouvements turbulents étaient au moins dix fois plus rapides que les écoulements moyens. Les enregistrements de courant dans l'océan libre sont dominés par des mouvements d'apparence erratique dont la moyenne temporelle a rarement un sens (Figure 6.3). La Figure 6.4 [39], qui montre une estimation de la composante nord-sud de l'écoulement à travers l'océan Atlantique Nord, en donne un exemple. Comprendre ces fluctuations et en estimer les effets est clairement une nécessité si on veut décrire les courants océaniques. L'échantillonnage des propriétés et des flux océaniques doit être tel qu'il permette de distinguer les courants de grandes échelles de ces fluctuations.

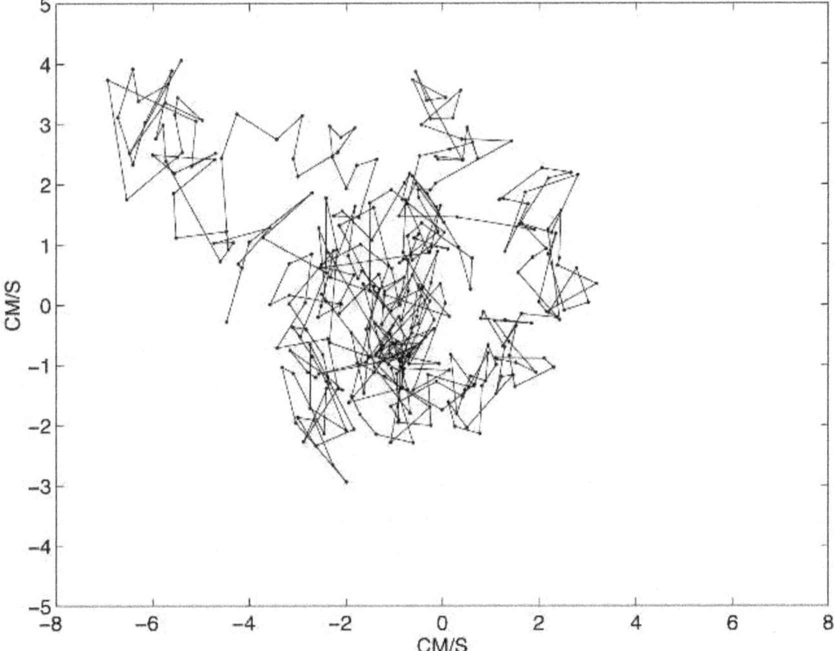

Figure 6.3. Trajectoire d'une particule fictive de vitesse égale à la moyenne de l'écoulement mesuré sur vingt-quatre heures chaque jour pendant un an. L'enregistrement a été effectué à une profondeur de 1 528 mètres en un point de coordonnées 27,3 °N-40,8 °W dans l'Atlantique Nord pendant l'expérience Polymode. Ce résultat est typique des mesures en pleine mer (celui-ci est plutôt calme). Le déplacement moyen est ici vers le nord-ouest. Si les mouvements de période inférieure à un jour étaient aussi représentés, la figure aurait l'allure d'un nuage extrêmement dense.

On peut d'ailleurs se demander comment une turbulence aussi systématique et aussi intense a pu échapper si longtemps aux observations. En fait, ce phénomène a été identifié très tôt (par exemple par B. Helland Hansen et F. Nansen dès les années 1920), mais les technologies permettant de l'apprécier n'étant pas disponibles, les océanographes ont fini par estimer qu'il n'était pas important.

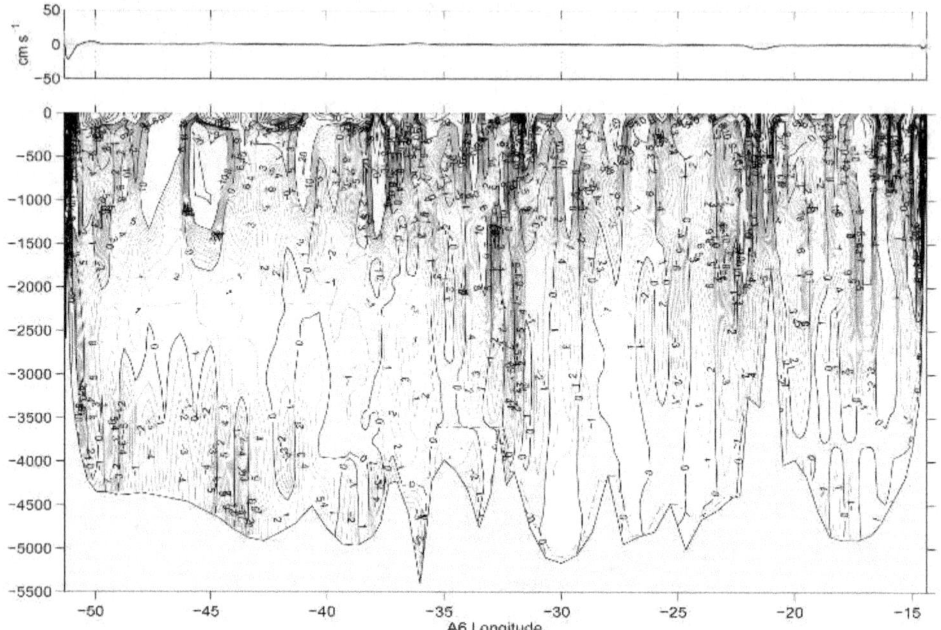

Figure 6.4. Estimation quasi instantanée du champ de courant à travers l'Atlantique Nord vers 24 °N. Les zones grisées s'écoulent vers le sud, les zones claires vers le nord. Le sens du courant change donc à la fois avec la longitude et la profondeur. Établir une valeur stable statistiquement significative du flux de masse moyen est très difficile en présence de telles structures énergétiques variables dans le temps. La détermination de la chaleur et des autres propriétés scalaires transportées par le courant repose sur l'intégrale du produit du champ de courant avec la température ou d'autres traceurs.

En outre, les observations étaient faites à des intervalles de distance largement supérieurs à 100 kilomètres, car ces observations étaient très longues à faire. L'échelle spatiale des grandes masses d'eau restait néanmoins observable selon cet échantillonnage épars. Du côté des équations, il faut réaliser que les mouvements des fluides ne dépendent pas de la distribution des propriétés mais de leur gradient. Dans les champs de propriété tels qu'ils sont représentés graphiquement, l'œil humain sait plus facilement discerner un phénomène sous-jacent au bruit [40], mais estime plutôt mal les petites fluctuations qui sont celles qui importent pour déterminer les courants. Il paraît clair aujourd'hui, à partir de l'étude des fluides turbulents, que les mouvements de petite échelle influencent les transports à grande échelle. En d'autres termes, les fluctuations de petite échelle visibles sur la Figure 6.4 agissent sur la distribution de propriétés de l'océan, telle que la salinité de la Figure 6.1, s'ajoutant au transport à grande échelle de la Figure 6.2.

Outre les phénomènes de méso-échelle, les océanographes ont aussi progressivement découvert que la distribution de la température, de la salinité ou d'autres propriétés de l'eau de mer variaient également à l'échelle des bassins océaniques. Les fluctuations se font sur de longues échelles de temps – souvent plusieurs décennies –, ce qui les rend difficiles à observer.

Le phénomène El Niño est à la fois l'archétype de ces fluctuations de grande échelle et une exception. Ces modifications de tout l'océan Pacifique tropical, reliées directement à des changements très sensibles de l'atmosphère (inondations, sécheresses, sens des vents, etc.), se font jour tous les trois à neuf ans. Le phénomène El Niño est si peu discret qu'il a été détecté dès la conquête espagnole de l'Amérique latine – au milieu du XVIe siècle [41]. Il fallut néanmoins quatre cents ans, et la fin du XXe siècle, pour que ce phénomène soit compris, alors qu'il est quasi planétaire et d'importance économique considérable.

On peut ainsi apprécier à quel point il est difficile d'observer et de comprendre des phénomènes plus subtils et étalés sur des périodes plus longues. De fait, détecter et comprendre les différents modes de fluctuation du climat de l'océan est un des sujets majeurs des études climatiques.

Vers un système d'observation des océans

Si l'on veut observer le changement climatique, on doit disposer d'un système d'observation des océans qui prenne en compte les besoins décrits ci-dessus. Vers la fin des années 1970, l'Organisation météorologique mondiale (OMM) et les océanographes ont élaboré un ensemble de programmes scientifiques qui ont abouti à la fois à une bien meilleure connaissance des transports océaniques et au système actuel d'observation des océans.

Bien qu'un des objectifs majeurs de l'OMM ait été l'amélioration de la prévision du temps, un objectif secondaire a été de comprendre le phénomène El Niño et ses effets. Ce deuxième objectif a abouti à la conception du programme Toga (Tropical Ocean and Global Atmosphere) qui fut lancé pour dix années en 1985. Toga n'a pas seulement permis de comprendre le phénomène El Niño ; il a développé un système qui permet aujourd'hui de détecter très tôt le phénomène et d'en prévoir l'évolution. Ce système consiste en premier lieu en un ensemble de mouillages, c'est-à-dire de bouées ancrées, réparties dans tout l'océan Pacifique (et aussi de quelques autres dans l'océan Atlantique) ; les mesures de toute une série de paramètres atmosphériques et océaniques – dans les 200 premiers mètres d'eau – sont transmises en temps réel. D'autres paramètres sont mesurés à bord de navires marchands ou dans des stations de marégraphes placées sur les îles du Pacifique. Le système d'observation dépend aussi fortement de satellites : ceux-ci mesurent la tension du vent, la température de surface des océans, l'abondance de chlorophylle (c'est-à-dire l'abondance du plancton) et le niveau de la mer. Le système inclut enfin des modèles numériques décrivant l'océan et l'atmosphère en interaction ; ces modèles sont rendus réalistes en les ajustant aux observations. Au cours des dix dernières années, le système a permis de détecter l'apparition de conditions favorables au phénomène El Niño et d'en faire la prévision à des échéances de six à douze mois.

Le troisième objectif des météorologues et des océanographes était plus spécifiquement climatique : il fallait mieux comprendre comment l'océan intervenait dans le climat. Cela a conduit à concevoir le programme Woce (World Ocean Circulation Experiment). Woce visait à fournir un ensemble cohérent d'observations de l'océan étalées sur une période de cinq ans. Parmi celles-ci, les sections hydrographiques ont été les plus essentielles : ces sections ont consisté en mesures denses de température, de salinité et d'autres paramètres, quadrillant tous les bassins océaniques, tous les 10 à 20 degrés de latitude et de longitude. Grâce à elles, on a pu estimer le transport d'eau, de chaleur, de sel, de nutriments ou d'oxygène dans les différentes masses d'eau à une précision de l'ordre de 20 %. Auparavant, l'incertitude sur ces transports était plutôt de 100 % dans bien des zones de l'océan !

Ces sections sont aussi une référence, qui permet de comparer l'océan des années 1990 avec les observations plus anciennes – jusqu'aux années 1930 – et avec les données futures. On observe ainsi que le contenu des masses d'eau en chaleur et en d'autres propriétés change avec le temps. Malheureusement, comme cela n'a pu être fait qu'en quelques endroits, il n'est pas aujourd'hui possible de construire une image globale cohérente de ces changements, ni de savoir s'il s'agit de fluctuations climatiques ou d'une tendance à long terme.

C'est au cours des programmes Toga et Woce que les océanographes ont commencé à utiliser systématiquement les données satellites. En particulier, la mesure précise du niveau des mers est aujourd'hui très largement disponible depuis le lancement de Topex/Poséidon en 1992 et de son successeur Jason en 2001 : ces mesures sont un outil unique pour observer les variations des courants à toutes les échelles d'espace et de temps – aussi bien que leur moyenne. On observe effectivement des variations à l'échelle des bassins océaniques grâce à ces treize années d'observation. La plupart de ces effets s'expliquent par des changements du champ de vent dans l'atmosphère, et par des ajustements de l'océan selon divers processus dynamiques. Il y a aussi des effets de variation du contenu de chaleur des océans qui seront discutés plus loin.

Finalement, Woce a permis d'accélérer le développement de deux autres outils majeurs de l'océanographie : les modèles numériques et les technologies d'observation *in situ*.

En particulier, un outil remarquable d'observation *in situ* est apparu avec Woce. On l'appelle le « profileur ». Cet instrument oscille entre les eaux profondes (jusqu'à 2 000 mètres) et la surface, à un rythme de dix jours environ, et il a une durée de vie de l'ordre de quatre ans. À la surface, il transmet par satellite sa position et les mesures de température et de salinité. Cet outil est si performant que près de 3 000 d'entre eux ont été déployés dans le cadre d'une expérience mondiale appelée Argo. Les données sont traitées, assemblées et mises librement à disposition de tous.

Grâce à Argo, pour la première fois, on dispose d'une observation globale, tridimensionnelle et répétée des paramètres hydrographiques. Bien sûr, le nombre des profileurs est trop petit pour séparer les fluctuations à méso-échelle du champ moyen des propriétés, puisque la distance moyenne entre deux profileurs est de 300 à 500 kilomètres, supérieure à l'échelle du champ de tourbillons de la Figure 6.4. Cependant, cette séparation est possible en combinant les observations des profileurs avec les autres données. Cela se fait en particulier grâce à la disponibilité simultanée de plusieurs satellites altimétriques, comme c'est le cas aujourd'hui, et à l'information contenue dans les équations du mouvement des océans. Malgré tout, la conception et le maintien à long terme d'un système d'observation globale des océans restent un problème encore imparfaitement résolu (voir Chapitre 12).

Le message de la paléoclimatologie

Étudier les climats du passé est une source d'informations sur les changements possibles des océans. Les études géologiques ont en effet démontré que le climat de la Terre a été très différent dans le passé. Les observations des carottes de glace dans les calottes polaires, ou des carottes sédimentaires dans les océans ou les lacs ont permis de décrire en détail les fluctuations climatiques au cours du dernier million d'années. Cette période a vu les alternances des époques glaciaires et interglaciaires dans les deux hémisphères. En outre, dans l'hémisphère Nord, il y a eu des événements brutaux de réchauffement, pouvant atteindre 5 °C environ sur des durées de l'ordre de dix ans à peine. Un important effort de recherche vise à comprendre comment de tels changements peuvent se produire ; et l'océan est souvent mis en avant. D'une part, les enregistrements sédimentaires montrent en effet que la température, la salinité ou la production primaire des océans ont varié lors de ces événements, et que ces changements étaient corrélés au volume d'eau piégé dans les calottes glaciaires. D'autre part, il semblait difficile d'imaginer des changements aussi rapides sur les continents. Il est amusant de constater que les paléoclimatologues avaient besoin d'un océan extrêmement réactif pour expliquer leurs observations.

Le scénario imaginé s'appuie sur une description extrêmement schématique du fonctionnement de l'océan aux échelles de temps séculaires, que l'on appelle *conveyor belt* (le « tapis roulant »). L'idée, due à W. Broecker [42], est que l'eau profonde se forme aux hautes latitudes de l'Atlantique nord et s'écoule en profondeur pour revenir à la surface dans les océans Indien et Pacifique. Les eaux reviennent vers l'Atlantique par les détroits d'Indonésie et en contournant l'Afrique. Le changement climatique est alors décrit comme résultant d'une réduction, voire d'un arrêt de la *conveyor belt* à la suite d'un apport d'eau douce à l'Atlantique Nord qui y modifierait la densité de l'eau. La trace d'inondations massives traduisant des fontes brutales des calottes glaciaires est en effet visible sur le continent nord-américain.

Un tel scénario présente bien sûr beaucoup d'attraits. Il prend en compte la vision intuitive que la circulation profonde est dépendante de la formation d'eau profonde dans l'Atlantique Nord et que le transport de chaleur dans cet océan affecte le climat de toute la planète. En outre, il a l'avantage de simplifier notre représentation de l'océan : un seul paramètre critique – le flux de formation d'eau profonde en un point – déterminerait tout le climat.

Savoir si ce scénario est pertinent doit cependant rester soumis à examen critique (Figure 6.4). Il y a tout d'abord la réalité de la dynamique turbulente de l'océan. D'autre part, le transport de chaleur de l'équateur vers les pôles est en réalité effectué à la fois par l'océan et l'atmosphère (Figure 2.2). La part transportée par l'océan est le résultat de l'ensemble des interactions entre l'océan et l'atmosphère, et d'un jeu complexe de courants, de fluctuations méso-échelles et de mélange de masses d'eau. Prévoir comment cet ensemble peut changer lorsqu'on change une contrainte (ici l'apport d'eau douce à l'océan) doit prendre en compte tout cet ensemble.

Des simulations numériques représentant l'océan et l'atmosphère en interaction à l'échelle de temps des paléoclimats ont bien été faites. Beaucoup d'entre elles reproduisent effectivement l'interruption de la *conveyor belt* lorsque de l'eau fraîche est ajoutée à l'océan Atlantique Nord. Cependant, il faut réaliser que ces modèles numériques ne sont pas encore assez réalistes pour qu'on puisse considérer que leurs résultats sont définitifs. Par exemple, leur résolution spatiale est trop faible pour qu'ils représentent les phénomènes de méso-échelle, alors que ces derniers sont critiques pour représenter le Gulf Stream ou les processus de formation des eaux profondes.

En outre, un des résultats les plus fermement établis des modèles de circulation océanique est que le vent est le principal facteur de contrôle du système de courant. C'est en modifiant les vents que l'on obtient le plus facilement des modifications rapides des courants. Les modifications de densité semblent être moins efficaces à cet égard. De plus, tout changement du climat doit s'accompagner de changements importants du régime des vents. Il n'est donc pas possible d'ignorer ces derniers et leurs effets sur l'océan lorsqu'on cherche à expliquer un changement du climat. En somme, il est très difficile de concevoir un changement du climat de l'océan selon un simple raisonnement intellectuel. Il est donc nécessaire de rester prudent quant aux affirmations trop définitives sur les changements de l'océan en fonction de modifications de divers paramètres du climat tant que les modèles numériques ne sont pas plus élaborés qu'ils ne le sont aujourd'hui.

L'apport des modèles numériques

Comme l'océan est un système complexe, il est nécessaire de s'appuyer sur des modèles numériques pour en décrire le fonctionnement. En outre, ce n'est qu'à l'aide de tels modèles que l'analyse des changements futurs peut être faite. Des modèles numériques de l'océan ont été employés pratiquement depuis la Seconde Guerre mondiale. Ils ont gagné en réalisme et en qualité au cours des trente dernières années, au point qu'ils sont utiles à de nombreuses applications pratiques, y compris d'ailleurs pour aider à comprendre les processus climatiques. Néanmoins, leur utilisation aux échelles de temps climatiques soulève encore de nombreux problèmes.

Un modèle numérique de l'océan – et du climat – est en pratique un outil permettant de calculer l'état de l'océan dans le futur à un pas de temps court (de l'ordre d'une heure environ) à partir de l'état initial et des forces qui agissent sur l'océan. En progressant pas à pas, heure par heure, le calcul est reproduit aussi loin dans le temps qu'on le souhaite, ou que le permettent les ordinateurs.

Pour effectuer ce calcul, il est nécessaire de fournir une description initiale de l'océan (vitesse des courants, température, salinité, etc.). Les forces externes incluent les vents, les flux de chaleur, les apports d'eau douce ou l'évaporation et la pression atmosphérique. Un modèle du climat, quant à lui, inclura l'océan et l'atmosphère, mais aussi la cryosphère et des paramètres décrivant les surfaces continentales comme la biosphère ou les eaux de surface. Le forçage du système sera alors le flux de chaleur du soleil. Dans ces conditions, quelle peut être la précision d'une simulation numérique du climat futur ? On peut *a priori* identifier de nombreuses sources d'erreurs, comme l'incertitude sur l'état initial ou sur les forçages. En outre, tout modèle numérique est amené à simplifier les équations décrivant les phénomènes.

Les modèles numériques accumulent ces erreurs diverses au cours du calcul, ce qui se traduit par une perte de précision avec la longueur de la simulation. Le malheur, c'est qu'il est très difficile de savoir comment croît cette incertitude. Les modèles numériques du climat produisent des résultats très intéressants – par exemple des changements des grands courants océaniques. Il reste néanmoins difficile de savoir quels sont les phénomènes qui sont physiquement réalistes et de distinguer ceux qui sont des artifices induits par la propagation des incertitudes.

Afin de traiter cette question, les modélisateurs du climat utilisent plusieurs méthodes. Par exemple, les calculs sont effectués à partir d'un ensemble de conditions initiales représentant leurs incertitudes. Souvent, le calcul est effectué à partir d'un ensemble de modèles numériques dont les simplifications ou les algorithmes diffèrent les uns des autres. Ces approches permettent de fournir un ensemble de prédictions, et donc une estimation des résultats les plus « robustes ». Il y a malgré tout des limites à cette démarche. D'une part, le coût de calcul est extrêmement élevé. D'autre part, beaucoup de modèles numériques utilisent les mêmes simplifications pour représenter les équations ou les processus naturels. Ce qui fait qu'il faut continuer à s'interroger sur la fiabilité de ces simulations.

Les impacts du changement climatique : l'exemple de l'élévation du niveau de la mer

Tout changement de l'océan a un effet potentiellement important sur tout le système Terre. L'un des plus frappants est celui de l'étendue des glaces de mer en Arctique : l'observation de celle-ci se fait par satellite, quasi journellement depuis plus de trente ans. On observe que cette étendue s'est réduite très régulièrement de près de 8 % par décennie, en été. On observe par ailleurs des changements de la géochimie des océans, ou des écosystèmes marins.

Toutes ces observations soulèvent des questions analogues : quelle est la fiabilité de la mesure ? L'échantillonnage est-il suffisant pour détecter un changement planétaire ? Quelle est la cause du phénomène ? Observe-t-on une variation naturelle ou un effet anthropique ? Comment le phénomène évoluera-t-il au cours des prochaines décennies ? À titre d'illustration des problèmes qui se posent, examinons ici le cas de l'élévation du niveau des mers (voir par exemple [43]) ; en effet, cette élévation a potentiellement des effets économiques et politiques majeurs le long des côtes.

Le niveau moyen des mers s'est élevé de 130 mètres à la fin de la dernière période glaciaire, il y a environ 13 000 ans ; cela a été la conséquence de la fonte des calottes de l'hémisphère Nord. Comme la planète se réchauffe, on peut s'attendre à la fonte des glaciers alpins ou andins, ou à celle d'une partie des calottes du Groenland ou de l'Antarctique. En outre, si l'océan lui-même se réchauffe, ses eaux vont se dilater, ce qui contribuera à une élévation du niveau de la mer.

Quel est l'effet actuel et comment l'observer ? Historiquement, on suit le niveau de la mer à l'aide des marégraphes. Et effectivement, ces données indiquent que le niveau de la mer s'est élevé de 1,8 millimètre par an entre 1900 et 1990. Cependant, les marégraphes ne mesurent qu'un effet relatif et local. Il faut tout d'abord s'assurer que c'est la mer qui monte et non le sol qui descend (par exemple parce qu'on a pompé localement du pétrole dans le sous-sol) et corriger les mesures en conséquence [44]. En outre, comme il n'y a qu'une vingtaine de marégraphes qui fournissent des mesures régulières depuis plusieurs décennies, il faut s'interroger sur la qualité de l'échantillonnage. Ces marégraphes sont en effet principalement répartis dans l'hémisphère Nord, si bien que leur mesure n'est significative que si le phénomène océanique est à peu près homogène sur notre planète.

Les satellites altimétriques dont les données sont disponibles depuis 1992 ont fourni un échantillonnage pratiquement global et uniforme. L'élévation ainsi observée entre 1992 et 2005 est de 3,1 ± 0,4 mm/an. La Figure 6.5 établie par A. Cazenave et S. Nerem [45] montre la répartition de ces variations dans l'océan. Ce qui frappe dans cette carte, c'est sa grande hétérogénéité. On y observe des zones entières où le niveau de la mer a en réalité baissé de façon importante. Aussi, la question de la qualité de l'échantillonnage par les marégraphes est-elle clairement posée. En outre, l'impact d'une variation du niveau de la mer ne sera clairement pas le même dans une zone de forte élévation, comme dans l'Atlantique Nord ou l'ouest du Pacifique, ou au contraire dans une zone où le niveau baisse comme dans le nord-ouest de l'océan Indien.

Mais est-ce que ces différences géographiques vont persister à l'avenir ? Pour répondre à cette question, il faut déterminer la cause exacte de l'élévation du niveau de la mer : est-elle due à une élévation des océans ou à l'apport d'eau douce ? Déterminer l'effet de la température semble *a priori* assez simple : il faut mesurer la température des eaux à deux dates données et faire la différence. Le problème est que l'océan est profond (3 800 mètres en moyenne) et qu'il est grand. Le nombre des données disponibles est encore faible et leur répartition hétérogène : il y en a peu dans l'hémisphère Sud, ou en profondeur. Cette analyse apparemment simple fait en réalité l'objet de maintes controverses.

L'analyse des données de température sur la période 1993-2005 produit une carte de dilatation ou de contraction du niveau de la mer qui ressemble beaucoup à celle de la Figure 6.5. De plus, la moyenne globale se traduit par une élévation approximativement égale à 60 % de la valeur altimétrique. Ainsi les variations du niveau des mers sur cette période traduiraient essentiellement (mais pas uniquement) une dilatation des océans et une hétérogénéité du stockage de chaleur par l'océan. Cette analyse des températures peut être étendue sur environ cinquante ans. Pour la période allant de 1950 à 1998, l'élévation par dilatation thermique serait de 0,1 ou 0,2 millimètre par an seulement, selon les analyses les plus récentes. Pour expliquer l'observation des marégraphes, il faudrait alors un apport d'eau douce important. De plus, cet effet masque en réalité des périodes de dilatation accélérée, en moyenne sur dix ans, et des périodes de contraction du niveau moyen des mers. Aussi, rien ne dit que l'élévation rapide des dernières années va se poursuivre dans les prochaines décennies.

À ce stade, on peut conclure que les données historiques, qu'elles soient celles des marégraphes ou celles de température et de salinité, posent de nombreux problèmes d'échantillonnage et qu'on ne dispose pas d'une information complètement fiable sur le niveau de mer étendue sur plusieurs décennies.

Le futur

L'océan est une composante essentielle du système climatique, parce qu'il stocke et transporte de la chaleur, de l'eau ou du carbone. On sait qu'il change de façon complexe. Cependant, ce n'est que depuis 1992 que l'on dispose des outils d'observation permettant d'en décrire la circulation et ses fluctuations. De plus, il reste difficile de savoir si les modèles numériques du climat, même les plus sophistiqués d'entre eux, sont capables d'en prévoir l'évolution à long terme de façon fiable.

On peut affirmer sans risque que l'océan continuera de changer au cours des prochaines décennies. Que certains de ces changements soient une conséquence d'effets anthropiques est une possibilité, si bien que ces changements vont peut être s'amplifier dans le futur. Ces changements ont des impacts immédiats (comme l'élévation du niveau des mers ou la réduction des glaces de mer en Arctique) ; ils auront aussi des impacts futurs comme le changement de l'absorption du gaz carbonique par l'océan, la fréquence des phénomènes extrêmes ou des effets sur les écosystèmes marins. La possibilité existe que des changements de nature catastrophique aient lieu (comme l'interruption de la formation des eaux profondes dans l'océan Atlantique), mais de tels phénomènes ne doivent pas être le souci dominant : des changements lents et non catastrophiques, quand ils se poursuivent pendant des décennies, peuvent avoir des effets sociétaux aussi importants que des phénomènes catastrophiques. L'homme vit essentiellement près des côtes, et son économie est très dépendante des activités maritimes, du climat ou des ressources océaniques ; il ne peut donc ignorer ces changements océaniques et doit chercher à anticiper les changements futurs.

Toute discussion des politiques publiques des prochaines décennies doit prendre en compte cette possibilité. Cependant, la complexité de l'océan est telle que les scientifiques ne peuvent pas émettre d'affirmation en ce qui concerne ses changements passés ou futurs, et cette incertitude demeurera pendant de nombreuses années. Les scientifiques ne peuvent formuler à ce sujet que des expertises, c'est-à-dire des opinions basées sur leurs connaissances du moment. Prendre des décisions publiques en présence d'incertitudes importantes n'est cependant ni exceptionnel ni infaisable.

Que faut-il faire pour que les futures générations puissent prendre des décisions sur des bases plus solides ? Il faut en effet faire en sorte que nos successeurs soient capables d'annoncer comment et pourquoi l'océan a changé. On doit tout d'abord maintenir et développer le système actuel d'observation de l'océan ; cela concerne tout particulièrement les satellites altimétriques de précision, et des systèmes d'observation *in situ* analogues au système des profileurs Argo. De plus, on doit poursuivre le développement et le test systématique des modèles numériques de l'océan et du climat, de sorte que leur fiabilité soit améliorée et connue quantitativement. Il faut pour cela des ressources informatiques plus puissantes. De façon plus générale, il faut que chacun ait une meilleure appréhension de l'importance et de la difficulté à connaître l'océan.

Les auteurs

JEAN-FRANÇOIS MINSTER a dirigé le laboratoire de géophysique et d'océanographie spatiales de Toulouse (Legos), puis l'Institut national des sciences de l'Univers du CNRS, et a été président-directeur général de l'Ifremer. Il est actuellement directeur scientifique de Total.

CARL WUNSCH est professeur titulaire de la chaire Cecil et Ida Green d'océanographie du MIT. Il a participé au développement et à l'utilisation de l'altimétrie satellitaire, de la tomographie acoustique, des méthodes inverses, et a pris part à l'expérience mondiale sur la circulation de l'océan (Woce).

*

Pour en savoir plus (en français)

Minster, J.-F., 1997. *La Machine océan*, Paris, Flammarion, 298 p.
Merle, J., 2006. *Océan et climat*, Paris, IRD Éditions, 222 p.
Voituriez, B., 2006. *Le Gulf Stream*, Paris, Éditions Unesco, 210 p.

Pour en savoir plus (en anglais)

Philander, S. G., 1998. *Is the Temperature Rising ? The Uncertain Science of Global Warming*, Princeton, N. J., Princeton University Press.
Open University Course Team, 2001. *Ocean Circulation* (2e édition), Butterworth-Heinemann, Oxford, 286 p.
Houghton, J. T., 2004. *Global Warming : The Complete Briefing*, Cambridge, Cambridge University.

Chapitre 7

GLACE ET CLIMAT

par Frédérique Rémy et Raymond C. Smith

> « Vous connaissez l'Angleterre ; y est-on aussi fou qu'en France ? C'est une autre espèce de folie, dit Martin. Vous savez que ces deux nations sont en guerre pour quelques arpents de neige vers le Canada... »
>
> Voltaire, *Candide ou l'Optimisme.*

> « *Generations of men establish a growing mastery over the earth, but they are destined to become fossils in its soil.* »
>
> W. & A. Durant.

La cryosphère

La cryosphère comprend les différentes parties de la Terre dont la température est inférieure à 0 °C, du moins une partie de l'année. Ici, nous nous intéresserons surtout à la glace de mer, fine pellicule d'eau gelée, permanente ou saisonnière, et aux glaciers continentaux, immenses réservoirs de glace, essentiellement situés aux pôles ou à haute altitude. Les dimensions spatio-temporelles de ces composantes sont très diverses, du kilomètre à l'échelle continentale et de la saison au millénaire, voire plus.

La glace continentale est le premier réservoir terrestre d'eau douce. L'Antarctique, un continent de 15 millions de km² recouvert d'une couche de glace pouvant atteindre 4 000 mètres d'épaisseur, contient avec ses 30 milliards de km³ de glace, 90 % des glaces terrestres. Le Groenland est dix fois moins étendu, et tous les glaciers continentaux réunis sont dix fois plus petits que le Groenland. Toutefois, ces glaciers sont très nombreux, très bien répartis sur la Terre, et constituent donc de très bons indicateurs climatiques terrestres.

Dans l'océan Arctique, la mer gèle sur une surface variant de 8 millions de km² en été à 15 millions de km² en fin d'hiver. Dans l'océan austral, ces variations sont encore plus importantes, allant d'environ 4 millions de km² en été à près de 20 millions de km² à la fin de l'hiver austral.

Les zones polaires font partie de la machine thermique terrestre, dans laquelle la chaleur déposée aux basses latitudes équilibre celle perdue aux hautes latitudes à travers la circulation atmosphérique et océanique. Glaces continentales et glaces de mer agissent de manière distincte sur le climat. La fonte des glaces continentales participe à l'élévation du niveau de la mer, au contraire de celle des glaces de mer, qui, en revanche, contribuent fortement aux variations climatiques au travers de leur fort pouvoir réfléchissant. Voyons cela plus en détail.

Une relation étroite
entre glace et climat

Neige, glace et climat sont étroitement liés par des phénomènes de rétroaction et varient de concert, mais avec des temps de réponses extrêmement variés.

Tout d'abord, les glaces de mer sont à la fois un indicateur très sensible et un acteur efficace des fluctuations climatiques. Elles isolent l'océan des échanges de chaleur avec l'atmosphère et modifient donc la température, mais aussi l'humidité et la salinité de l'océan, et par conséquent la circulation océanique et atmosphérique. Leur pouvoir réfléchissant (albédo) est tel que 90 % de l'énergie solaire retourne vers l'espace, contre seulement 30 % pour un océan libre de glace. La moindre variation de leur étendue affecte le climat ainsi que l'environnement, non seulement physique mais aussi biologique, les glaces de mer constituant un habitat privilégié des écosystèmes locaux. La réaction de la glace de mer au réchauffement climatique est un élément capital du changement climatique, tant les altérations climatiques y ont un impact important en termes de rétroaction, et de conséquences écologiques ou sociales.

Ensuite, les glaciers et les calottes polaires sont d'immenses réservoirs de glace dont le volume est régi par l'équilibre entre la quantité de neige qui s'y dépose et celle qui disparaît par fonte ou par écoulement. Pour les glaciers de montagne, la neige tombe surtout à haute altitude dans une zone dite d'accumulation, se transforme en glace au fur et à mesure de son enfouissement, et s'écoule vers l'aval principalement sous l'effet de la gravité. En dessous d'une certaine altitude, la température est telle que la neige fond plus vite qu'elle ne se dépose et le glacier perd du volume. Si les glaciers arrivent jusque dans les vertes vallées, comme s'en étonnaient les naturalistes du XVIIIe siècle, c'est donc à cause de l'écoulement de la glace. La limite entre les deux zones, la ligne d'équilibre, s'étage de 5 000 à 6 000 mètres d'altitude pour les glaciers des tropiques, au niveau de la mer pour les glaciers polaires. Ainsi, dans certains cas, notamment pour les calottes polaires du Groenland et de l'Antarctique, la glace s'écoule jusqu'au bord de mer. Les glaciers de montagne perdent la plus grande partie de leur masse par fonte ; le Groenland, moitié par fonte et moitié par écoulement dans la mer. En revanche, le climat de l'Antarctique est tel que la perte a lieu quasi intégralement par écoulement d'icebergs dans la mer.

La quantité de neige déposée, la fonte et l'écoulement de la glace dépendent tous trois des conditions climatiques. Le réchauffement climatique intensifie le cycle hydrologique, l'air chaud pouvant contenir plus d'humidité que l'air froid. De façon paradoxale, le réchauffement climatique conduit donc à une augmentation simultanée des chutes de neige et de la fonte de la neige.

La dynamique glaciaire, qui contrôle l'écoulement de la glace, dépend aussi des conditions climatiques. Tout d'abord, elle s'adapte à la forme du glacier, pente de surface et épaisseur, si bien que les fluctuations induites par les changements de forçage climatique ont, à leur tour, un rôle sur l'évolution du glacier. Par ailleurs, l'écoulement de la glace augmente avec la température, mais la glace étant un bon isolant thermique et la déformation se faisant essentiellement à la base du glacier ou de la calotte, la réponse est retardée. Par exemple, la vague de chaleur du réchauffement climatique, correspondant à notre période climatique actuelle, qui a eu lieu il y a environ 15 000 ans n'a toujours pas atteint les couches les plus profondes de l'Antarctique. Le centre du continent vit donc toujours à l'ère glaciaire.

Autant les taux d'accumulation de neige et la fonte suivent de près les variations climatiques, autant les vitesses d'écoulement et la forme de ces masses de glace réagissent très lentement au climat, de quelques années après pour un glacier continental à quelques dizaines de milliers d'années après pour l'Antarctique. La santé de ces réservoirs glaciaires dépend de l'histoire du climat du dernier millénaire jusqu'à aujourd'hui.

Que savons-nous de l'état de la cryosphère ?

Depuis quelques décennies, la télédétection par satellite nous offre une vision tout à fait nouvelle de l'évolution de la cryosphère. En effet, l'accès à ces régions polaires ou de haute montagne, leur taille et les conditions climatiques qui y règnent, entravent fortement leur observation *in situ*. Des satellites équipés de radiomètres détectent, depuis les années 1970, l'étendue des glaces de mer, dès que la surface observée contient au moins 15 % de glace. Nous pouvons donc comparer les fluctuations spatio-temporelles de ces glaces à celles du climat. En revanche, la télédétection des calottes polaires n'a réellement commencé qu'avec le lancement en 1991 du satellite ERS-1 par l'Agence spatiale européenne. Nous disposons notamment d'observations par radar de la topographie et de la vitesse d'écoulement de ces calottes polaires. Plus récemment, les nouvelles mesures par la mission Grace de la partie variable du champ de gravité offrent aussi un suivi de l'évolution des masses glaciaires.

La télédétection des glaciers continentaux, beaucoup plus petits, reste encore limitée à l'imagerie à haute résolution, telle celle fournie par les satellites Spot du Cnes. Le retrait des glaciers commence donc seulement à pouvoir être mesuré avec précision.

GLACES DE MER

Au contraire des calottes polaires, quelques données *in situ* sur l'étendue des glaces de la mer Arctique existent depuis le début du siècle dernier, offrant dans certains cas près d'un siècle de mesures continues. En revanche, l'épaisseur des glaces de mer, paramètre tout aussi important que l'étendue, reste encore très difficile à mesurer sur le terrain ou depuis l'espace. De plus, les vents, les courants ou la variabilité saisonnière rendent l'étendue de ces glaces, leur épaisseur ou la fraction de glace effective extrêmement fluctuantes, si bien que l'analyse de séries temporelles longues et homogènes est nécessaire pour extraire la moindre tendance avec confiance. Des mesures sous-marines à partir de sonar, effectuées au centre de l'océan Arctique de 1987 à 1997 [46, 47], semblent montrer que l'épaisseur des glaces de mer a diminué durant cette période. La diminution de leur volume total serait comprise entre 16 et 25 %. Cependant, aucune information n'existe en ce qui concerne la variation d'épaisseur des glaces de mer périphériques, celles qui disparaissent pendant l'été boréal, ainsi que celles de l'hémisphère austral.

Dans l'océan Austral, autour de l'Antarctique, l'étendue globale des glaces de mer mesurée de l'espace augmente très légèrement, en moyenne de 0,8 % par décennie. En moyenne, car localement certaines régions australes connaissent aussi une diminution significative. Ainsi, près de la péninsule, la température a augmenté de 6 °C depuis 1950, sept plates-formes de glace flottante ont disparu, 87 % des glaciers reculent, et la durée pendant laquelle la mer gèle a diminué d'une quarantaine de jours en quelques décennies à peine.

En revanche, l'évolution des glaces de mer dans l'Arctique depuis quelques années est inquiétante. Leur étendue en fin d'été, en septembre, ne cesse de battre des records à la baisse. Elle s'est réduite en vingt-cinq ans de près de 8 % par décennie [48], passant de 7,5 millions à 5,5 millions de km² (Figure 7.1). Cette impressionnante diminution est sans équi-valent à l'échelle historique. Il semble désormais acquis que ce minimum sort des limites raisonnables des fluctuations naturelles et s'explique au moins en partie par les rétroactions de la glace sur le climat. La couver-ture des glaces de mer arctiques est à leur plus bas niveau depuis plus d'un siècle, et commence donc à montrer la signature du réchauffement anthropique actuel. Dans un autre rapport [49], il est suggéré que « le système arctique évolue vers un nouvel état hors de l'enveloppe de l'his-toire récente de la Terre. [...] Ce changement semble largement induit par un réchauffement global accentué par des rétroactions positives ».

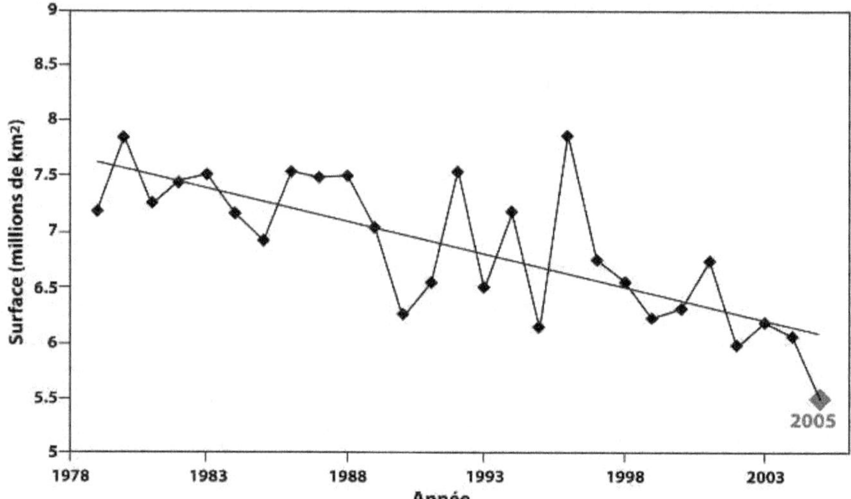

Figure 7.1. Étendue des glaces de mer au mois de septembre, de 1978 à 2005, à partir d'observations par satellite. La diminution régulière, matérialisée par la ligne droite, est estimée à 8 % par décennie (Boulder, CO, National Snow and Ice Data Center).

GLACIERS DE MONTAGNE

Qui n'a pas entendu un montagnard se plaindre du recul des glaciers de montagne ? À quelques exceptions près, la majorité des glaciers recu-lent dans les Alpes, en Himalaya, en Islande, dans les massifs andins, au cœur de l'Arctique ou en Patagonie... Cependant, il ne faut pas oublier qu'une cinquantaine de glaciers seulement sur plus de cent mille font l'objet de mesures régulières de terrain. Parmi eux, les glaciers alpins étu-diés depuis le début du XXe siècle ont marqué un premier recul dans les années 1940 à la suite d'une série d'hivers peu enneigés et d'étés chauds, et un second recul depuis les années 1980 provoqué par l'augmentation de leur fonte estivale. Les observations par satellite permettent, depuis à peine quelques années, d'observer l'évolution du volume des glaciers, mais aussi de leur vitesse d'écoulement. Actuellement, la seule augmentation de la fonte n'explique pas totalement les pertes d'épaisseur des glaciers : le glacier a sa propre réaction, il se déforme et se replie en altitude. Depuis 2000, l'augmentation du niveau de la mer due aux glaciers de montagne est estimée entre 0,6 et 0,8 millimètre par an, soit deux fois plus que leur contribution moyenne des cinquante dernières années. Ce chiffre pourrait encore augmenter dans les prochaines décennies. Les glaciers continentaux se jetant dans la mer sont les plus sensibles au réchauffement, car ils subissent à la fois l'augmentation des températures de l'atmosphère et celles de la mer. Il s'agit essentiellement des glaciers de Patagonie qui représentent à eux seuls 10 % de l'apport total des glaciers.

Les mécanismes en cause
dans les changements de la cryosphère

La diminution avérée des glaces de mer, en dépit de leur situation polaire, influence l'ensemble du climat global. En effet, la glace a un fort pouvoir réfléchissant surtout lorsqu'elle est recouverte de neige, si bien qu'elle refroidit son environnement, assurant ainsi la présence de glace. Au contraire, l'océan « déglacé », comme la terre boréale « déneigée », absorbe beaucoup plus le rayonnement solaire – d'un facteur 4 ou 5 – et se réchauffe. La diminution des glaces de mer, comme celle de la neige continentale, participe donc à son tour au réchauffement planétaire. Cet enchaînement déglacement-réchauffement peut, à terme, déstabiliser les glaces de mer. Clairement, il participe déjà au réchauffement polaire, le plus net enregistré sur Terre : l'augmentation des températures arctiques sur un siècle est de 3 °C, pour 0,6 °C en moyenne sur la Terre.

Tous les modèles globaux, qui simulent en même temps l'évolution de l'atmosphère, de l'océan, des glaces et des surfaces terrestres, s'accordent pour prédire un réchauffement rapide en Arctique. En revanche, l'Antarctique, en dehors de sa péninsule, répond plus lentement [3] à cause du vaste océan austral qui l'entoure et l'isole du reste du monde. Selon certains auteurs [50], le refroidissement de surface en Antarctique est cohérent avec les modifications de la circulation annulaire australe. Le trou d'ozone antarctique et l'accroissement des gaz à effet de serre peuvent y avoir contribué. Ce refroidissement antarctique pourrait alors s'inverser quand l'ozone stratosphérique sera rétabli vers le milieu du siècle, ramenant le climat régional au schéma du réchauffement global.

Un autre phénomène amplificateur, associé au couvert neigeux, est lié à la pollution, par dépôt de suie sur la surface de la neige, qui réduit son albédo, d'autant plus que la fonte de la neige concentre la suie, ce qui conduit à un réchauffement accru. À partir de l'évaluation de quinze modèles couplant l'atmosphère, l'océan, les glaces de mer et les continents, on a pu estimer [51] l'amplification de la couverture de neige polaire, qui semble faiblement corrélée à l'enneigement continental et à l'étendue des glaces de mer. Ces modèles globaux tendent à relativiser le rôle de la neige des grandes plaines boréales.

Un autre processus de rétroaction touche la circulation océanique dite thermohaline, c'est-à-dire le mouvement à trois dimensions des masses d'eau, les plus lourdes (froides et salées) plongeant en profondeur, les plus légères (chaudes et peu salées) remontant en surface. Le réchauffement produit un apport d'eau arctique douce et froide qui modifie la stratification de l'océan Atlantique Nord, et ralentit cette circulation [52]. L'altération du transport de chaleur par l'océan vers le pôle influe sur l'étendue des glaces de mer et sur la température de l'atmosphère, ce qui contribue encore à l'amplification polaire (voir Chapitre 6).

Le changement climatique modifie aussi la couverture nuageuse, ce qui a, comme on le sait, des effets contraires sur le climat, puisqu'elle agit comme un gaz à effet de serre mais aussi comme un isolant du soleil (effet dit « parasol »). Au contraire des autres latitudes où les effets se combinent, durant l'hiver polaire sans soleil, seul l'effet de serre des nuages joue, l'effet parasol étant évidemment inexistant. Les hivers polaires se réchauffent encore plus vite que les étés. Ici aussi, la rétroaction est donc positive.

Pour finir, le réchauffement des zones arctiques pourrait provoquer un relâchement de gaz à effet de serre supplémentaire, comme le méthane, stocké dans les sols gelés des plaines boréales. Ceci participerait encore fortement au réchauffement climatique.

Les études citées, parmi bien d'autres (voir Chapitre 9), insistent sur la complexité des mécanismes qui contribuent à l'amplification polaire. Le bilan des rétroactions positives et négatives est tel que l'on ne peut malheureusement que prévoir une accélération de la perte de glace et de l'élévation conséquente du niveau de la mer.

GLACES CONTINENTALES

La conséquence majeure en ce qui concerne la fonte des glaciers et des calottes polaires se pose en termes d'élévation du niveau de la mer. Pour le moment, les deux principales calottes polaires sont donc relativement stables et leur contribution à l'élévation de la mer reste faible. Cependant, la connaissance des climats et du niveau de la mer passés nous incite à appréhender différemment la vulnérabilité potentielle de ces calottes. En effet, la température moyenne en 2100 pourrait atteindre celle d'il y a 130 000 ans ; or à l'époque le niveau de la mer était supérieur de plusieurs mètres à cclui d'aujourd'hui, les deux calottes polaires étant plus petites.

La rupture d'une importante plate-forme de glace de la pointe de la péninsule Antarctique, qui semble être sans précédent depuis le début de l'Holocène, notre période climatique actuelle, montre que la limite climatique de la stabilité des plates-formes de glaces flottantes se rapproche des pôles. Or ces plates-formes terminales constituent plus de 80 % du pourtour antarctique et dans certains cas « retiennent » les glaces en amont. Leur rupture prématurée peut, à son tour, provoquer une augmentation des pertes de glace par écoulement en amont.

Par ailleurs, quelques observations récentes suggèrent que les changements de la cryosphère peuvent être plus rapides que ceux prédits par les modèles, en témoigne l'accélération de certains glaciers côtiers du Groenland ou celle des glaciers se jetant dans la mer. Pour le moment, l'évolution des glaciers et des calottes polaires peut être expliquée essentiellement par le forçage climatique actuel. Cependant, de façon plus ou moins prononcée en fonction des glaciers, l'écoulement de la glace commence aussi à être affecté et à s'accélérer. Déjà, dans le meilleur des cas, l'inertie de ces modifications entraînera des retraits persistants indépendamment de l'évolution climatique à venir. Par ailleurs, l'augmentation des vitesses de la glace du Groenland et de la partie ouest de l'Antarctique échauffe les couches inférieures de la glace par dissipation thermique. Celles-ci, plus chaudes, s'écouleront plus vite et potentiellement peuvent s'emballer.

Cet apport d'eau douce à l'océan n'est pas sans conséquence : outre l'élévation supplémentaire du niveau de la mer, il ne faut pas négliger le risque de ralentir la circulation océanique dont l'impact est difficile à prédire. Pour un scénario modéré d'évolution climatique, on s'attend à une élévation moyenne du niveau de la mer de 50 centimètres d'ici la fin du siècle avec une marge d'erreur de près de 40 centimètres essentiellement due au comportement des calottes polaires du Groenland et de l'Antarctique.

Tous les mécanismes décrits ici expliquent l'amplification de l'altération climatique aux pôles. Ils illustrent aussi la complexité de la réponse des glaces.

Les impacts sociétaux

Les glaciers jouent un rôle considérable dans la régulation de l'eau en amortissant les fluctuations saisonnières des torrents et des rivières. Plus d'un milliard d'humains dépendent de l'eau des glaciers pour l'agriculture, l'irrigation ou les ressources hydroélectriques. Actuellement, la ressource en eau des glaciers augmente, mais il est clair qu'elle est amenée à se réduire, voire à disparaître à terme dans certaines zones. Par exemple, des régions himalayennes, andines ou chinoises pourraient faire face à de sérieuses pénuries dans les années qui viennent. Des scénarios prévoient de façon certes marginale mais potentiellement inquiétante, une augmentation des risques sismiques ou volcaniques dans ces régions stabilisées d'un point de vue tectonique par le poids de la glace, comme par exemple en Islande où ce risque est pris très au sérieux.

Le recul des glaciers et des calottes polaires contribue, à raison de 1 millimètre par an – et contribuera probablement encore plus dans le futur –, à l'élévation du niveau marin avec tous les impacts sociétaux directs que l'on connaît (voir Chapitre 6). Par ailleurs, comme nous l'avons mentionné, l'apport d'eau douce peut modifier la circulation océanique et donc les courants et le climat local. Les conséquences exactes d'une telle perturbation sont relativement mal connues.

Le Chapitre 9 de ce livre décrit plus en détail l'impact des modifications climatiques, actuelles et futures, sur l'environnement arctique ainsi que les conclusions du rapport Acia (Arctic Climate Impact Assessment) [53] d'un groupe international chargé d'analyser et d'évaluer l'impact du réchauffement climatique en Arctique.

Dans les régions dominées par la neige, le changement climatique va bouleverser le cycle hydrologique. Les régions qui dépendent de la fonte des neiges et des glaces pour leur alimentation en eau douce sont particulièrement vulnérables, avec des implications à long terme en matière de sécurité alimentaire et de viabilité des écosystèmes locaux. Selon [28], « plus d'un sixième de la population de la Terre est dépendant des glaciers et du pack de neige saisonnier pour la fourniture d'eau ». Les conséquences touchent à la diminution de la ressource en eau potable, la rupture du régime agraire et les pertes de récolte, le déplacement de population, etc.

Tous les écosystèmes des zones polaires sont très affectés par le changement climatique. Les cycles de vie animale et végétale sont en phase avec le rythme saisonnier des glaces de mer. La moindre altération de la température, de la couverture nuageuse ou des radiations modifie le nombre de jours de gel. Les glaces qui apparaissent de plus en plus tard et se retirent de plus en plus tôt raccourcissent la saison de la chasse ou de la pêche et perturbent la reproduction animale déjà affaiblie. Le problème est pire encore pour les écosystèmes marins dont le milieu même évolue. L'impact sociétal est donc énorme. À cette modification de l'environnement s'ajoute une augmentation de la variabilité climatique : le temps devient de moins en moins prévisible par des outils traditionnels. Il ne faut pas oublier que ces sociétés restent encore très perturbées par les bouleversements sociaux et culturels vécus il y a quelques décennies. Ces bouleversements, auxquels s'ajoute aujourd'hui celui de leur environnement, rendent l'adaptation encore plus difficile.

Conclusion :
comment mieux appréhender le futur ?

Recul des glaciers continentaux, accélération des vitesses d'écoulement de la glace à la côte pour les calottes polaires, débâcle des glaces flottantes, diminution de l'épaisseur et de l'étendue des glaces de mer... autant de preuves du réchauffement climatique polaire. D'après les modèles, les données instrumentales ou les reconstitutions climatiques, les températures actuelles sont les plus chaudes jamais enregistrées depuis au moins trois cents ans. Les glaces de mer Arctique et les glaciers polaires en subissent clairement les conséquences quantifiées depuis le lancement des premiers satellites.

Même si, comme nous venons de le voir, beaucoup de processus sont compris et bien modélisés, il reste nombre de questions et d'incertitudes sur l'agencement et l'imbrication exacts de ces différents processus. Il faut continuer à collecter des observations de plus en plus précises et à développer des modèles de plus en plus sophistiqués, notamment pour mieux décrire et comprendre la variabilité climatique de ces zones. Modélisations et observations doivent progresser de concert.

Citons de manière non exhaustive quelques lacunes : le manque de données de terrain dans l'hémisphère Sud, une médiocre compréhension de tous les mécanismes de rétroaction, une compréhension largement insuffisante du comportement des plates-formes de glace flottantes et du rôle de l'océan dans leur fonte, une connaissance incomplète de la dynamique des calottes polaires et de leurs mécanismes internes de rétroaction, une utilisation peu exploitée des informations du passé...

Donnons deux exemples plus concrets, en ce qui concerne le besoin d'observation et de modélisation, qui illustrent au mieux nos limites actuelles.

Tout d'abord, l'épaisseur des glaces de mer (tout comme celles des glaces continentales) n'est quasiment pas connue. Les mesures par sonar n'en donnent qu'un aperçu ponctuel. C'est pourtant ce paramètre qui nous renseignerait sur l'état de santé exact des glaces de mer et permettrait de mieux contraindre les modèles. L'Agence spatiale européenne lancera d'ici quelques années CryoSat [54], un satellite entièrement dédié au suivi des glaces de mer, dont il donnera pour la première fois une estimation correcte. Par ailleurs, il permettra aussi la cartographie de la topographie des zones côtières du Groenland et de l'Antarctique, non accessible à l'heure actuelle par les moyens conventionnels.

Ensuite, la spécificité de la dynamique des glaciers et des calottes polaires est encore très mal prise en compte dans les modèles. Les estimations précises de la topographie de surface de l'Antarctique ont permis récemment de déduire les vitesses d'écoulement de la glace. La vision d'un écoulement lent et (donc ?) spatialement régulier s'est alors profondément modifiée. En effet, la majorité de la glace semble s'écouler par le biais de quelques grands fleuves de glace, perceptibles jusqu'à plusieurs centaines de kilomètre à l'intérieur de la glace (Figure 7.2). La réaction dynamique du continent est manifestement fortement contrôlée par celle de ces grands glaciers dont la taille est inférieure au maillage des modèles utilisés pour appréhender le futur. Or diminuer la maille d'un modèle, mis à part les problèmes numériques inhérents, modifie aussi la physique et les forçages à prendre en compte !

Les auteurs

FRÉDÉRIQUE RÉMY, directeur de recherche au CNRS, dirige l'équipe « Cryosphère » du Laboratoire d'études en géophysique et océanographie spatiales (Legos) de l'Observatoire Midi-Pyrénées, à Toulouse. Elle est spécialiste de la télédétection des calottes polaires et des glaciers.

RAYMOND C. SMITH a été professeur au département de géographie de l'Université de Californie à Santa Barbara. Il a dirigé un programme international de recherche sur l'environnement marin en Antarctique. Il a été le directeur fondateur de l'Icess (Institute for Computational Earth System Science). La Société américaine d'océanographie lui a décerné le prix Jerlov.

*

Pour en savoir plus

André, M.-F., 2005, *Le Monde polaire – Mutations et transitions*, Paris, Éditions Ellipses.

Rémy, F., 2003, *L'Antarctique, la mémoire de la Terre vue de l'espace*, Paris, CNRS Éditions.

Zryd, A., 2001, *Les Glaciers*, Saint-Maurice (Suisse), Éditions Pillet.

Chapitre 8

LE CYCLE GLOBAL DU CARBONE

par Philippe CIAIS et Berrien MOORE III

« Les forêts précèdent les peuples, les déserts les suivent. »

François René de CHATEAUBRIAND.

« When one tugs at a little thing in nature,
he finds it attached to the rest of the world. »
John MUIR.

Introduction :
« Poussière tu es, à la poussière tu retourneras »

Les atmosphères des planètes qui reçoivent un flux incident d'énergie solaire connaissent un recyclage de l'énergie, qui prend l'aspect d'un transfert de matière à partir des formes à bas potentiel chimique vers des formes à haut potentiel. Quand la vie est présente, ce cycle géochimique peut suivre un autre chemin : les constituants chimiques de base de la matière organique, le carbone, l'azote, l'oxygène, le phosphore et le soufre, parcourent un cycle dans lequel les molécules augmentent leur état d'énergie lorsqu'elles s'intègrent dans les tissus vivants et diminuent leur état d'énergie lorsqu'ils se décomposent. On parle alors de cycles biogéochimiques. Le déséquilibre biogéochimique observé sur la Terre est la preuve d'une planète vivante. C'est aussi l'illustration de la phrase bien connue : « Poussière tu es, à la poussière tu retourneras » (Genèse III, 19).

L'importance du rôle des systèmes vivants dans les cycles géochimiques de la Terre est une découverte relativement récente. La prise en considération des contrôles biotiques sur les cycles biogéochimiques et donc sur le système climatique (puisque les gaz à effet de serre sont des variables d'état dans ces cycles) est maintenant un élément central de notre compréhension du « métabolisme de la planète », incluant la composition et les contrôles agissant sur l'atmosphère, les océans et les sédiments de surface. Les états dynamiques des cycles biogéochimiques sont les conséquences d'une myriade de processus agissant à toutes les échelles de temps et d'espace. En l'absence de perturbations, ces processus définissent un cycle naturel pour chaque élément avec un équilibre approximatif entre les sources et les puits, d'où résulte, du moins aux échelles de temps inférieures au millénaire, un état quasi stationnaire.

Depuis les temps anciens, les humains modifient les cycles biogéochimiques et perturbent ainsi le proche environnement. Cependant, depuis le début de la révolution industrielle, l'activité humaine a commencé à changer l'environnement à des échelles de plus en plus grandes. Des preuves accablantes montrent maintenant que l'homme a significativement altéré les cycles biogéochimiques à des niveaux régionaux, continentaux et planétaires [6]. Ces cycles sont maintenant très éloignés de l'état stationnaire, ce qui a conduit Paul Crutzen à proposer le terme d'anthropocène [55, 56] pour dénommer l'ère actuelle.

Par exemple, les concentrations atmosphériques du dioxyde de carbone (CO_2) et du méthane (CH_4) ont atteint des niveaux sans précédent depuis l'apparition de l'espèce humaine. Nous savons que, entre 1765 et 2000, la masse de carbone dans l'atmosphère existant sous forme de CO_2 a augmenté de 590 à presque 780 Gt C (1 Gt C = 1×10^9 tonnes C = 1×10^{15} g C = 1 Pg C), du fait de la combustion des énergies fossiles et de la déforestation. Le taux annuel de cette augmentation est proche de 0,5 %. Depuis 1958, cette augmentation est mesurée directement (Figure 8.1). En revan-

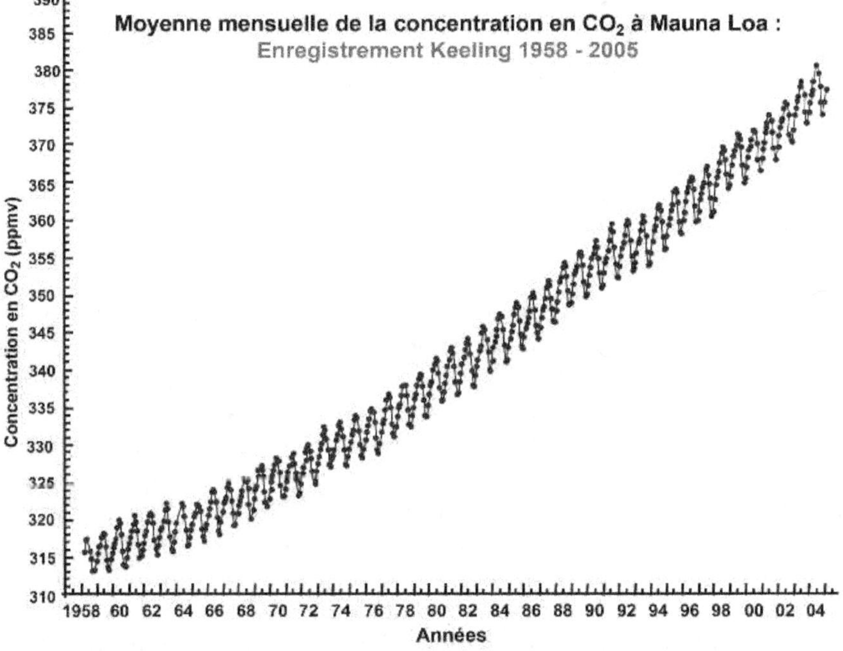

Figure 8.1. Moyenne mensuelle de la concentration en dioxyde de carbone au sommet du mont Mauna Loa, enregistrée par C. Keeling de 1958 à 2005.

che, nous savons grâce à l'analyse des carottes de glace [57, 58] que la concentration atmosphérique du CO_2 était relativement constante pendant les mille dernières années précédant le milieu du XVIIIe siècle (Figure 8.2).

Parallèlement au CO_2, la concentration en CH_4 atmosphérique a presque triplé, passant de 700 ppb à l'ère préindustrielle à plus de 1 900 ppb aujourd'hui [59]. Il semble que l'augmentation du CH_4 atmosphérique ait légèrement précédé celle du CO_2, par suite de la domestication ancienne du bétail, de la culture du riz et des incendies provoqués [60]. Le taux d'augmentation du CH_4 atmosphérique a récemment diminué, mais nous ignorons les causes et la durée de cette pause.

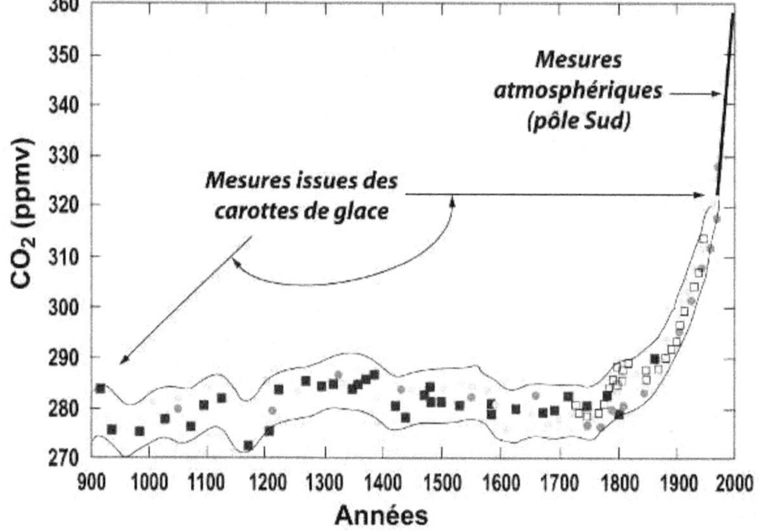

Figure 8.2. Concentration en dioxyde de carbone à partir de l'analyse de carottes de glace (depuis l'an 900) et de mesures atmosphériques (depuis cinquante ans).

Sur une plus grande échelle de temps, comme le montrent les mesures faites sur les carottes de glace de l'Antarctique [61, 62, 63], on constate l'existence d'un signal périodique dans le cycle du carbone, corrélé aux périodes glaciaires et interglaciaires (Figure 8.3). Des quantités importantes de carbone sont lentement transférées des terres vers les océans, *via* l'atmosphère, lorsque la planète est dans une phase de glaciation. Ensuite, une récupération rapide de carbone a lieu à partir des océans vers les terres, en passant par l'atmosphère, lorsque la planète quitte la phase de glaciation. Ainsi voit-on la concentration atmosphérique de CO_2 passer d'un maximum de 280-300 ppm à un plancher de 180 ppm, pour remonter rapidement à 280 ppm lorsque la glaciation se termine. Ce schéma répété suggère la présence d'un système de contrôle assez fin qui maintient fermement la concentration de CO_2 entre les valeurs limites de 180 et 280 ppm. Pour le méthane, il existe un cycle similaire avec des concentrations limites voisines de 350 et 700 ppb, également en phase avec la température de la planète. Il convient de comprendre le lien entre le cycle du carbone et celui des périodes glaciaires, mais il faut aussi tirer au clair la raison de ces « crans d'arrêt » dans le cycle du carbone. Quels en sont les systèmes de contrôle, pourquoi rencontre-t-il des bornes apparamment infranchissables ?

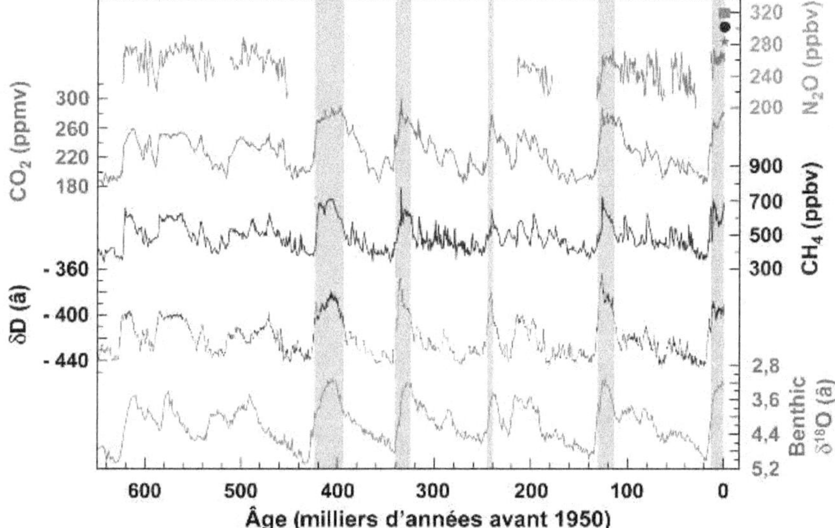

Figure 8.3. Reconstitution des variations de la concentration en dioxyde de carbone, méthane et oxyde d'azote dans l'atmosphère et d'autres paramètres depuis 650 000 ans à partir de l'analyse de carottes de glace antarctique.

L'atmosphère actuelle porte l'empreinte des émissions fossiles, avec une concentration de CO_2 supérieure de près de 100 ppm à la limite maximum précédente de 280 (voir l'« étoile » sur la Figure 8.3). Le niveau du méthane est près de trois fois plus élevé qu'avant la révolution industrielle. Le carbone s'est déplacé de réservoirs peu mobiles, les gisements fossiles appartenant à un cycle (bio)géologique lent, à un réservoir très mobile, l'atmosphère. Dans le cycle rapide du carbone, les océans, la végétation terrestre et les sols ont à s'équilibrer avec ces déversements rapides de carbone dans l'atmosphère. Nous rencontrons maintenant des concentrations inconnues sur Terre dans les derniers 25 millions d'années. Si l'on compare les taux futurs de CO_2 aux valeurs passées, les projections 92a du Giec[1]

---

1. Voir le site http://grida.no/climate/vital/22.htm.

pour le prochain siècle prennent une signification profonde. Indépendamment des conséquences possibles sur le climat, on ne peut s'empêcher de s'interroger sur l'évolution future du cycle du carbone.

Les principales activités humaines qui contribuent au changement actuel dans le cycle global du carbone sont la combustion des énergies fossiles (Figure 8.4) et les modifications de la végétation globale par la conversion de la terre à l'agriculture (Figure 8.5), souvent appelée déforestation. Globalement, la combustion des énergies fossiles produit un peu plus d'une tonne de carbone par personne et par an, bien qu'existent d'importantes variations (Figure 8.4) entre pays[2]. Cependant, seule la moitié du CO_2 libéré par ces combustions et par la déforestation reste dans l'atmosphère. La mesure des isotopes atmosphériques du carbone [64] et des rapports oxygène-azote [65, 66] ont montré que les continents et les océans séquestrent le carbone fossile dans des proportions à peu près équivalentes. Mais cet équilibre varie dans le temps et selon le lieu.

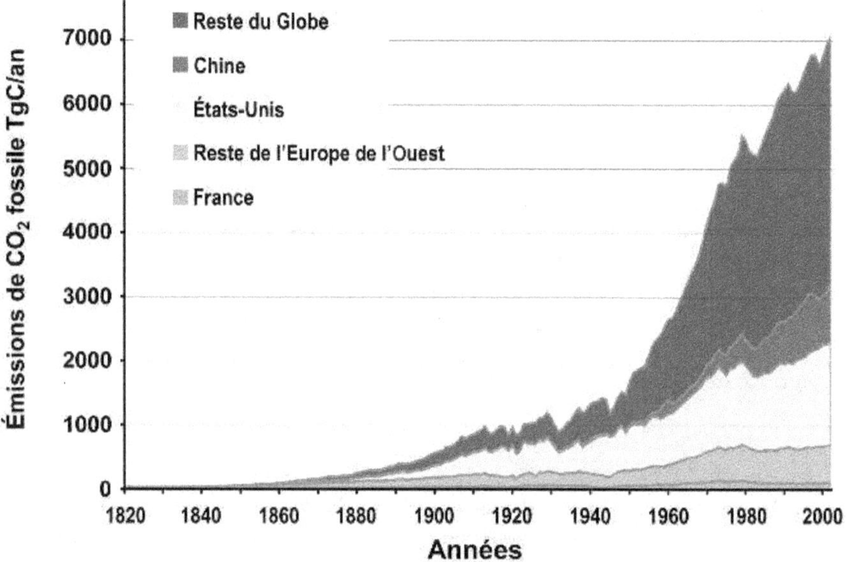

Figure 8.4. Émissions de dioxyde de carbone fossile de différents pays ou régions du monde.

La variabilité du taux de croissance du CO_2 dans l'atmosphère ne peut pas cependant être décrite uniquement par les changements du taux de combustion des énergies fossiles, qui en sont pourtant la source principale. Elle semble plutôt refléter en premier lieu des changements dans les

2. Voir le site http://cdiac.esd.ornl.gov/trends/emis/em_cont.html.

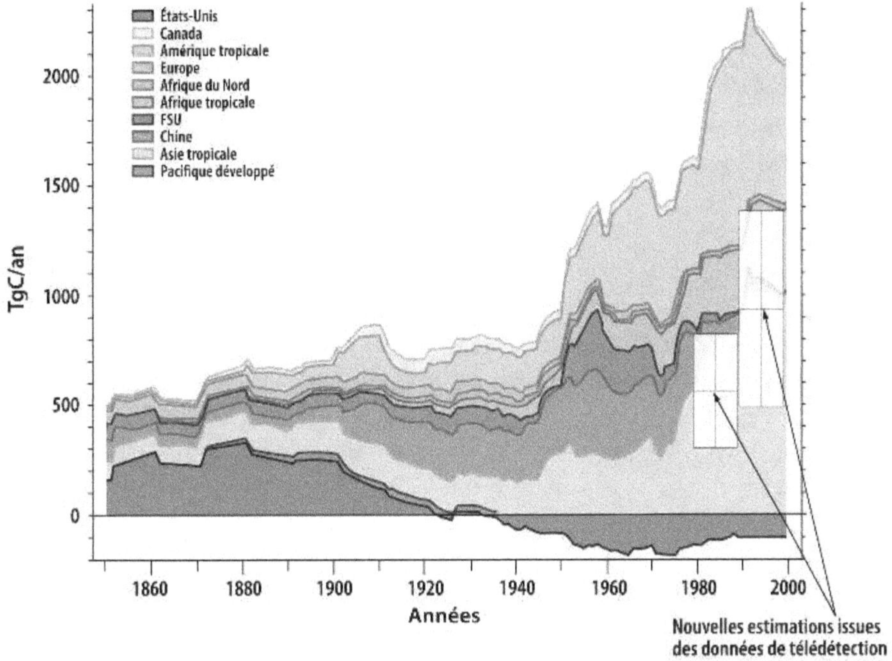

Figure 8.5. Quantité de carbone émise annuellement par les changements d'usage des sols dans différentes régions du monde.

puits de carbone des écosystèmes terrestres [67, 68, 69, 70], eux-mêmes liés à des modes climatiques à grande échelle (Figure 8.6). Les processus sous-jacents ne sont pas clairement compris. La connaissance des sources et des puits actuels de carbone au niveau régional, de leurs mécanismes et de leur sensibilité aux perturbations climatiques, est indispensable aux prédictions théoriques du carbone atmosphérique. Or leur distribution géographique reste mal connue [64, 71, 72, 73, 74, 75]. La capacité à comprendre et à quantifier les flux *régionaux* actuels de carbone [76, 77, 78] est nécessaire aux prédictions et donc aux décisions politiques en matière de réduction des émissions de CO_2. Que cette capacité ne soit pas encore totalement maîtrisée ne peut néanmoins être prétexte à les différer.

L'augmentation de la concentration atmosphérique de CO_2, ainsi que celle des autres gaz à effet de serre, modifie l'équilibre thermique de l'atmosphère. L'augmentation de la concentration de ces gaz va produire une augmentation de l'effet de serre naturel de la Terre, et le déplacement résultant de l'équilibre thermique va altérer le système climatique global, en raison des interactions et rétroactions complexes mises en jeu. Il est généralement admis que la distribution des températures et des

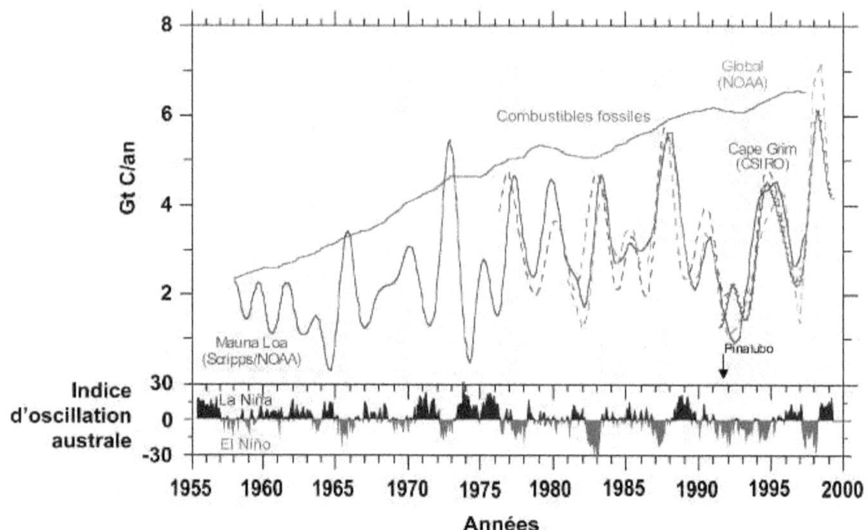

Figure 8.6. Taux de croissance annuel du dioxyde de carbone de 1955 à 2000.

précipitations va changer, mais l'intensité, la répartition et la date de ces changements restent incertaines (voir les Chapitre 2 et 4).

En somme, comprendre le cycle du carbone (Figure 8.7) et ses processus sous-jacents est essentiel à la compréhension des changements de la biosphère terrestre et du rôle des océans dans la biogéochimie planétaire, ainsi qu'à l'obtention dans le futur de concentrations « raisonnables » de dioxyde de carbone et des autres gaz à effet de serre. Pour cela, il nous faut améliorer notre connaissance quantitative sur le cycle du carbone.

L'océan : une grande machine à traiter le carbone

Il est clair que les océans sont un puits pour le CO_2 anthropique [78, 79, 80], mais la force de ce puits n'est pas encore bien définie. Il est contrôlé par la circulation des océans (notamment la circulation thermohaline – le fameux *conveyor belt* (« tapis roulant ») – voir Chapitre 6), et par deux processus biogéochimiques importants : la pompe de solubilité et la pompe biologique (voir par exemple [81]).

À l'évidence, la circulation thermohaline est importante parce qu'elle transporte de la chaleur des tropiques vers les pôles (d'où son nom). Ce faisant, elle joue un rôle crucial dans l'absorption du CO_2 par deux mécanismes : la plongée des eaux de surface vers les profondeurs dans certaines zones de haute latitude et les variations de la solubilité du CO_2 dans l'eau de mer en fonction de la température. La pompe de solubilité est un « tuyau » qui transporte le carbone de la surface vers les abysses, selon une dynamique double : le CO_2 est plus soluble dans l'eau froide et, dans certaines régions froides, les mouvements convectifs enfouissent le carbone en profondeur.

La pompe biologique est aussi un « tuyau » qui transporte du carbone vers le fond. Mais elle met en jeu deux effets opposés : la formation de matière organique et celle de carbonate de calcium. La formation de matière organique par les algues extrait du CO_2 des couches de surface de l'océan et, par conséquent, de l'atmosphère. Les particules d'algues mortes coulent jusqu'au fond où elles se décomposent. Cependant, contrairement à la production de matière organique, la formation du squelette carbonaté par le plancton accroît la quantité de CO_2 dissous à la surface, ce qui réduit l'absorption du CO_2 atmosphérique.

Le jeu entre la circulation des océans et ces deux « pompes » (Figure 8.8) détermine la captation du CO_2 atmosphérique par l'océan. Les modèles numériques, en liant les dynamiques physiques, chimiques et biologiques du cycle océanique du carbone, sont un bon moyen d'estimer l'importance relative des processus mis en jeu dans l'absorption du CO_2 atmosphérique et leur évolution future. Un de ces modèles suggère qu'en l'absence d'algues, la concentration préindustrielle atmosphérique du CO_2 aurait été de 450 ppm au lieu de 280 ppm. Les modèles modernes du cycle naturel du carbone dans l'océan prennent en compte la biologie marine. Cependant, la plupart des estimations de l'absorption du CO_2 anthropique par les océans font l'hypothèse que la pompe biologique ne sera pas affectée par un changement climatique, et ont seulement pris en considération les processus physiques [par exemple, 79, 82]. Plus récemment, de nouvelles études [83, 84] ajoutant l'effet du plancton aux processus physiques et chimiques océaniques montrent que la biologie marine serait affectée de plusieurs manières par les changements climatiques à l'échelle de deux cents ans, et réciproquement. Elles concluent toutefois, au regard de la complexité des systèmes biologiques, à l'incertitude sur le signe même des rétroactions engendrées.

Décrire par des modèles numériques la production du squelette des algues à base de carbonates ajoute un degré supplémentaire de complexité à la simulation de la production de matière organique. En effet, il faut prendre en compte la distribution des diverses espèces de plancton (principalement des coccolithophorides). Il semble « heureusement » que la formation de carbonate biologique contribue assez peu au gradient vertical du carbone, par comparaison avec la production de la matière organique. Une évaluation soigneuse du degré de variation du carbonate océanique demeure nécessaire. En particulier, pour des échelles de temps de

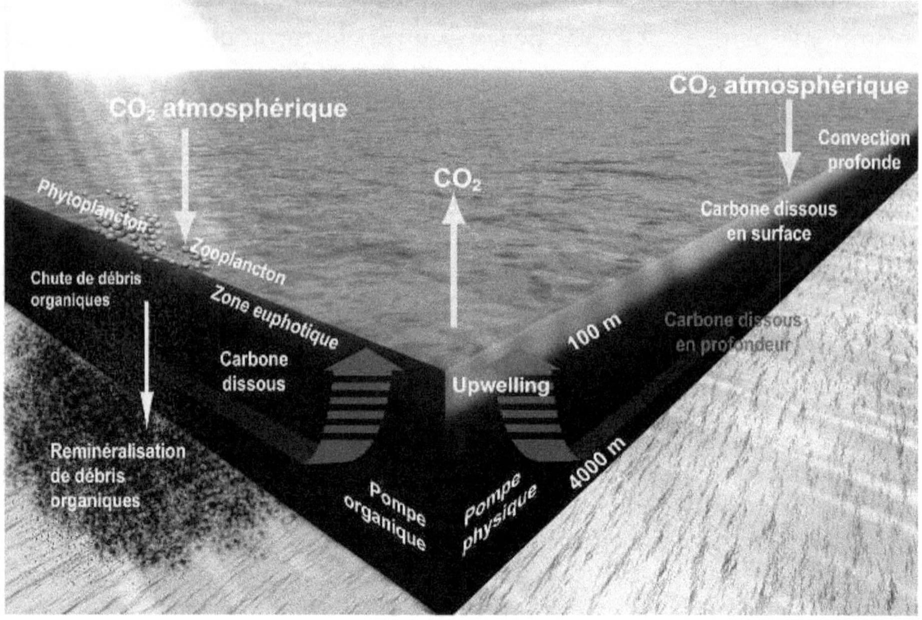

Figure 8.8. La phase océanique du cycle du carbone.

plus d'un siècle, la réserve de $CaCO_3$ dans les sédiments marins devient un facteur important du contrôle du carbone dissous dans les océans. Son rôle dans les changements du cycle du carbone au passage des phases glaciaire à interglaciaire doit aussi être pris en considération [85, 86].

Les continents :
une machine rapide à traiter le carbone

Le CO_2 atmosphérique pénètre le cycle du carbone continental par la photosynthèse et en ressort par la respiration des plantes, la décomposition par les microbes du sol de la matière organique morte et la combustion.

En considérant la photosynthèse et la décomposition microbienne du carbone organique comme deux phénomènes liés, on voit que le retour à l'atmosphère du carbone fixé par la photosynthèse et incorporé dans les tissus des plantes est retardé (de quelques mois à des centaines d'années ; voir la Figure 8.9) jusqu'à son oxydation par les microbes ou sa libération dans l'air par des incendies. Cette boucle module le taux d'augmentation de la concentration atmosphérique de CO_2 à travers les composants terrestres du cycle du carbone et, à plus court terme, lui impose un cycle saisonnier (revoir la Figure 8.1). À long terme, le cycle du carbone est lié à la structure et au type d'écosystème. La structure de la végétation est déterminée, aux grandes échelles de temps, par sa réponse intégrée aux conditions climatiques et, pour des durées intermédiaires, par les relations carbone-nutriments. En retour, la végétation joue directement sur les composantes physiques du système climatique, puisqu'elle agit sur la réflexion de la lumière solaire (albédo), et les transferts d'énergie et de vapeur d'eau.

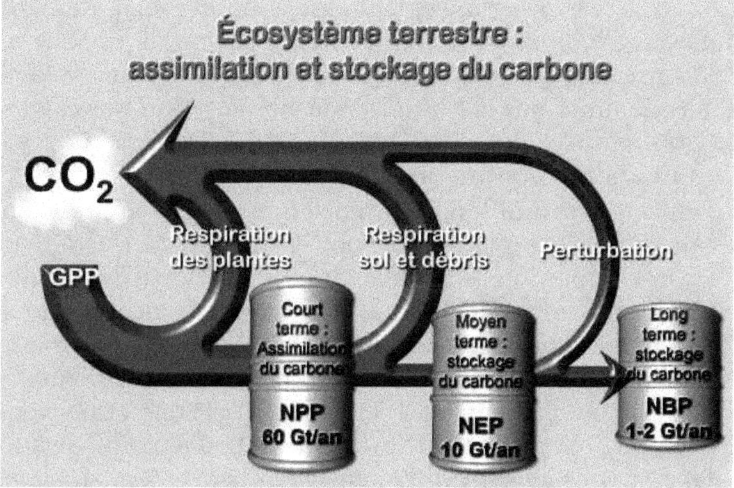

Figure 8.9. La phase continentale du cycle du carbone.

La représentation du jeu complexe des interactions entre les écosystèmes terrestres et l'atmosphère requiert des modèles écologiques (prenant en compte la structure et les migrations des plantes et des écosystèmes), des modèles biogéochimiques (traitant des flux de carbone, de nutriments et d'énergie dans les écosystèmes) et des modèles physiologiques décrivant les flux turbulents de CO_2 échangé avec l'atmosphère. À chaque étape, le système climatique intègre les processus les plus fins et produit des rétroactions sur la biosphère terrestre. Aux plus petites échelles de temps, la température, le flux solaire, l'humidité et le vent influent fortement sur la capacité des plantes à transpirer et à participer à la photosynthèse. Aux échelles de temps plus longues, les variations climatiques régulent les processus biologiques, comme le temps d'apparition ou d'excision des feuilles, la consommation d'azote, le taux de décomposition des sols et le cycle de l'azote propre aux sols. Les effets du climat aux échelles annuelles ou multiannuelles se traduisent en gains ou pertes nets de carbone par la biosphère [87, 88], en réserve d'eau pour la prochaine saison de croissance, ou même en capacité de la végétation à survivre assez longtemps en présence d'événements extrêmes (sécheresses, tempêtes...), qui ravagent sporadiquement les écosystèmes (voir par exemple [89]).

À mesure que nous augmentons l'échelle de temps, disposer de modèles informatiques du cycle du carbone continental qui répondent aux changements du climat, de l'utilisation des terres et aux autres changements environnementaux, devient primordial. De tels modèles doivent prendre en compte les états de croissance des plantes, contrôlés par des processus tels que la reproduction, ou la compétition pour la lumière, en interaction avec les cycles biogéochimiques du carbone, de l'azote et de l'eau. Par exemple, la reconquête par la végétation de régions abandonnées par l'agriculture dépend de l'intensité et de la durée de l'activité agricole passée ainsi que de la quantité de matière organique présente dans les sols cultivés lors de leur abandon. Des régimes perturbés, comme les incendies, doivent aussi être considérés.

Ce couplage entre différentes échelles de temps est un défi important. Les modèles du cycle du carbone dans les écosystèmes terrestres doivent tenir compte des échanges de carbone et d'eau entre l'atmosphère et les continents, ainsi que des sources et puits terrestres de gaz traces. Finalement, pour bien modéliser ces changements, une meilleure compréhension des cycles de l'azote et du phosphore est nécessaire, puisque ces cycles interviennent dans le cycle du carbone et peuvent limiter la croissance de la végétation. Il faut enfin affronter une dernière complexité : les hommes agissent directement et activement sur le cycle terrestre du carbone, à travers l'utilisation des terres, qui peut l'affecter sur des échelles de temps allant de quelques jours à plusieurs siècles.

CHANGEMENT DANS L'USAGE DES SOLS ET DÉFORESTATION TROPICALE

Les activités humaines ont altéré la couverture végétale dans de nombreuses parties du monde. Ces changements des couverts continentaux peuvent avoir de profonds impacts sur les systèmes environnementaux, et notamment les relations entre les continents, les eaux continentales, l'océan et l'air. Ils perturbent aussi le cycle global du carbone. Bien avant l'Anthropocène, des déforestations étendues ont déjà eu lieu. Notre connaissance de ces changements historiques est anecdotique ou très locale ; les carottes de glace démontrent cependant que le cycle du carbone ne fut pas perturbé de façon significative. Au cours de l'Anthropocène, la croissance rapide de la population humaine, combinée à la consommation accrue des ressources, a grandement accéléré les changements du couvert végétal des continents [90, 91]. En 1990, plus d'un tiers de la surface des continents servait à l'agriculture : 1 471 millions d'hectares pour les cultures et 3 451 millions pour les pâturages [92].

Depuis 1700, en Eurasie, et la première moitié du XXe siècle en Amérique du Nord, la principale utilisation des terres récupérées après la déforestation est l'établissement de zones de cultures [91]. Dans les dernières décennies, la déforestation s'est presque arrêtée dans ces régions ; les forêts ont même gagné de nouvelles zones en Europe de l'Ouest et aux États-Unis. Cependant, la déforestation s'est déplacée vers les tropiques dans les années 1960. Mais un rapport récent de Kauppi *et al.*, paru dans les comptes rendus de l'Académie des sciences américaine[3], donne des signes d'espoir. « Au milieu de nombreux rapports sur la déforestation, quelques nations ont néanmoins tenté des transitions vers un reboisement. Parmi cinquante nations possédant de vastes zones forestières répertoriées dans le rapport 2005 *Évaluation des ressources forestières mondiales* de la FAO (Organisation des Nations unies pour l'alimentation et l'agriculture), aucune nation dont le PNB par habitant excède 4 600 dollars ne présentait une croissance végétale en baisse. »

Le flux net de carbone des terres cultivées est la somme des émissions de carbone (comprenant la combustion sur site et/ou la coupe, la décomposition de la matière organique du sol et l'oxydation des produits de récolte) dues à la mise en culture récente et à l'abattage, à lesquelles on ajoute la masse de carbone prélevée par les terres antérieurement soumises à exploitation. Comme il est difficile de mesurer ces variables, l'estimation des flux nets liés aux changements d'usage des terres présente une grande part d'incertitude. Pour les années 1990, le flux de CO_2 vers l'atmosphère dû à l'utilisation des terres est estimé à 1,6 (0,5-2,5) Gt C par an (moyenne et marge d'erreur des estimations publiées [90, 93, 94] comme dans le quatrième rapport du Giec [5]). Le puits de carbone terrestre net global basé, soit sur la décroissance de l'oxygène atmosphérique, soit déduit[4] (estimation plus rigoureuse) de l'absorption par les océans, est de − 1 ± 0,5 Gt C par an. En supposant une émission par la déforestation de 1,6 (0,5-2,5) de Gt C, il reste donc un puits de − 2,6 (− 4,3 à − 1) Gt C par an pour ces années 1990.

D'autre part, selon des estimations récentes, 10 à 44 millions de km^2 de zones agricoles ont été récupérés, dont la moitié, environ, sont reboisés [95]. Le flux net résultant d'une telle récupération serait de l'ordre de 1 Gt C par an, contribuant à réduire les émissions de CO_2 vers l'atmosphère dues aux activités humaines. Pour les États-Unis, la croissance

---

3. Voir le site http://www.pnas.org/cgi/content/full/103/46/17574.

4. Le flux induit de l'utilisation des terres est considéré essentiellement comme le résidu de la combustion des énergies fossiles, de l'absorption par les océans et de la concentration atmosphérique.

des forêts secondaires et de nouveaux sols forestiers est le mécanisme prédominant actuel dans l'absorption du carbone [96, 97]. La reconstruction des flux historiques montre que ce puits ne fait que compenser les émissions du passé et que son intensité ne va pas augmenter avec le taux de CO_2, mais plutôt diminuer lorsque les nouveaux écosystèmes atteindront la maturité.

Pour déterminer les effets sur le cycle du carbone de cette récupération des terres agricoles par la forêt, nous devons comprendre les pratiques anciennes et les habitudes d'utilisation des terres, faire aussi des projections sur l'utilisation future des terres agricoles et autres, comment elles seront affectées par les institutions humaines, la croissance et la distribution de la population humaine, ainsi que le développement économique et technologique, etc. La combinaison des changements climatiques et de la récupération des terres agricoles peut entraîner de profonds changements sur l'habitabilité de la Terre. Un processus dynamique particulièrement intéressant réside dans l'utilisation par l'homme du feu comme un agent du changement d'utilisation des terres.

LES FEUX : ENTRE NÉCESSITÉ DE LA NATURE ET PRESSION ANTHROPIQUE

Les incendies jouent un rôle primordial dans le cycle global du carbone. Ils perturbent pratiquement tous les écosystèmes et rejettent, dans un délai très court, une quantité conséquente de carbone (du CO_2 et d'autres gaz carbonés actifs qui ont un rôle dynamique dans la chimie de l'atmosphère) qui s'était accumulé lentement dans l'écosystème. « Lent à entrer, vite ressorti » est le slogan du carbone présent dans un écosystème soumis à un incendie. Il est vrai que ce relâchement de CO_2 est ensuite compensé par des gains en carbone durant la période de repousse. Sur des grandes périodes et sur des grandes échelles spatiales, gains et pertes de carbone tendent à se compenser, ce qui conduit à des flux nets faibles.

La fréquence des incendies a augmenté fortement depuis que les hommes ont mis le feu aux forêts pour la chasse, puis pour la déforestation et l'agriculture [98]. De nos jours, les incendies concernent plutôt les zones tropicales. Les observations par satellite montrent que 70 % des feux observés ont lieu dans ces zones, dont 50 % en Afrique [99]. La majorité des terres affectées sont des savanes, de sorte que l'impact sur le cycle du carbone est moins fort que s'il s'agissait de feux de forêt. Près de l'équateur, les précipitations sont plus abondantes, et l'on rencontre moins de forêts tropicales humides saisonnières, qui présentent la biomasse aérienne la plus élevée [100]. Du fait de l'humidité dominante, ces forêts sont peu sujettes aux incendies. Cependant, elles peuvent brûler lors des sécheresses exceptionnelles induites par le phénomène El Niño.

Au cours des dernières décennies, la fréquence des incendies a aussi augmenté dans les forêts humides tropicales d'Amérique du Sud [101], d'Afrique [102] et d'Asie [103], par suite de la déforestation et de l'abattage des arbres à grande échelle le long des routes nouvelles.

Le processus de déforestation étendue et mécanisée, par lequel des forêts (stocks élevés de carbone) sont brûlées et remplacées par des cultures semi-permanentes (faibles stocks de carbone), est la source de CO_2 anthropique terrestre la plus importante après la combustion des énergies fossiles.

Les incendies de tourbières dans les forêts tropicales ont attiré récemment l'attention. Ces tourbières ont accumulé du carbone pendant des millénaires, mais elles sont maintenant asséchées pour permettre une utilisation agricole, ce qui augmente leur susceptibilité aux incendies. Or, dans les tourbes, les réserves de combustible sont grandes et bien plus élevées que dans la végétation des forêts. Ainsi, au cours du puissant phénomène El Niño de 1997-1998, les feux des tourbières d'Indonésie ont libéré autant de CO_2 que la moitié des émissions dues à la combustion des énergies fossiles [104].

Les incendies sont aussi importants dans les forêts boréales, avec une fréquence de retour entre cinquante et deux cents ans [105]. Ils font partie du cycle naturel de ces écosystèmes puisque les étapes successives de la végétation produisent des vieilles forêts de conifères, propices aux incendies. Bien que les feux tuent les arbres, les forêts s'y sont bien adaptées. L'épinette noire, par exemple, ouvre ses pommes de pin pendant un incendie pour disperser ses graines sur le sol. Les forêts boréales de conifères du Canada et de la Sibérie contiennent de grandes réserves de carbone, particulièrement sous leur sol (75 Gt C dans les forêts, 250 Gt C dans les sols, pour la Sibérie seulement). Certaines années sont riches en incendies (elles sont généralement chaudes et sèches), provoquant une hausse de la concentration en CO_2 pour l'année [106]. Il a été suggéré récemment que l'homme, par ses actions, risquait de doubler le nombre des feux de forêts dans les régions non peuplées de Sibérie [107]. Si cela se produit, il y aurait un rejet net de CO_2 vers l'atmosphère.

Bien que la fréquence des feux de forêts ait augmenté dans de nombreuses régions, elle a diminué dans les zones tempérées, grâce à un contrôle actif [108]. Cependant, les feux accidentels deviennent difficiles à contrôler et, dans certains cas, peuvent causer plus de dommages que les incendies survenant à des fréquences naturelles. Ceci a entraîné des politiques antifeu, qui s'opposent aux incendies provoqués à des fins de régénération. Pendant les périodes très sèches, les incendies dans les zones tempérées et méditerranéennes représentent encore un danger, comme ce fut récemment le cas en Californie en 2003, et au Portugal en 2003 et en 2005.

Les énergies fossiles ont fait entrer le cycle du carbone dans l'ère anthropique

Les combustibles fossiles sont la source d'énergie la plus nécessaire à l'homme après la nourriture. Les activités humaines émettent $7 \pm 0,7$ Gt C par an sous forme de CO_2, alors que la quantité de carbone dans l'alimentation humaine ne représente que 1,2 Gt C par an. En d'autres termes, le carbone des énergies fossiles est devenu le premier carburant de la vie. Depuis le début de l'anthropocène, les hommes ont émis 300 Gt C fossile sous forme de CO_2 et approximativement 120 Gt C par la déforestation, soit environ le double de l'augmentation du contenu en CO_2 de l'atmosphère (voir par exemple [84]), l'autre moitié s'étant dispersée dans les réservoirs carbonés marins et terrestres grâce aux processus biogéochimiques. Par comparaison aux 7 Gt C par an dues aux énergies fossiles, dont la formation s'est réalisée sur des temps géologiques, l'érosion des roches de silicate ne relâche que 0,07 Gt C par an. Ces valeurs soulignent le déséquilibre extraordinaire causé par l'homme sur le cycle géologique du carbone.

Les émissions de CO_2 fossile ont augmenté rapidement au cours des dernières décennies (revoir la figure 8.4) en suivant une courbe exponentielle (correspondant à un doublement tous les trente-sept ans). En 1900, le taux annuel de l'exploitation du charbon était cent millions de fois plus élevé qu'en 1750 lorsque cette exploitation a commencé. Dans les années 1920, le pétrole ne représentait que 10 % des énergies fossiles utilisées, mais, par sa simplicité d'utilisation et son rendement intéressant dans les transports, sa consommation est montée en flèche après la Seconde Guerre mondiale. Au milieu des années 1960, les émissions de CO_2 dues au pétrole ont dépassé celles dues au charbon. De nos jours, le pétrole totalise approximativement 40 % des émissions fossiles. Les émissions dues au gaz naturel ont progressé parallèlement à celles du pétrole.

D'HIER ET D'AUJOURD'HUI À DEMAIN, LE *WHO'S WHO* DES ÉMISSIONS DES ÉNERGIES FOSSILES

L'estimation des émissions de CO_2 dues aux combustibles fossiles et à la production de ciment se fonde sur les statistiques portant sur l'énergie. La précision sur les émissions d'origine fossile est assez bonne, de l'ordre de 5 %. Elles sont passées de 5,4 ± 0,3 Gt C dans les années 1980 à 6,3 ± 0,4 Gt C par an dans les années 1990[5], et à 7 ± 0,7 Gt C par an pour la période 2000-2005 (4e rapport du Giec, estimations préliminaires). Ces montants globaux ignorent les grands écarts entre pays : le *Who's Who* des pays émetteurs.

Les négociateurs du protocole de Kyoto y ont bien pris garde, en séparant les pays en deux catégories : les pays de l'annexe B (les « vieux » pays industrialisés) et les autres. Actuellement, les pays de l'annexe B émettent 3,9 Gt C par an, les autres nations 3,1 Gt C par an (soit le total de 7 Gt C par an). Cependant, la deuxième catégorie compte quelques « poids lourds » dont l'économie croît rapidement, qui représentent plus de la moitié de ses émissions. La distribution des émissions par habitant est encore plus hétérogène. Pour les États-Unis d'Amérique, elles représentent plus de 5,5 t C par personne et par an (plus de quatre fois la moyenne mondiale actuelle), une valeur stable depuis une trentaine d'années. En France, elles sont de 1,7 t C par personne et par an, stables aussi depuis une dizaine d'années. En comparaison, en Chine, les émissions étaient de 0,73 t C par habitant en 2002, correspondant à un accroissement de 14 % en dix ans[6]. L'Agence internationale de l'énergie, dans son récent rapport *World Energy Outlook 2006*[7], prévoit que la Chine dépassera les États-Unis dans ses émissions de CO_2 avant 2010. Ainsi le *Who's Who* des émetteurs de CO_2 à partir des énergies fossiles est en train de changer et ceci devra être pris en compte dans les discussions des suites du protocole de Kyoto.

QUELLES QUANTITÉS DE CARBONE FOSSILE ?

Les réserves de carbone fossile sont estimées à 250 Gt C pour le pétrole, 200 Gt C pour le gaz naturel et aux alentours de 4 000 Gt C pour le charbon. La répartition géographique et géopolitique de ces réserves est très inégale. En général, les régions riches en pétrole et en gaz naturel sont éloignées des régions d'utilisation, au contraire du charbon dont la Chine et l'Inde, deux superpuissances des prochaines décennies, possèdent chacune assez pour leurs économies en pleine expansion. Les États-Unis, l'Allemagne et la Russie en disposent aussi de vastes réserves. Les limites à l'utilisation du charbon ne seront donc pas imposées par la disponibilité physique de cette ressource, mais plutôt par son impact négatif sur le climat et sur d'autres facteurs environnementaux, dont la qualité de l'air.

---

5. Voir le site http://cdiac.esd.ornl.gov/trends/emis/em_cont.html.

6. Toutes ces données sont accessibles sur http://cdiac.esd.ornl.gov/trends/emis/prc.htm.

7. Voir le site http://www.iea.org/textbase/weo/index.htm.

Les réserves estimées de pétrole ont fait l'objet de controverses entre « optimistes » et « pessimistes » durant les années 1990. Les pessimistes pensaient que toutes les régions contenant du pétrole exploitable avaient déjà été explorées, que tous les grands champs avaient été découverts et qu'ainsi les prochaines découvertes seraient mineures. Leurs conclusions se fondaient sur l'étude statistique des découvertes passées, considérant que les champs de pétrole et de gaz étaient des objets statiques. En face, les optimistes avaient une vision dynamique des réserves et pensaient qu'une méthode basée seulement sur des études statistiques donnait une image partielle du potentiel réel. Les volumes exploitables de pétrole et de gaz sont corrélés avec les progrès techniques, les coûts et conditionnés par les prix du marché. Selon un optimiste, toute amélioration sur le marché du pétrole et du gaz devait permettre à l'industrie de miser sur de nouvelles réserves. Face aux défis du CO_2 et du changement climatique, les définitions de « pessimiste » et d'« optimiste » sont probablement à revoir.

Parallèlement, la frontière entre hydrocarbures conventionnels et non conventionnels n'est pas intangible. Les énergies fossiles non conventionnelles représenteraient de 15 000 à 40 000 Gt C (sur un total de 1 000 000 de Gt C de stock de carbone sédimentaire). Parmi celles-ci, on trouve des « analogues » du pétrole, dont les huiles lourdes (~ 180 Gt C) qui peuvent être pompées comme le pétrole, mais dont le raffinage serait plus difficile et coûteux (par exemple, le bassin Orinoco au Venezuela), et l'exploitation minière des sables bitumineux (~ 273 Gt C), mais à un coût plus élevé (par exemple, au Canada). Le rapport de Greenpeace sur le changement climatique[8] note qu'« une réserve de 3 000 milliards de barils (soit 455 Gt C) de pétrole non conventionnel (sur une ressource ultime supérieure d'au moins un ordre de grandeur) permettrait l'utilisation en croissance continue du pétrole jusqu'au-delà de la moitié du XXIe siècle ».

Les clathrates (ou hydrates de méthane) présents dans les fonds marins sont aussi des énergies fossiles à haut potentiel. Après une première estimation admise du stock de 10 000 Gt C [109], les chiffres ont été revus à la baisse et sont maintenant estimés à 500-2 500 Gt C [110]. Les conditions d'apparition des hydrates de gaz dans les sols marins sont trop mal connues pour envisager de les exploiter, car leur étude expérimentale *in situ* repose sur un petit nombre de cas. Si les hydrates de gaz sont présents de manière dispersée dans les sédiments, leur exploitation risque d'être difficile.

En résumé, l'humanité ne sera pas en manque d'énergie fossile pendant au moins un siècle. Les risques du changement climatique dus aux émissions de CO_2 devraient plutôt inciter « pessimistes » et « optimistes » à définir un niveau plus réaliste et plus modéré d'utilisation des énergies fossiles.

---

8. Voir le site http://archive.greenpeace.org/climate/arctic99/reports/odell317.html.

QU'ADVIENDRA-T-IL DEMAIN ?

Dans les décennies à venir, les émissions continues de carbone fossile vont encore faire croître la concentration atmosphérique du CO_2. L'intensité des émissions, et donc le contenu atmosphérique, va dépendre principalement des politiques énergétiques et, secondairement, mais de façon importante, de la réponse du cycle du carbone. Les incertitudes économiques sur les émissions futures sont traitées en considérant une gamme de scénarios. Ainsi, le Giec a proposé plusieurs scénarios décrivant des trajectoires contrastées de développement et d'émissions. La démarche suivie par le Giec a été de : 1° développer des scénarios d'émission jusqu'en 2100 [3] ; 2° calculer les changements du CO_2 atmosphérique selon chaque scénario ; 3° calculer les changements du climat dus aux effets de ces changements de CO_2 sur les forçages radiatifs ; 4° estimer les différents impacts des changements climatiques. Une analyse de coût de ces impacts et des stratégies d'atténuation des changements du climat en vue de le ralentir et le stabiliser a aussi été effectuée.

Quatre familles contrastées de scénarios d'émissions de CO_2 fossile et d'utilisation des terres ont été définies. Elles exhibent peu de différences dans les émissions anthropiques de CO_2 jusqu'en 2020, un horizon où les émissions prédites sont de l'ordre de 10 à 15 Gt C par an. Les scénarios d'émissions divergent davantage vers 2050, où certains envisageant une baisse des émissions ramenant en 2100 aux valeurs d'aujourd'hui, d'autres prévoyant une hausse continue des émissions jusqu'à peu près 30 Gt C par an en 2100. Si l'on admet que ces différents scénarios donnent une idée raisonnable de l'incertitude économique, on peut dire que la gamme des futurs possibles est très ouverte, et que les trajectoires d'émissions futures détermineront les concentrations futures de CO_2. Cependant, les réservoirs naturels de CO_2 réagiront à l'augmentation du CO_2 atmosphérique, sûrement de façon différente selon les niveaux réels d'émission, et joueront un rôle important dans le contrôle futur de ces concentrations. Par exemple, les plus récentes simulations du CO_2 atmosphérique pour 2100, utilisant les « meilleurs modèles disponibles », montrent une dispersion de 300 ppm (600 Gt C) entre les modèles couplés carbone-climat (Figure 8.10). Cette mesure grossière (mais la seule dont nous disposons) de l'incertitude sur le rôle du cycle naturel du carbone, soit 600 Gt C, est équivalente aux différences entre les scénarios économiques extrêmes d'émissions fossiles [3]. Ainsi, la connaissance fine du cycle naturel du carbone est nécessaire, tout autant qu'il nous faut connaître les technologies propres qui permettront de réduire nos émissions en CO_2.

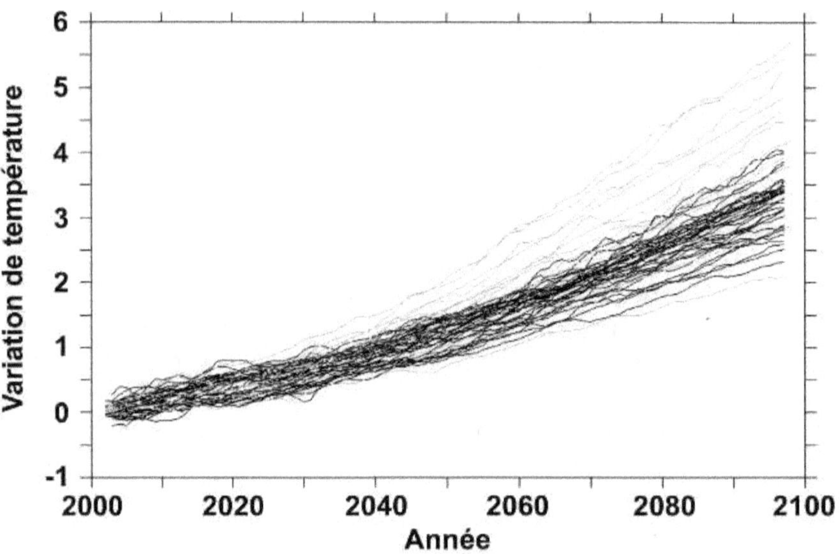

Figure 8.10. Projections de la variation de la température de 2000 à 2100 selon divers scénarios avec une concentration en dioxyde de carbone fixée (noir) ou couplée au climat (gris).

Il est important de coupler la dynamique du cycle du carbone et celle du climat, car il nous faut explorer les interactions du cycle du carbone « de demain » avec le climat « de demain ». Il ne s'agit pas seulement d'intérêt scientifique, mais bien de questions très pratiques. Aujourd'hui, la nature nous apporte une aide extraordinaire en réabsorbant 50 % du CO_2 anthropique produit, mais qu'en sera-t-il demain ? Est-ce que l'« éponge verte » terrestre et la « pompe à carbone océanique » vont gagner en efficacité ou est-ce que ces puits vont s'affaiblir ? La réponse dépend de l'identification et de la compréhension des mécanismes des pompes à carbone présentes et de notre capacité à prédire leur évolution. C'est l'un des grands défis scientifiques actuels – extrêmement important pour la société et scientifiquement très ardu, au vu du nombre d'interactions mises en jeu : écologiques, physiologiques, chimiques, physiques, sans oublier les processus économiques et sociaux. Nos incertitudes actuelles sur l'absorption future du CO_2 par les continents et les océans sont énormes et reflètent bien la portée du défi.

Sur les continents : plus vert ou plus brun ?

Même un petit changement dans l'équilibre fragile entre les entrées et les sorties brutes de CO_2 peut modifier nettement le bilan carboné des écosystèmes. Pour que la biosphère terrestre reste un puits net de CO_2, l'absorption de CO_2 par les plantes, *via* la photosynthèse, doit être supérieure aux flux inverses, dus à la respiration et aux incendies. C'est ce qui semble se passer exactement actuellement [66]. À partir des observations de la Terre par satellite, des indices indiquent même que la photosynthèse augmente, la planète devient plus « verte » [111]. Cependant, vu la taille relativement petite du réservoir de carbone terrestre, comparé à l'océan (revoir la Figure 8.7), et la courte vie du carbone sur les continents (quarante ans environ), toujours comparée aux océans, il est très probable que ces puits terrestres ne seront pas durables. Cependant, de grandes disparités régionales existeront dans l'évolution des puits de carbone terrestres et ces différences seront importantes du point de vue de la gestion du carbone.

Si dans les projections du futur [112, 113, 114, 115], nous tenons compte seulement de l'impact positif d'un taux de CO_2 élevé sur la photosynthèse (la « fertilisation carbonée »), la biosphère terrestre se comporte alors comme une « éponge verte » et retire beaucoup de carbone de l'atmosphère. Seulement, ceci décrit sûrement une vision très optimiste. Les études de croissance de la forêt en milieu artificiellement enrichi en CO_2 montrent certes une augmentation notable de croissance [116], mais il existe des limites. Premièrement, les plantes ont besoin d'un apport en azote pour bénéficier de la manne en CO_2 atmosphérique et cet apport vient vite à manquer (voir par exemple [117]). Deuxièmement, le puits de carbone actuel peut être simplement un effet temporaire du reboisement et non de l'augmentation du CO_2. Troisièmement, l'impact du changement du climat peut aussi affaiblir les puits de carbone, voire les muer en sources. Une température plus élevée augmente la décomposition du carbone dans le sol, que la croissance végétale accrue peut ou non compenser. Le carbone emprisonné dans le sol gelé du permafrost, dont une part est préservée depuis le dernier âge glaciaire au nord de la Russie et au Canada, est une source d'inquiétude particulière. D'énormes quantités de CO_2 et de CH_4 pourraient être libérées dans l'atmosphère si le climat se réchauffe dans les régions polaires. Encore une fois, il existe un équilibre délicat entre les sorties et les entrées de carbone, les deux pouvant être altérées par des effets concurrents du réchauffement. Le problème se complexifie lorsque l'on y ajoute la modification du cycle hydrologique.

Les changements du régime des pluies auront aussi un rôle clé dans la réponse future de la photosynthèse au changement du climat. Sur plus de 40 % du globe, la photosynthèse est limitée par l'humidité [118], et cette limitation peut s'étendre et s'accentuer dans le futur [119, 120], ce qui réduirait l'intensité du puits de carbone terrestre. Si l'on passe en revue la gamme des modèles de cycle du carbone terrestre en réponse à la fois à l'augmentation du CO_2 et au changement climatique, la conclusion générale est que le climat futur *et* les changements de CO_2 auront, « en moyenne », un impact négatif sur la capture du CO_2 anthropique par les continents [120, 121, 122]. Les forêts tropicales seraient particulièrement vulnérables au stress hydrique [119, 123]. Confirmant ce résultat, de nouvelles simulations [124], couplant des modèles de l'océan, du carbone continental et du climat, montrent que les impacts négatifs dus aux seuls changements climatiques futurs suffiraient à réduire l'intensité du puits de carbone terrestre de 2 à 10 Gt C par an. Dans toutes ces études, l'impact négatif des changements climatiques l'emporte de beaucoup sur l'effet fertilisant du CO_2, mais l'incertitude sur cet impact est aussi plus grande que celle portant sur la fertilisation.

Dans les océans : le plancton au secours de la physique

Selon la plupart des modèles océaniques (dont on rappelle qu'ils ne prennent pas en compte les changements dans la biologie marine), les océans restent, dans le futur, un puits pour le CO_2 atmosphérique. L'intensité du puits augmente avec la concentration atmosphérique du CO_2. Cependant, les modèles diffèrent sur la valeur de cette intensité. Les plus grandes divergences concernent les océans de l'hémisphère Sud, où la circulation est mal connue. Une complication supplémentaire tient au fait que l'absorption du CO_2 anthropique dans les océans accroît l'acidité de l'eau de mer par suite de l'augmentation du carbone inorganique dissous, ce qui conduit en retour à réduire l'absorption de CO_2.

Le changement climatique peut aussi perturber le puits océanique de plusieurs manières. Premièrement, en réponse au réchauffement global, la solubilité du CO_2 dans l'eau de mer diminue, d'où une baisse de l'absorption du CO_2 atmosphérique. C'est un processus bien compris, déjà en place de nos jours. Un autre phénomène qui va dans le même sens est la diminution du mélange vertical des océans. La surface des océans représente seulement 2 % des eaux océaniques et n'a qu'une faible capacité d'absorption (revoir les Figures 8.7 et 8.8). Le transport par brassage du carbone entre la surface et le fond est critique pour la pénétration du carbone dans l'océan. Or tous les modèles océaniques prévoient (toujours en ignorant les changements possibles de la biologie marine) une stratification accrue de l'océan, ce qui réduira l'effet de la pompe océanique à CO_2.

Un deuxième type de rétroaction, moins bien cerné, concerne les changements de la biologie marine. Dans les océans, du carbone est capturé par le plancton, puis conduit vers les fonds par sédimentation de matière organique morte. Si la production de matière organique morte augmente, le flux de carbone vers les fonds augmente et le puits océanique se renforce. À l'inverse, si cette production diminue, l'intensité du puits océanique diminue (*cf. supra* la discussion sur la pompe biologique des océans dans la partie « L'océan : une grande machine à traiter le carbone », p. 149). Pour le moment, aucune donnée n'indique un changement à grande échelle de la production de matière organique dans les océans. Cependant, des modèles d'océan de nouvelle génération associés à des modèles biologiques plus ou moins complexes indiquent que des variations dans la circulation océanique, causées par le changement climatique, peuvent modifier cette production et induire une rétroaction sur le CO_2 atmosphérique et le climat. De même, la stratification accrue de l'océan associée aux scénarios de réchauffement climatique affectera probablement le cycle du carbone lié à la biologie marine. La diminution du brassage des eaux de surface peut accroître l'utilisation des nutriments par le phytoplancton, d'où une augmentation de la production primaire des océans et ainsi une augmentation de l'export du carbone de la surface vers les fonds. D'un autre côté, un ralentissement de la circulation océanique peut aussi diminuer ce transport de carbone, si l'apport de nutriments ne satisfait pas la demande du plancton. À cause de cet effet, les modèles océaniques prédisent une diminution du transport de carbone de la surface vers l'océan profond de quelques pour cent, surtout dans les basses latitudes [125]. Notons cependant que tout changement dans les processus biologiques intervenant dans le transport de carbone hors de la surface (croissance du plancton, descente des particules vers le fond, minéralisation) n'augmentera la séquestration du carbone que transitoirement. Un ajustement du flux retour du carbone des fonds vers la surface se produira et l'effet net de la biologie marine sur l'atmosphère sera à nouveau neutre.

Actuellement, peu d'études utilisant des modèles rendent compte de la réponse du cycle océanique du carbone au changement du climat et au CO_2 atmosphérique. Ces études suggèrent une légère rétroaction positive, de l'ordre de 20 ppm [83, 126, 127]. De plus, cette rétroaction biologique s'étendrait sur une échelle de temps plus longue que les rétroactions physiques et chimiques « immédiates ». Notons une fois encore qu'il s'agit d'un sujet complexe et qui réclame un traitement adéquat.

La riposte du cycle du carbone

Comme le montre la Figure 8.3, les enregistrements paléoclimatiques indiquent clairement que le cycle du carbone et le système climatique sont intimement liés. Il y a une corrélation remarquable et forte entre la température et les concentrations atmosphériques de CO_2 et de CH_4 [128]. Dans les dix dernières années, les couplages réciproques du carbone et du climat ont été incorporés de manière extensive dans les modèles globaux, révélant de nouveaux pronostics et de nouveaux défis (revoir la Figure 8.10). Par exemple, deux études [119, 123] associant carbone et climat ont mis en évidence une rétroaction positive du cycle du carbone sur le changement climatique. Dans la première, le climat futur est envisagé comme un « El Niño permanent », avec une sécheresse étendue à l'Amazonie. La forêt tropicale ne peut survivre dans ces conditions, et il s'ensuit des pertes énormes de CO_2 vers l'atmosphère. L'ampleur de ce

CO_2 additionnel d'origine climatique est importante, comparée à l'impact primaire des émissions fossiles (la concentration de CO_2 en est accrue d'environ 20 %).

La découverte d'un effet amplificateur des changements du climat sur la concentration atmosphérique du CO_2 a modéré l'optimisme initial, sur le mode « pas besoin de s'en faire », laissant aux « éponges vertes » le soin d'absorber le carbone. Pratiquement tous les modèles couplant carbone et climat confirment une rétroaction positive du cycle du carbone, même si leurs résultats montrent une grande dispersion. Beaucoup reste à faire pour réduire l'incertitude, notamment en validant les modèles à partir d'observations actuelles.

ET LE JOUR D'APRÈS ?

Contrairement à une idée répandue [2], il n'existe pas une réelle durée de vie du CO_2 atmosphérique, il n'y a pas un temps au bout duquel l'excès de CO_2 issu des énergies fossiles disparaîtrait. En fait, de nombreux processus interviennent dans l'absorption de ce CO_2 à court, moyen et long terme.

Pendant les premiers siècles à venir, le processus principal sera la capture par les océans, avec les incertitudes décrites plus haut. Le temps que toute la circulation océanique s'ajuste à la charge de l'atmosphère en CO_2 sera de l'ordre de 1 000 ans ou plus. Ensuite, quelque 15 % du carbone émis par les énergies fossiles resteront dans l'atmosphère. Le second processus sera l'équilibre des carbonates. Plus le CO_2 fossile se dissout dans les océans, plus leur acidité augmente, d'où une lente diminution du CO_2 par réaction avec le carbonate des sédiments des fonds marins [85]. Ce processus est très lent (plus de 10 000 ans). Mais les carbonates des fonds marins sont largement de taille à neutraliser tout le carbone fossile dans ce lointain « jour d'après-demain ». Le « terminateur » géologique final, qui effacera les dernières traces de l'excès de carbone fossile, sera l'érosion des roches silicatées. Mais ce dernier processus agit encore plus lentement, sur une échelle de temps de plus de 30 000 ans [85].

Il faut bien dire que les incertitudes sont grandes sur ce nettoyage « après-demain » du CO_2 anthropique. Le réchauffement des océans, par exemple, peut laisser plus de CO_2 dans l'atmosphère que prévu. L'apport d'eaux de fonte peut entraîner une diminution du brassage des eaux océaniques, et donc réduire leur capacité à séquestrer du CO_2. Malgré ces incertitudes, nous pouvons être assurés que le legs en carbone fossile de l'Anthropocène restera très longtemps dans l'atmosphère. Nos descendants n'auront pas le choix : à moins que nous agissions très vite, ils vivront dans une atmosphère très riche en CO_2, sous un climat beaucoup plus chaud et au sein d'écosystèmes très différents.

Pour stabiliser le CO$_2$ futur et le climat

Quel sera le sort, à long terme, du CO$_2$ fossile dans l'atmosphère ? Quand l'humanité cessera-t-elle d'émettre du carbone fossile ? S'il faut attendre le constat d'effets négatifs du changement climatique, il sera trop tard. Loin d'être des adeptes d'un *Jour d'après*[9] ni d'un *État d'urgence*[10], nous croyons plutôt qu'il existe un consensus émergent et important, que reflètent la littérature scientifique et le troisième rapport d'évaluation du Giec[11] :

• La température moyenne globale à la surface du globe a augmenté d'un peu plus d'un demi-degré depuis le début du XXe siècle, soit le réchauffement le plus important des derniers mille ans pour l'hémisphère Nord.

• Un corpus sans cesse grandissant d'observations du climat et de quelques autres changements dans les systèmes écologiques et physiques offre l'image d'un monde qui se réchauffe.

• Il existe de nouvelles preuves, plus convaincantes, que la plus grande part du réchauffement des cinquante dernières années est attribuable aux activités humaines.

• La température globale va augmenter de 1,4 à 5,8 °C au cours de ce siècle, à moins que les émissions des gaz à effet de serre ne soient sévèrement réduites.

En fait, même ce consensus scientifique et politique est « à courte vue ». On n'a pas pris assez conscience du caractère irréversible de la rupture du cycle du carbone et des changements climatiques qui en découlent, même si les hypothèses les plus optimistes sur la stabilisation des gaz à effet de serre se réalisaient. Ainsi par exemple de l'hypothèse très optimiste que la concentration atmosphérique du CO$_2$ va se stabiliser, d'ici l'année 2100, au double de sa valeur préindustrielle (ce qui suppose déjà l'abandon de presque toute utilisation des énergies fossiles bien avant 2100). Même ce scénario « optimiste » conduit à une élévation de la température de 1,4 à 3,1 °C à cette date. De surcroît, comme nous l'avons discuté, notre compréhension actuelle du cycle du carbone suggère que les rétroactions positives (aggravantes) seront d'autant plus

---

9. Voir le site http://www.thedayaftertomorrow.com/.
10. Voir le site http://www.michaelcrichton.net/fear/.
11. Voir le site http://www.ipcc.ch/pub/un/syrfrench/spm.pdf.

importantes que le réchauffement sera élevé, de sorte que même l'arrêt de la combustion des énergies fossiles serait insuffisant.

On ne prend pas assez conscience non plus de ce que la hausse de la température globale se poursuivra pendant trois cents à cinq cents ans jusqu'à ce que le climat atteigne un nouvel état d'équilibre avec une valeur stabilisée de la concentration en CO_2. Du fait des rétroactions complexes mises en jeu, les changements climatiques suivent avec retard le forçage des gaz à effet de serre (Figure 8.11).

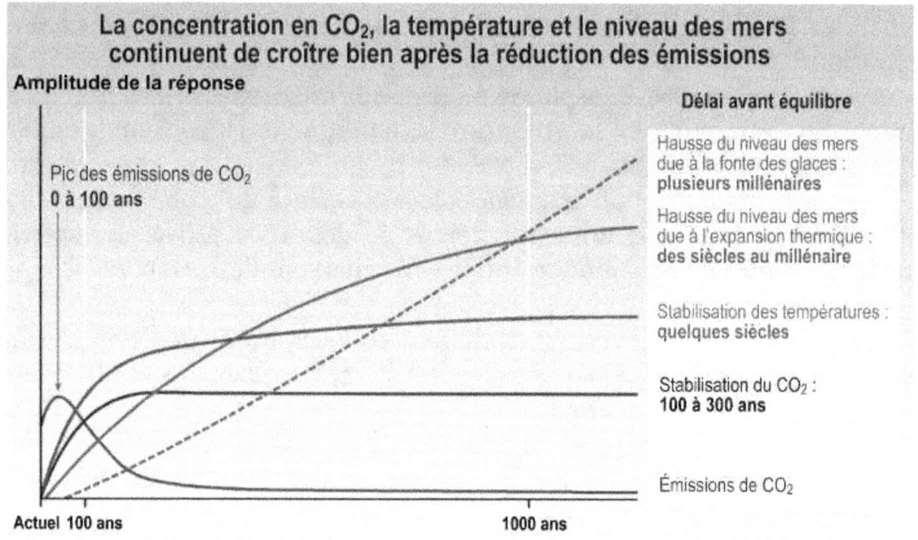

Figure 8.11. Projections de la température de surface de l'air en Arctique des cinq modèles de climat Acia selon le scénario B2.

Deux faits doivent être soulignés :

• Pour parvenir à stabiliser la concentration future du CO_2 dans l'atmosphère, nous devons réduire sévèrement (de plus de 80 %) la consommation globale d'énergies fossiles, et gérer plus prudemment la biosphère. En d'autres termes, stabiliser la concentration atmosphérique en CO_2 demande bien plus que de stabiliser les émissions : avec des émissions stables, la concentration augmentera indéfiniment.

• Pour stabiliser la température moyenne globale en dessous d'un seuil dangereux pour l'homme, nous devons admettre que l'augmentation de température globale est décalée par rapport à l'augmentation de la concentration en CO_2 de l'atmosphère. En conséquence, la température continuera d'augmenter bien après la stabilisation de la concentration dans l'atmosphère des gaz à effet de serre, principalement le dioxyde de carbone.

Près de quinze années se sont écoulées depuis la signature de la Convention sur le climat en 1992 et, pendant ce temps, les émissions ont augmenté de plus de 15 %, davantage que ce qui avait été accepté pour les pays de l'annexe B dans le protocole de Kyoto. Depuis 1992, la concentration atmosphérique en CO_2 a augmenté de 25 ppm. Cette augmentation est porteuse à elle seule d'un réchauffement de 0,25 °C. Nous devons changer de trajectoire.

Que devons-nous faire pour réduire les incertitudes ?

Nous avons vu que la distribution géographique des puits et sources de CO_2, continentaux et océaniques restait floue et que cette incertitude entache les prévisions. Comprendre et, peut-être, agir sur les puits et les sources de carbone sera important, de même qu'il faut améliorer notre connaissance objective des sources d'énergie fossile.

Puisque l'atmosphère « voit » les flux de surface du CO_2, la distribution géographique du CO_2 dans l'atmosphère peut être utilisée pour quantifier ces flux de surface. La plupart des mesures atmosphériques actuelles (moins de cent sites de surveillance) sont prises dans des stations marines éparpillées, et sont seulement représentatives de la concentration en CO_2 à très grande échelle. Elles ont été utilisées dans des modèles de transport atmosphérique pour quantifier les puits et sources régionaux de carbone. Ces données suggèrent fortement l'existence d'un important puits de carbone continental dans l'hémisphère Nord. Malheureusement, l'estimation de flux régionaux de carbone est un problème fortement sous-déterminé. Nous ne savons même pas si certaines régions, comme l'Amérique du Nord ou les vastes territoires de l'Eurasie, agissent comme une source ou comme un puits net de carbone d'année en année. En clair, les observations *in situ* actuelles sont bien trop clairsemées pour permettre la détermination géographique précise des sources et des puits.

Des mesures précises du CO_2 atmosphérique, à long terme et couvrant l'atmosphère « de bout en bout », déplaceraient le problème d'un système sous-déterminé à un système surdéterminé, abreuvé de données. Accomplir ce saut est fondamental : il permettra la détermination et la localisation des flux de CO_2 dans le temps et dans l'espace. Des mesures densément réparties dans toute l'atmosphère identifieront les régions d'absorption et de rejet de CO_2, c'est-à-dire les puits et les sources, une contrainte cruciale pour les modèles.

Nous pensons que cet objectif peut être atteint dans cinq à dix ans. C'est la pierre angulaire d'un système intégré d'observation du carbone (Figure 8.12). Ce système devrait être construit sur un réseau au sol, d'observation à long terme de haute précision, complété par de nouvelles observations par satellite qui combleront les trous du réseau au sol, dans les régions inaccessibles à l'échantillonnage[12].

Ce réseau au sol nécessite une infrastructure globale, bien répartie, capable de mesurer le CO_2 et d'autres traceurs avec une grande précision, et un risque minimal de perte de données pendant plusieurs décennies. Des éléments de cette infrastructure future existent déjà aux États-Unis, avec le programme d'échantillonnage de l'air du NOAA-CMDL[13], mais en Europe, ils doivent être intégrés dans un système d'observation plus harmonisé. On améliorera le rapport coût/efficacité d'un tel réseau de mesures *in situ* en évitant les duplications et facilitant le partage des données par l'adoption de méthodologies, de standards, d'un système de gestion des données, de protocoles d'observation et d'une instrumentation communs, à l'exemple du réseau Aeronet (voir Chapitre 3).

Il faut aussi des mesures par satellite du CO_2 atmosphérique, seul moyen d'acquérir un jeu de données global, précis, dépourvu de biais saisonnier, latitudinal ou diurne. C'est aujourd'hui possible avec l'avènement de lidars embarqués sur satellite, une nouvelle technologie démontrée pour les aérosols par le succès de la mission franco-américaine Calipso. La mesure du CO_2 atmosphérique par spectroscopie d'absorption de rayonnement laser à plusieurs longueurs d'onde, utilisant des lasers à émission continue développés par l'industrie des télécommunications, a été proposée. Une telle mission serait idéalement développée dans un cadre international, pourquoi pas franco-américain ?

Une première page de la mesure du CO_2 depuis l'espace est en train de s'écrire. La Nasa s'apprête à lancer en 2009 le satellite OCO (*Orbital Carbon Observatory*) qui mesurera le contenu moyen en CO_2 de chaque colonne d'air à partir de la double traversée de l'atmosphère par les photons solaires. La Jaxa (agence spatiale japonaise) lancera la mission Gosat, développée conjointement avec le NIES (National Institute for Environmental Studies) pour l'observation des gaz à effet de serre.

Ces données combinant des mesures *in situ*, des observations satellites avec de l'inversion atmosphérique, de l'intégration de données, associées avec des modèles des cycles du carbone atmosphérique, terrestre et océanique permettront de quantifier les sources et les puits à des résolutions spatiales et temporelles jamais atteintes. Les résultats scientifiques attendus feront grandement avancer la compréhension du cycle global du carbone et fourniront les fondements scientifiques essentiels à la pré-

---

12. Pour une plus grande description de ce réseau, voir le site http://ioc.unesco.org/igospartners/Carbon.htm.

13. Voir le site http://www.cmdl.noaa.gov/. Depuis le 1er octobre 2005, le Laboratoire de surveillance et de diagnostic du climat (Climate Monitoring and Diagnostics Laboratory, CMDL) a fusionné avec le Laboratoire de recherche sur le système Terre (Earth System Research Laboratory, ESRL) au sein de sa division « Surveillance globale » (Global Monitoring Division, GMD).

vision raisonnable des concentrations atmosphériques en CO_2. Mais, plus important encore, nous aurons mis en place une infrastructure indispensable à la compréhension du cycle du carbone et sa perturbation.

Une dernière remarque :
réduire les incertitudes ne suffit pas

Les défis cumulés de la confrontation aux changements du climat et de l'environnement, et de l'action en faveur d'un futur viable peuvent paraître pressants et intimidants, mais ils ne sont pas insurmontables. Ces défis peuvent être relevés, mais seulement au prix d'une approche nouvelle et plus vigoureuse nous permettant de comprendre notre planète en proie au changement et de nous comprendre nous-mêmes, au prix aussi d'un *engagement concomitant* de tous à modifier nos comportements. Ceux qui consomment le plus doivent prendre la plus grande part à ces actions. Nous devons simplement alléger la pression que nous excrçons sur la Terre. En particulier, nous devons *dès maintenant* commencer à réduire les émissions des énergies fossiles[14].

Les auteurs

PHILIPPE CIAIS est directeur adjoint du Laboratoire des sciences du climat et de l'environnement à Gif-sur-Yvette. Il coordonne plusieurs projets de recherches nationaux et européens, et a participé aux travaux du Giec comme *lead author*.

BERRIEN MOORE III est *distinguished professor* de l'Université du New Hampshire. Il y a dirigé l'Institut pour l'étude de la Terre, des océans et de l'espace. Il a présidé le comité scientifique du Programme international géosphère-biosphère (IGBP), le comité scientifique consultatif principal de la Nasa et a participé activement aux comités de l'Académie des sciences américaine. Il est actuellement membre du Space Studies Board. Il a reçu la Distinguished Public Service Medal de la Nasa.

---

14. Nous (B. Moore) reconnaissons que nous avons exprimé ces idées dans une publication antérieure. Moore, B., 2002, « Challenges of a Changing Earth », *in* W. Steffen, J. Jäger, D. Carson et C. Bradshaw (éds.), *Challenges of a Changing Earth. Proceedings of the Global Change Open Science Conference*, Amsterdam, 10-13 juillet 2001, Berlin, Heidelberg, New York, Tokyo, Springer-Verlag.

Chapitre 9

LES DÉFIS DU CHANGEMENT CLIMATIQUE : IMPLICATIONS ET PERSPECTIVES POUR L'ARCTIQUE

par Robert W. Corell

*« The Arctic Climate Impact assessment is path-breaking and it
is crucial that the world know and understand what it says. »*
Sheila Watt-Cloutier, Conférence circumpolaire inuit,
qui représente au niveau international les Inuits vivant
en Alaska, au Canada, au Groenland et à Tchoukotka en Russie.

Ce chapitre traite de quatre questions illustratives des problèmes du changement climatique, et les replace dans le cadre de l'Arctique, une région sujette aux changements actuels et projetés les plus intenses. Dans ce contexte l'Arctique apparaît comme la sonnette d'alarme du changement climatique.

Que nous apprennent les découvertes scientifiques récentes sur les implications globales du changement climatique ?

Les fondements de nos connaissances collectives du changement climatique ont grandement bénéficié de l'effort intégré de recherche internationale des dernières décennies, qui nous ont apporté une compréhension accrue de son caractère, des processus qu'il met en jeu et de ses effets. De plus, les études nationales et internationales ont fourni une évaluation plus complète des impacts de ce changement sur la planète et les peuples qui l'habitent. Par exemple, le rapport publié en 2001 par le Giec [3] concluait sur le constat dûment étayé que, « à la lumière des preuves nouvelles et en tenant compte des incertitudes persistantes, la plupart du réchauffement observé sur les cinquante dernières années est probablement due à l'accroissement de la concentration des gaz à effet de serre ».

L'ANNÉE 2005 EST LA PLUS CHAUDE JAMAIS ENREGISTRÉE

L'anomalie de température moyenne globale de surface est la plus élevée depuis que l'on dispose d'observations, les températures de l'océan et des continents continuant de croître. La signification de cette croissance continue des températures océaniques est que l'océan absorbe plus de 90 % du réchauffement total, dont 3,3 % seulement vont à l'atmosphère et 6,2 % à la fonte des glaciers et des glaces de mer. Le réchauffement des océans ne peut être expliqué seulement par la variabilité interne naturelle du climat ou par un forçage solaire ou volcanique, alors que l'élévation de température mesurée est bien simulée par les modèles de climat sous l'influence du forçage anthropique (c'est-à-dire des activités humaines), ce qui suggère que ce réchauffement est bien d'origine humaine. De plus, les mesures montrent que la Terre absorbe maintenant un excédent de $0,85 \pm 0,15$ Wm^{-2} d'énergie solaire par rapport à ce qu'elle réémet vers l'espace, ce qui a une implication d'une grande importance : l'océan recèle déjà une élévation supplémentaire de la température globale d'environ 0,5 °C, qui se produira même si les gaz à effet de serre cessaient de croître.

En résumé, il est de plus en plus clair que la planète a été soumise au cours des cinquante dernières années à un réchauffement dont la source principale réside dans les activités humaines, en particulier l'utilisation de combustibles fossiles, et que les projections du climat futur sont profondément inquiétantes et doivent être traitées avec vigueur par les instances politiques à tous les niveaux de la société. La démonstration sous-jacente à ces constats, accréditée par la communauté scientifique, est solide, appuyée sur une documentation crédible, et cohérente vis-à-vis de toutes les évaluations scientifiques des changements climatiques des années écoulées.

Que nous enseigne l'Arctique
sur le changement récent du climat ?

Au cours des cinq dernières années, plus de trois cents scientifiques et experts, dont des anciens appartenant aux peuples indigènes et d'autres observateurs résidents des régions arctiques, ont produit une analyse approfondie, une synthèse, et une documentation des impacts et des conséquences de la variabilité et des changements du climat, sous le titre d'*Évaluation des impacts du climat en Arctique* (en anglais, *Arctic Climate Impact Assessment* – Acia). Un conseil ministériel des huit pays arctiques a chargé, par l'intermédiaire du Conseil de l'Arctique, un groupe scientifique international de procéder à une évaluation du changement du climat arctique. Le rapport scientifique qui en résulte comprend deux documents, (a) une synthèse des principales découvertes [129] et (b) une analyse scientifique détaillée du changement climatique de plus de mille pages en dix-huit chapitres [130]. De plus, le Conseil de l'Arctique a produit un ensemble de recommandations d'ordre politique [131].

LES PRINCIPALES DÉCOUVERTES

Le rapport Acia décrit et anticipe des impacts disruptifs importants liés au changement climatique, tout en mettant en évidence un certain nombre de bénéfices potentiels pour les populations indigènes et les différents résidents, les communautés, les secteurs économiques et les gouvernements de la région arctique. Pour ses projections, l'évaluation a utilisé les scénarios B2 et A2 extraits du *Rapport spécial du Giec sur les scénarios d'émission* [35] (voir Chapitre 1). Le scénario primaire B2 suppose un changement « modéré » du climat, fondé sur l'hypothèse d'un peu plus d'un doublement des émissions globales de dioxyde de carbone d'ici 2100. Ce scénario décrit un monde dans lequel l'accent est mis sur les solutions locales aux questions de développement durable aux plans économique, environnemental et social, tandis que le scénario A2 envisage un monde très hétérogène, avec pour thème sous-jacent la confiance en soi et la préservation des identités locales. Dans le scénario B2, le réchauffement en Arctique est près du double du réchauffement global projeté, pouvant atteindre des valeurs très supérieures dans certaines régions arctiques.

Parmi les preuves d'un réchauffement récent dans l'Arctique figurent l'enregistrement de températures croissantes, la fonte de glaciers, la réduction de l'étendue et de l'épaisseur des glaces de mer, la fonte du permafrost et l'élévation du niveau de la mer. Cette tendance d'ensemble comporte des variations et des caractéristiques régionales ; par exemple, les températures en hiver ont augmenté plus rapidement qu'en été. En Alaska et dans l'Ouest canadien, les températures moyennes hivernales ont crû de 3 à 5 °C au cours des trente dernières années, alors que l'élévation de la température moyenne globale n'a été que de 0,6 ± 0,2 °C.

Dans la même période, l'étendue des glaces de mer en Arctique en été a diminué d'environ 25 %, à un rythme accru de 20 % dans les vingt dernières années par rapport aux trois décennies précédentes. Les simulations par les modèles Acia des prochaines décennies prévoient des réductions substantielles et accélérées de la glace de mer en été tout autour du bassin arctique, un des modèles prévoyant même la disparition totale de la glace de mer en été avant le milieu de ce siècle, ce qui ouvrirait à la navigation saisonnière des routes marines importantes, mais s'accompagnerait de changements notables de l'albédo, de l'altération de la nébulosité et de modifications d'importance globale de la circulation océanique. Les navires auraient accès à une route nordique le long de la côte eurasienne depuis l'Atlantique jusqu'au détroit de Behring pendant une centaine de jours (au lieu de quelques semaines), et jusqu'à cent cinquante jours pour des brise-glace de puissance modérée en 2080. Ceci aurait d'importantes implications politiques et économiques, telles qu'un accès facilité aux ressources régionales, soulevant des problèmes de souveraineté, de sécurité et de préservation de l'environnement. L'accès à la glace de mer est essentiel à la survie et à la reproduction de nombreux mammifères marins des hautes latitudes. Les scientifiques et les résidents de l'Arctique s'inquiètent de l'amincissement et de la réduction de la glace de mer arctique, qui pourrait causer l'extinction de plusieurs espèces majeures, dont l'ours polaire, le morse et certains phoques. La perte de ces espèces met en péril la culture de la chasse des Inuits en Alaska, dans le Nord canadien, le Groenland et la presqu'île de Tchoukotka en Russie.

Des études récentes des glaciers d'Alaska indiquent déjà une fonte à un taux accéléré, représentant près de la moitié de la perte totale estimée par les glaciers du monde entier. Le suivi de la fonte du Groenland revêt une importance particulière, car elle est susceptible de contribuer substantiellement à l'élévation du niveau de la mer. Au cours des deux décennies écoulées, la surface de fonte au Groenland a augmenté en moyenne de 0,7 % par an (soit environ 17 % de 1979 à 2002) avec une importante variation interannuelle. Les données des satellites montrent une surface de fonte d'une taille record en 2005. Même si la dilatation thermique des eaux océaniques reste la contribution dominante à l'élévation du niveau de la mer, le rapport Acia suggère que l'apport de la fonte des calottes glaciaires contribuera à une élévation du niveau des océans qui se situera dans la partie haute de la fourchette projetée par le Giec, comprise entre 0,2 et 0,9 mètre au cours de ce siècle. Selon les autorités du Bangladesh, une élévation d'un mètre du niveau de la mer réduirait la surface de terres utilisables de leur pays de 60 % (selon d'autres estimations cette réduction serait de 25 à 40 %). Nombre de petits États insulaires en voie de développement seront inondés par une montée de 1 mètre des eaux marines, la superficie de plusieurs d'entre eux se réduisant alors d'environ 50 %.

La plupart des sols en Arctique sont occupés par du permafrost, dont la fonte perturbera les transports, les habitations et les autres infrastructures. L'élévation des températures du permafrost sur la plupart des terres arctiques a atteint 2 °C dans les dernières décennies, et la profondeur de la couche qui fond chaque année s'accroît dans maintes régions. Au cours du siècle à venir, la dégradation du permafrost concernera 10 à 20 % des surfaces actuellement gelées, et la limite sud du permafrost se déplacera vers le nord de plusieurs centaines de kilomètres dans certaines régions. La hausse des températures détériore déjà les voies terrestres à travers la toundra gelée, ainsi que les routes de glace et les ponts, et l'incidence de la boue, de glissements de roches et d'avalanches devrait aller croissant. Le nombre de jours par an pendant lesquels les poids lourds peuvent emprunter les routes de glace à travers la toundra avec l'approbation du département des Ressources naturelles d'Alaska a diminué de près de 50 %, de ~ 200 jours à ~ 100 jours par an au cours des trente dernières années, ce qui a limité les activités d'exploration et d'extraction pétrolière et gazière, de manière générale, les accès pour tous les types d'activité.

La hausse des températures en Arctique aura aussi pour effets d'augmenter la croissance et la densité de la végétation, l'expansion forestière dans la toundra et au-delà dans le désert polaire. Ces effets, ainsi que l'élévation du niveau de la mer, aboutiront à rétrécir la zone de toundra à sa plus faible extension depuis au moins 21 000 ans, ce qui pourrait réduire l'aire de nidification pour de nombreuses espèces d'oiseaux migrateurs et la surface de pâturage pour les animaux dont l'habitat dépend de la toundra et du désert polaire. On prévoit qu'une moitié de la zone de toundra actuelle disparaîtra au cours de ce siècle. Les populations qui vivent en Arctique dépendent pour leur subsistance des troupeaux de rennes et de caribous, qui se nourrissent de l'abondante végétation de la toundra et qui ont besoin de bonnes conditions fourragères, particulièrement pendant la saison de la mise bas. Les changements climatiques se traduiront non seulement par la perte de surface de pâture, mais aussi par l'incidence accrue de cycles alternés de congélation et de fonte et d'épisodes de pluie glacée, toutes conditions qui empêchent les animaux de paître la végétation couverte de glace. De plus, la migration d'autres espèces (élans, cerfs, etc.) vers les pâturages traditionnels risque de perturber certaines populations animales. Quoique la plus grande part de la redistribution des espèces soit due au climat, le développement des routes, des pipelines et d'autres infrastructures y contribue. Enfin, quoique l'agriculture arctique soit d'importance réduite en termes globaux, la production régionale devrait s'étendre vers le nord.

Les pêcheries marines ont une part vitale dans l'économie de tous les pays arctiques, et fournissent une source d'aliments importante au niveau mondial. Elles sont largement contrôlées par des facteurs tels que les conditions météorologiques locales, la dynamique des écosystèmes, et les décisions de gestion, de sorte que la projection des impacts du changement climatique sur les stocks de pêche est délicate. Selon les informations disponibles, cependant, le réchauffement attendu pourrait améliorer les conditions pour certains stocks de poissons tels que la morue et le hareng, mais les dégrader pour d'autres espèces. Il en va ainsi de l'aire de la crevette nordique qui semble se contracter, d'où une diminution des prises (environ 100 000 tonnes par an) dans les eaux groenlandaises. Bien que l'effet total du changement climatique sur les pêches soit vraisemblablement moindre que celui des choix de gestion, certaines communautés spécifiques dépendantes de la pêche seront gravement affectées.

À travers l'Arctique, les populations indigènes accoutumées à l'amplitude des variations naturelles du climat font état de changements sans précédent dans la longue expérience de leurs peuples [129, 130, 131, 132]. Cependant, ce climat altéré réduit leur capacité à prévoir le futur. Un de ces anciens, en Russie occidentale, a fait la remarque suivante, fréquemment relevée dans tout le bassin arctique dans le rapport Acia, au cours d'une interview : « De nos jours, la neige fond plus tôt au printemps. Les lacs, les rivières, les marais gèlent plus tard en automne. La vie des troupeaux de rennes devient plus difficile car la glace est fragile et peut céder... Toutes sortes d'événements inhabituels se produisent. Maintenant, les hivers sont plus chauds qu'avant. Parfois, il pleut pendant la saison hivernale. Nous n'avions jamais prévu cela ; nous n'y sommes pas préparés. C'est très étrange... Le cycle annuel a été fortement perturbé et ceci nuit aux troupeaux de rennes, c'est sûr... »

Les résidents de l'Arctique vont devoir faire face à des impacts majeurs dus aux changements du climat et de l'environnement, qui interviennent dans un contexte marqué par d'autres changements interconnectés. Parmi ceux-ci, la pollution chimique, la destruction des habitats, la surpêche dégradent l'environnement, cependant qu'au plan social et économique, les innovations technologiques, la libéralisation du commerce, l'urbanisation, les mouvements d'autodétermination et l'accroissement du tourisme affectent aussi les résidents du Grand Nord. Il apparaît que la vitesse du changement climatique limite leur capacité d'adaptation.

Les projections du climat futur en Arctique échappent à l'expérience humaine et vont vraisemblablement affaiblir et même disloquer les populations résidentes. Au-delà, du fait des liens directs avec les impacts globaux de l'élévation du niveau de la mer, l'accès à de nouvelles ressources naturelles et voies navigables, et les modifications de la distribution globale des températures, il est clair que ces impacts seront très profonds. Les dix principales conclusions du rapport Acia sont les suivantes :

1° Le climat arctique se réchauffe rapidement et des changements de plus grande ampleur sont attendus (Figure 9.1).

2° Le réchauffement arctique et ses conséquences ont des implications globales.

3° Les zones de végétation arctique vont sans doute se déplacer, occasionnant à leur tour des impacts d'envergure.

4° La diversité des espèces animales, leur extension et leur distribution vont changer.

5° De nombreuses communautés et installations côtières seront davantage exposées aux tempêtes.

6° La réduction de la glace de mer va certainement conduire à l'accroissement du transport maritime et de l'accès aux ressources naturelles.

7° La fonte des sols gelés aura un effet destructif sur les transports, les bâtiments et d'autres infrastructures.

8° Les communautés indigènes vont devoir faire face à des impacts culturels et économiques majeurs.

9° Les niveaux accrus de rayonnement ultraviolet affecteront les populations, les plantes et les animaux.

10° Les influences multiples se conjuguent pour aggraver les impacts sur les populations et les écosystèmes.

De quels exemples de stratégies ou de scénarios disposons-nous en matière de réductions des émissions de gaz à effet de serre ?

STRATÉGIES ET SCÉNARIOS

On appelle scénarios (voir Chapitre 1) un ensemble de descriptions de futurs plausibles. Ces scénarios ne sont ni des prédictions ni des prévisions, il ne s'agit que d'une méthodologie conçue pour représenter une série d'états crédibles du monde à venir, par exemple entre 2000 et 2100. Les scénarios les plus utilisés dans les dernières années ont été développés par le Giec (Figure 9.2).

LES ACCORDS INTERNATIONAUX

Bien que les scénarios du Giec présentent une large gamme d'états futurs plausibles de la planète, ils ne fournissent pas d'information quant aux chemins à suivre et aux politiques d'adaptation à mettre en œuvre non plus qu'aux stratégies et accords de réduction des impacts. Un mécanisme international officiel, le protocole de Kyoto, traite bien de la réduction des émissions de gaz à effet de serre et d'autres mesures

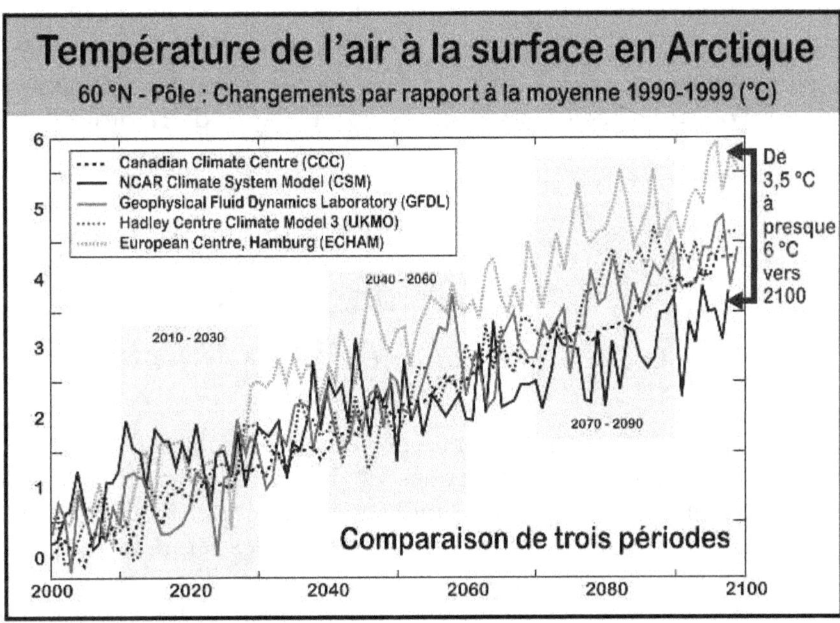

Figure 9.2. Projections de la température de surface de l'air en Arctique des cinq modèles de climat Acia selon le scénario B2.

d'adaptation et d'atténuation en application de la Convention-cadre des Nations unies sur le changement du climat (UNFCCC). Ce protocole encourage les gouvernements à coopérer, à améliorer l'efficacité énergétique, à réformer les secteurs de l'énergie et des transports, à promouvoir les énergies renouvelables, à mettre fin aux mesures fiscales impropres et aux imperfections du marché, à limiter les émissions de méthane par les déchets et les systèmes de production d'énergie, et à protéger les forêts et les autres « puits » de carbone.

IDÉES ET STRATÉGIES ACTUELLES

Il est de plus en plus clair que les mesures en vigueur ont peu de chances d'empêcher la croissance continue des émissions de CO_2 pendant la durée du protocole de Kyoto (2008-2012) du fait de la poursuite prévisible d'une croissance de la production, de la consommation, des transports et d'autres facteurs. Aussi, l'Union européenne a par exemple déclaré à la fin des années 1990 que les températures moyennes globales ne devraient pas dépasser leur niveau préindustriel de plus de 2 °C. Le Premier ministre britannique Tony Blair a indiqué que le Royaume-Uni devrait réduire ses émissions de gaz à effet de serre de 60 % d'ici 2050. Des gouvernements nationaux, certaines autorités régionales ou provinciales et même des villes ont annoncé des objectifs et des calendriers similaires. Par exemple, les six États de la Nouvelle-Angleterre aux États-Unis et les quatre provinces maritimes se sont engagées à participer à la poursuite d'objectifs régionaux inspirés du protocole de Kyoto.

Quels sont les conséquences et/ou les risques de l'inaction ?

Il y a dissymétrie entre l'échelle de temps selon laquelle le système climatique réagit à l'accroissement des gaz à effet de serre et celles selon lesquelles il revient à l'équilibre. Il faut à peu près dix fois plus de temps pour ce rétablissement qu'il n'en suffit pour que les températures globales augmentent. Plusieurs facteurs sont en cause, dont les principaux sont les suivants : (i) le très long temps de résidence des gaz à effet de serre dans l'atmosphère ; (ii) la capacité des océans à absorber la chaleur et à la transporter autour de la planète ; (iii) les longs temps de réponse de la fonte de la glace de mer et des glaciers continentaux.

Il résulte clairement des arguments présentés ici et dans les autres chapitres que le CO_2 est le gaz à effet de serre dominant, cependant, si le méthane (CH_4) venait à jouer un rôle plus important, simplement du fait d'un léger accroissement de ses émissions, et connaissant son pouvoir de réchauffement global qui est environ vingt-deux fois supérieur à celui du CO_2, l'impact sur le réchauffement planétaire serait considérable. Selon le Giec, environ 60 % du méthane atmosphérique est produit par l'activité humaine. L'accroissement du méthane depuis deux cents ans est principalement dû à la combustion accrue des prairies, des forêts et du bois de feu, l'utilisation de remblais, l'intensification de l'élevage et des autres activités agricoles, l'exploitation des mines de charbon, le traitement des eaux usées, la culture du riz et les fuites de gaz naturel des installations de production de combustibles fossiles. Les sources naturelles de méthane sont les zones humides, les termitières, les hydrates de gaz des fonds océaniques et les incendies de forêts naturels. Par exemple, on a estimé que les marais de Sibérie occidentale (en Russie) contiennent à eux seuls 70 milliards de tonnes de méthane, soit le quart de tout le méthane stocké dans les sols superficiels sur toute la Terre. Une évaluation récente suggère que le risque potentiel d'un dégagement de méthane dans le siècle en cours est réel, même si le rythme en est incertain. Néanmoins, si le dégazage de méthane intervient à partir d'un certain seuil de température, la seule manière d'y mettre fin serait une baisse, improbable, des températures globales. Le dégagement de méthane enclencherait une rétroaction positive, par laquelle l'effet de serre propre au méthane aboutirait à une augmentation de la température.

Le message est simple, qui découle des rapports du Giec et Acia : le retard au démarrage (maintenant) ne peut qu'augmenter encore plus le délai à la sortie. Cette réalité prise en compte, il est essentiel que les sociétés s'engagent dans la mise en œuvre de mesures d'adaptation et d'atténuation sur des échelles de temps qui limitent à la fois l'amplitude et la vitesse du changement climatique. Le retard pris à engager ces actions se traduira par l'allongement et l'aggravation des effets du changement climatique. Les plans d'action correspondants doivent donc comporter des stratégies et des éléments à court terme aussi bien qu'à long terme.

Traduit de l'anglais (États-Unis) par J.-L. Fellous.

L'auteur

Robert W. Corell a été directeur adjoint pour les géosciences à la US National Science Foundation. Il a dirigé le programme international d'évaluation des impacts sur le climat arctique (Acia) et a été *senior research fellow* à la Kennedy School of Government de l'Université Harvard. Il occupe actuellement la position de *senior policy fellow* au sein du programme de prospective de l'American Meteorological Society.

Chapitre 10

DE CERTAINS IMPACTS DU CHANGEMENT CLIMATIQUE SUR L'EUROPE ET L'ATLANTIQUE

par Jean-Claude ANDRÉ[1]

> « Beaucoup de flots du Rhône coulent au long de l'hiver, et c'est pourquoi l'hydrologue bosse sur les crues. »
>
> J. MARTIN, 2003.

Les vagues de chaleur

INTRODUCTION

La France et, plus généralement, l'Europe de l'Ouest ont connu au cours de l'été en 2003 des températures exceptionnellement élevées. Aucun phénomène de ce type, à la fois par la durée et par l'extension spatiale, n'a été observé au cours des cinquante dernières années. Les récents étés les plus chauds (1976, 1983 et 1994) n'ont en effet affecté que des régions de moindre étendue (Figure 10.1). Une des questions importantes est alors de savoir si ce phénomène est induit par le changement climatique, ou s'il ne s'agit « encore » que d'un phénomène exceptionnel pouvant être expliqué par le caractère naturellement fluctuant du climat. Le « climat » est en effet calculé comme la moyenne d'un grand nombre d'événements, et n'est pas déterminé par un seul d'entre eux, aussi exceptionnel soit-il. Il n'en reste pas moins que, quelle qu'en soit l'origine, naturelle ou anthropique, un tel événement a eu des conséquences extrêmes sur la santé humaine, faisant environ 15 000 morts en France, et approximativement le double pour l'ensemble de l'Europe de l'Ouest. Il est donc de la plus grande importance d'étudier si, au cours des

---

1. L'auteur souhaite remercier de nombreux collègues avec lesquels il a pu avoir de très intéressantes discussions et qui lui ont souvent fourni des notes et articles encore non publiés, dont ils pourront retrouver ici une partie des informations. Ses remerciements vont particulièrement à Pierre Chevallier, Michel Déqué, Hervé Douville, Jean-Pierre Lacaux, Katia Laval, Serge Planton et Yves Tourre.

prochaines décennies, de tels phénomènes vont aller en s'amplifiant, en fréquence ou en intensité, en réponse au réchauffement climatique lié à l'accroissement anthropique de l'effet de serre.

L'étude de la distribution en fréquence et en intensité des événements extrêmes, comme ces vagues de chaleur, nécessite de disposer de séries d'observations homogènes qui concernent des périodes suffisamment longues. Plus un événement est rare et plus la série d'observations qui permettra de le caractériser devra être longue. À titre d'exemple, une bonne caractérisation statistique d'un événement se reproduisant tous les cinq ans environ nécessite une série d'observations longue d'environ cent ans. Sans de telles séries longues et stationnaires, il s'avère impossible d'étudier de façon fiable de tels événements extrêmes à partir des observations météorologiques passées. Comme l'on sait par ailleurs que le climat a connu quelques variations au cours du siècle passé (avec une évolution lente mais constante, conduisant à un réchauffement global d'environ 0,6 °C de la température, voir Chapitre 1), il est nécessaire de se tourner vers d'autres façons de caractériser et de prédire le comportement futur des vagues de chaleur, tant en fréquence qu'en intensité.

LA SIMULATION NUMÉRIQUE DU CLIMAT

La seule solution qui puisse être apportée au problème précédent consiste à avoir recours à la simulation numérique du climat, actuel et futur. Il est alors certain que les séries de données ainsi générées seront homogènes. Il sera par ailleurs possible d'allonger la durée des simulations ou d'en augmenter le nombre en multipliant les simulations réalisées dans des conditions légèrement différentes (en modifiant soit les conditions initiales, soit les conditions de forçage, soit encore la description de certains processus physiques), afin d'atteindre une bonne significativité statistique. La question n'est alors plus tant de chercher à disposer du meilleur modèle de climat que d'estimer correctement les caractères statistiques par un échantillonnage adéquat de la variabilité interne des résultats du modèle. Il est clair que le facteur limitant est alors la puissance informatique qui peut être mobilisée. Les progrès des ordinateurs au cours des dernières décennies ont toutefois permis d'accroître très largement la puissance de calcul disponible, et il y a toute raison de penser qu'une telle évolution va encore se poursuivre pendant quelques autres décennies. Il serait aussi possible de réaliser des simulations numériques dans des conditions plus radicales, par exemple en doublant la concentration atmosphérique du CO_2 sur un court intervalle de temps, afin d'augmenter le rapport signal (anthropique) sur bruit (variabilité naturelle). Ceci présente toutefois un inconvénient majeur, car les séries de valeurs issues des modèles numériques n'ont pas les mêmes propriétés statistiques que les séries de valeurs climatiques réelles, en particulier pour ce qui concerne les fluctuations les plus grandes (les modélisateurs savent en effet d'expérience que les fluctuations engendrées par les modèles sont en général sensiblement plus faibles que celles du climat réel).

Afin d'illustrer le type de résultats qu'il est possible d'atteindre, les séries de température produites par le modèle Arpège-Climat de Météo-France [133] sont présentées à la figure 10.2. Quoique ce modèle soit global, il possède une résolution spatiale variable telle que l'Europe de l'Ouest est décrite avec une maille de 60 kilomètres, suffisamment petite pour que nombre de phénomènes ayant un impact sur le climat local soient correctement pris en compte et décrits. Trois simulations différentes sont réalisées, chacune d'entre elles couvrant les quarante dernières années, afin de calculer avec une bonne qualité statistique et une bonne résolution spatiale les distributions de la température et des autres paramètres météorologiques.

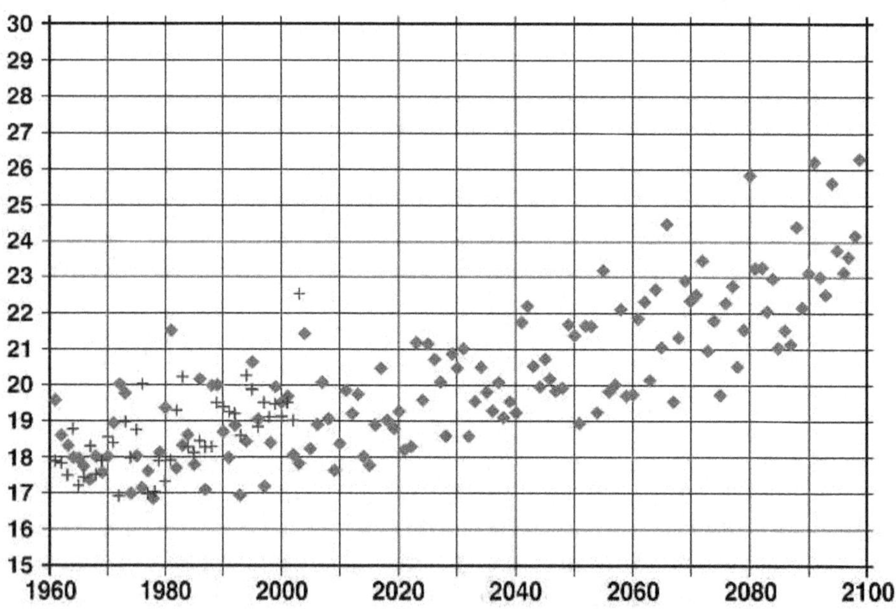

Figure 10.2. Température estivale moyenne (°C) en France : observations de 1960 à 2003 (croix) et simulations de 1960 à 2100 à l'aide du modèle « Arpège-Climat » (losanges) (d'après M. Déqué).

La comparaison des résultats de ces simulations avec les observations de température des cinquante dernières années montre que le modèle est raisonnablement précis, tout au moins pour ce qui concerne les valeurs moyennes. Le modèle décrit aussi assez bien les périodes estivales de forte chaleur et les périodes hivernales de fortes précipitations. Il ne s'avère toutefois guère capable de simuler les coups de froid hivernaux de même que les épisodes de précipitation intense pouvant se dérouler en été. De tels biais peuvent toutefois être corrigés par des procédures *ad hoc*, basées sur l'utilisation des valeurs relatives des fluctuations au lieu de leurs valeurs absolues. Lorsque ces biais sont ainsi corrigés, on dispose alors de séries de valeurs modèles qui, par construction, présentent les mêmes propriétés statistiques que les séries de valeurs réelles.

LE FUTUR DES VAGUES DE CHALEUR

De telles simulations étant réalisées sur des durées atteignant la fin du XXIe siècle avec des concentrations atmosphériques de CO_2 telles que fournies par le scénario A2 défini par le Giec (voir Chapitre 1), il est alors possible d'analyser les séries de cent quarante ans des températures journalières simulées. La Figure 10.2 présente l'évolution de la température moyenne en France sur la période entière, où l'on note une tendance marquée à l'augmentation constante de la température moyenne. Bien que les années modèles ne correspondent pas aux véritables années calendaires, il faut souligner que cette série présente *de facto* des exemples d'un futur réaliste, avec des caractéristiques moyennes significatives. L'année modèle 2003 montrée ici ne présente en particulier pas la même valeur extrême que l'observation correspondante (voir les croix sur la figure) ; si cela s'était produit, ce n'aurait pu, de toute façon, qu'être le résultat du hasard. Une autre remarque concerne les grandes fluctuations interannuelles (d'une année à l'autre) qui se surimposent au réchauffement moyen jusqu'à environ 2040. En examinant les données uniquement jusqu'en 2040, il aurait été très difficile de prédire que la température moyenne augmenterait autant vers la fin du siècle. C'est l'une des raisons pour lesquelles les études réalisées à partir de scénarios climatiques se concentrent souvent sur leur période la plus tardive, c'est-à-dire de 2070 à 2100. Ceci justifie aussi l'utilisation de longues séries homogènes de données simulées à la place de séries d'observations, toujours plus courtes et parfois non stationnaires. Les valeurs simulées extrêmes montrent que les étés les plus chauds de la période 1961-2000 ne seront que marginalement plus chauds que les étés les plus froids de la fin du siècle. Il n'est pas non plus possible de trouver des températures moyennes inférieures à 18 °C après 2040, alors que des températures supérieures à 24 °C sont trouvées après 2065. Ce résultat marquant est très « robuste » et n'est pas dû au modèle climatique particulier utilisé pour ces simulations : en effet le même type de résultat est obtenu avec d'autres modèles climatiques, comme celui de l'IPSL.

Utilisant le même modèle Arpège-Climat pour étudier à partir d'une analyse statistique appropriée la distribution en fréquence des températures extrêmes, il est possible de caractériser le nombre de jours d'été pour lesquels la température dépassera dans le futur un certain seuil. La Figure 10.3 représente le nombre moyen de jours où la température maximale dépasse 35 °C. Seule une petite fraction de Sud-Est connaît de nos jours un ou deux épisodes annuels de cette nature. Vers la fin du siècle, le nombre annuel de ces épisodes de forte chaleur y sera d'une vingtaine environ, alors que la plupart des autres régions connaîtront environ cinq épisodes chauds annuels.

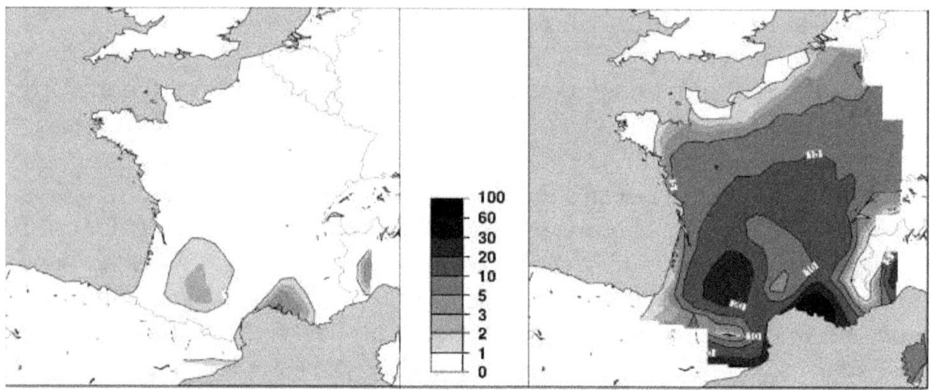

Figure 10.3. Nombre de jours où la température maximale dépasse 35 °C pendant au moins dix journées consécutives, sur la période 1961-1990 (à gauche) et 2071-2100 (à droite) (d'après M. Déqué).

Une telle augmentation de la fréquence et de l'intensité des vagues de chaleur estivales n'est pas liée directement à des modifications des ressources en eau. Il faut toutefois souligner que ceci peut conduire à une détérioration de la qualité des eaux, en permettant la prolifération d'algues ou d'autres micro-organismes. Ceci peut aussi conduire à une plus forte demande en eau, que ce soit pour les besoins de l'industrie (par exemple pour le refroidissement des centrales) ou de l'agriculture (par exemple pour l'irrigation).

Cycle hydrologique

PRÉCIPITATIONS

Les résultats de dix-neuf modèles différents pour le climat global ont été comparés récemment [29] dans le cas d'une concentration atmosphérique double de gaz carbonique (CO_2) : tous ces modèles indiquent une augmentation assez générale des précipitations moyennes, en particulier autour de l'équateur et aux latitudes moyennes et hautes, à l'exception d'une certaine diminution dans la ceinture subtropicale. L'ampleur de cette augmentation peut atteindre localement 5 à 15 %, voire plus, avec une valeur moyenne de l'ordre de 2,5 %, équivalente à 0,07 millimètre par jour. Les valeurs moyennes varient d'un modèle à l'autre, entre – 0,2 % et + 5,6 %. Bien que de telles modifications des précipitations soient suffisantes pour affecter nombre d'activités humaines, elles restent néanmoins d'une amplitude relativement modérée.

Le doublement de la concentration atmosphérique de CO_2 induit aussi dans les simulations une augmentation de la variabilité, voire une amplification des événements extrêmes. L'écart type des précipitations augmente ainsi de 4 %, soit 0,04 millimètre par jour, avec des valeurs variant d'un modèle à l'autre entre 3 % et 11 % (à noter qu'un seul modèle simule une diminution de l'écart type). Ici aussi les modifications régionales peuvent atteindre des valeurs plus importantes, comme une augmentation de 15 % dans les tropiques ou aux hautes latitudes.

Ceci est illustré sur les Figures 10.4 et 10.5 pour un modèle particulier, dans le cas de simulations réalisées dans les hypothèses du scénario B2 (voir Chapitre 1) pour la période allant du milieu du XXᵉ siècle au milieu de XXIᵉ siècle. Les précipitations augmentent pendant l'hiver boréal (décembre à mars) aux latitudes moyennes et hautes de l'hémisphère Nord et dans la région de la ZITC (zone intertropicale de convergence, ITCZ en anglais), mais elles diminuent dans les régions subtropicales de part et d'autre de la ZITC. Les phénomènes sont relativement symétriques pendant l'été boréal (juin à septembre) dans les tropiques, avec aussi un déplacement vers le nord de la ZITC, une augmentation des pluies de mousson sur l'Afrique de l'Ouest et l'Asie du Sud, un assèchement relatif des latitudes moyennes de l'hémisphère Nord, tandis que les hautes latitudes sont en général plus arrosées que dans le climat actuel.

Les modèles de climat sont pourtant, en général, incapables de reproduire la localisation des zones de convergence où ont lieu les précipitations intenses, de même que des régions de subsidence, comme celles qui affectent les déserts subtropicaux. Des écarts de près de 10° en latitude peuvent exister entre différents modèles lorsque l'on cherche à localiser les régions de précipitations maximum ou minimum. Ceci rend très difficile la prédiction de l'impact réel du changement climatique sur les ressources en eau pour beaucoup de régions subtropicales, entre autres en Afrique. Des modifications de la ressource en eau en Afrique sont pourtant d'une importance cruciale, comme nous le rappellent les deux sécheresses en Éthiopie et au Soudan (1984, 450 000 morts), et au Sahel (1974-1975, 325 000 morts), les deux phénomènes naturels les plus coûteux en vies humaines depuis 1974, plus meurtriers que le tsunami de décembre 2004 dans l'océan Indien.

IMPACTS SUR L'HUMIDITÉ DES SOLS

Un autre type d'impact du changement climatique est la possible augmentation des sécheresses affectant certaines régions. De tels événements ont en effet une influence déterminante sur les conditions de vie des populations et sur nombre d'activités économiques. Des simulations sur des temps suffisamment longs (trois cents ans) ont montré que, par rapport au climat actuel, l'humidité des sols augmentera en hiver aux latitudes moyennes et élevées, mais qu'elle pourra diminuer de façon significative en été : des sécheresses d'été pourront ainsi apparaître en Europe, alors que les anomalies hivernales seront caractérisées par un gradient nord-sud, avec des sols plus humides aux hautes latitudes et des sols plus secs autour de la Méditerranée. Dans certains cas, ces sécheresses estivales pourront être si intenses que des pénuries de ressource en eau pourront affecter l'année entière.

Quoi qu'il en soit, la prédiction des anomalies d'humidité des sols reste très délicate, une raison en étant qu'il n'existe actuellement pas de mesure directe de ce paramètre. De telles mesures permettraient en effet d'établir une climatologie par rapport à laquelle les modèles pourraient être calibrés et validés[2]. Les simulations indiquent toutefois que les modifications de l'humidité des sols pourraient être détectées de façon incontestable vers le milieu du XXIe siècle, c'est-à-dire sensiblement plus tard que le moment où les perturbations de la température pourront elles-mêmes l'être (*cf. supra*).

---

2. Cette situation pourrait changer au cours des prochaines années lorsque dès mesures depuis l'espace seront disponibles, par exemple avec le lancement en 2008 par l'Agence spatiale européenne de la mission SMOS.

IMPACTS SUR LA COUVERTURE NEIGEUSE

Les scénarios globaux prédisent un recul progressif de la couverture neigeuse dans l'hémisphère Nord, comme cela a d'ailleurs pu être observé depuis l'espace sur la période 1979-1999 avec une diminution hivernale d'environ 60 000 km^2 par an (voir Chapitre 7). Les modèles prédisent que la vitesse de retrait hivernal s'accélérera au cours du XXIe siècle, et pourrait atteindre une valeur annuelle d'environ 10^7 km^2, soit environ 20 % de la surface actuellement couverte de neige en hiver. Les conséquences en sont très importantes puisque la couverture de neige est un moyen très efficace pour stocker l'eau et la libérer au printemps et à l'été suivants (voir Chapitre 5). D'autres conséquences non moins importantes concernent l'impact sur le développement du tourisme hivernal.

L'enneigement en montagne

Le réchauffement climatique induit deux effets : d'une part, les précipitations se produisent plus souvent sous forme liquide (c'est-à-dire sous forme de pluie) et, d'autre part, la fonte de la neige se produit plus tôt en saison. Ces effets sont particulièrement sensibles en moyenne montagne, où la température est assez proche de la température de fonte. Des études d'impacts ont ainsi montré qu'il fallait se préparer à un enneigement réduit de deux semaines vers 3 000 mètres d'altitude, et même d'un mois à une altitude de 1 500 mètres.

La fonte des neiges

Des études du même type ont été réalisées relativement à l'impact des modifications de la fonte des neiges sur le débit des rivières françaises, tout particulièrement de celles alimentées pour une part significative par la fonte des neiges. Les résultats de ces simulations montrent que les modifications de débits prédites varient légèrement d'un modèle à l'autre, avec toutefois quelques caractéristiques conduisant à des effets systématiques : la grande sensibilité de la couverture neigeuse, à la fois dans les Alpes et dans les Pyrénées, induit des modifications du régime hydrologique de ces rivières, avec par exemple une augmentation des débits hivernaux (augmentation liée à la fois à la diminution de l'enneigement et à l'augmentation des précipitations) et une augmentation des crues précoces de printemps (voir Chapitre 5).

IMPACTS SUR LE DÉBIT DES RIVIÈRES

Les modèles décrivant le débit des fleuves à grande échelle ne peuvent en général utiliser que des tailles de grille spatiale de l'ordre de $1° \times 1°$, ce qui limite leur utilisation aux seuls bassins-versants de très grande superficie. Ces modèles n'en permettent pas moins de simuler de façon intéressante le comportement actuel de tels bassins-versants, comme par exemple ceux du Danube ou d'autres grands fleuves.

Ces modèles peuvent aussi être utilisés pour simuler les impacts du changement climatique sur les débits des principaux fleuves mondiaux. La Figure 10.6 montre par exemple des séries d'anomalies simulées pour les débits du Danube et de la Léna, avec la comparaison aux mesures réalisées à la station de jaugeage la plus proche. Les séries d'observations actuellement disponibles sont en général, et malheureusement, assez courtes et de plus non corrigées des effets anthropiques tels que ceux induits par la présence de barrages ou le développement de l'irrigation, ce qui rend très difficile la détection de l'influence du changement climatique à partir des seules données d'observation. Quoi qu'il en soit, les simulations indiquent une tendance à l'augmentation du débit de la Léna, augmentation compatible avec les observations les plus récentes, et qui peut être expliquée par l'augmentation des précipitations sur l'ensemble du bassin-versant. Il est aussi possible de déceler une tendance à la diminution à long terme du débit du Danube, mais cette tendance n'est ni observée ni simulée au cours du XXe siècle, un tel affaiblissement du débit pouvant être induit par une augmentation de l'évapotranspiration simulée. Il faut néanmoins remarquer que l'évolution simulée pour le XXIe siècle diffère très largement des variations s'étant produites au cours de la seconde partie du XXe siècle, ce qui souligne qu'une simple extrapolation des débits observés n'est en rien suffisante pour en estimer les modifications futures.

IMPACTS SUR LES ÉVÉNEMENTS HYDROLOGIQUES EXTRÊMES

Le changement climatique n'entraînera pas uniquement une modification de l'état moyen, car il est très vraisemblable que seront aussi modifiées la fréquence et l'intensité des événements extrêmes. La Figure 10.7 schématise une conséquence évidente de la modification de la valeur moyenne d'un quelconque paramètre, avec le glissement résultant de sa courbe de distribution conduisant *de facto* à une modification, pouvant être très importante, de la probabilité d'occurrence des événements correspondants à la queue de distribution. De tels changements peuvent bien entendu être amplifiés si la forme elle-même de la courbe de distri-

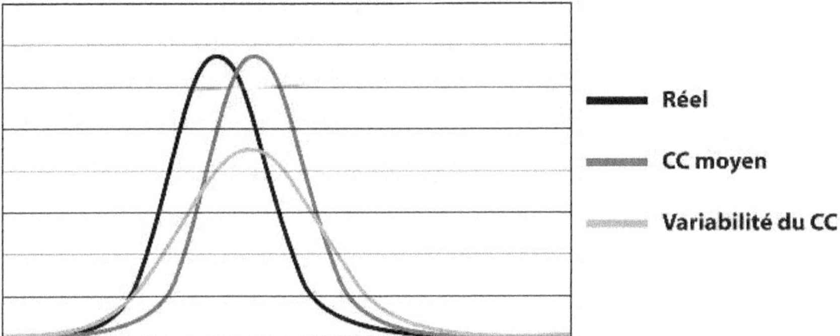

Figure 10.7. Représentation schématique de la variation de la probabilité d'occurrence des événements extrêmes liée au changement climatique (modification de la surface sous la courbe à droite d'une valeur seuil) : la courbe « CC moyen » correspond au seul changement de la valeur moyenne sans changement de la variabilité autour de la moyenne ; la courbe « Variabilité CC » prend en compte une possible modification de la distribution pour une même valeur moyenne.

bution devait aussi être modifiée, comme par exemple dans le cas d'une augmentation du facteur d'aplatissement (positif ou négatif).

Comme cela a déjà été évoqué pour l'Europe, la très probable augmentation des précipitations hivernales et la très probable diminution des précipitations estivales peuvent conduire à une augmentation, tant en nombre qu'en intensité, des phénomènes apparemment contradictoires que sont les inondations hivernales et les sécheresses estivales ! Il faut toutefois garder en tête que la prédiction de possibles modifications des événements extrêmes, tant en fréquence qu'en intensité, reste beaucoup plus difficile que la prédiction des modifications des variables moyennes. Ceci est en particulier le cas pour les processus hydrologiques, où les modifications de régime entre précipitations convectives, intenses et sporadiques, et précipitations stratiformes, continues et plus modérées, restent encore très difficiles à caractériser. En sont en grande partie responsables des incertitudes qui affectent la modélisation des propriétés du cycle de l'eau atmosphérique à petite échelle spatiale et courte échelle temporelle. Une possibilité pour contourner cette difficulté d'identification d'un signal hydrologique lié au changement climatique est d'étudier le cas d'un climat futur caractérisé par une très forte concentration atmosphérique de CO_2, de telle sorte que le signal anthropique puisse alors sortir du bruit de la variabilité naturelle et être identifié sans le brouillage lié aux incertitudes des modèles. Des simulations réalisées dans le cas du quadruplement de la concentration du CO_2 atmosphérique montrent ainsi que les grandes inondations apparaissent beaucoup plus fréquemment, entre autres celles qui correspondent aux crues centenaires actuelles des grands bassins-versants (c'est-à-dire de plus de 200 000 km²) des fleuves des hautes latitudes. Ces mêmes simulations montrent aussi que l'augmentation des crues hivernales pourrait être sensible dès le début du XXIe siècle. De tels résultats demandent néanmoins à être confirmés par des simulations réalisées avec d'autres modèles.

Les cyclones dans l'Atlantique

Les cyclones sont des phénomènes climatiques violents, associés à de très forts vents, à des précipitations très intenses, et à des surcotes très importantes. Ils sont le plus souvent très dangereux pour les populations, il n'est pour s'en convaincre que de se souvenir des 138 000 personnes tuées en 1991 par les cyclones au Bangladesh. Ils sont aussi extrêmement dévastateurs pour les équipements et les grandes infrastructures : on estime ainsi que le cyclone Andrew a coûté environ 30 milliards de dollars, et que les coûts induits par le cyclone Katrina ont atteint 80 milliards de dollars. Les cyclones sont aussi extrêmement néfastes pour de nombreux écosystèmes côtiers, pouvant conduire à des perturbations écologiques de longue durée.

Les cyclones sont des phénomènes dont la thermodynamique est assez bien comprise, se nourrissant à partir de l'énergie fournie à la surface de l'océan : plus l'eau est chaude, plus l'évaporation est intense, et plus les nuages convectifs peuvent se développer. Une fois que la dépression atmosphérique est ainsi formée, le cyclone tire son énergie de la chaleur libérée par la condensation de la vapeur d'eau au sein des nuages. Il est expérimentalement connu que les cyclones se développent en général au-dessus d'eaux de surface dont la température atteint ou dépasse un seuil d'environ 26,5 °C. La structure thermique verticale de l'atmosphère joue aussi un rôle important, de même que le cisaillement vertical du vent, dont on sait que c'est un facteur inhibant la formation des cyclones.

Soixante-dix à quatre-vingts cyclones se développent chaque année au-dessus de la ceinture tropicale des océans, dont dix environ au-dessus de l'Atlantique tropical. L'année 2005 a été une année tout à fait exceptionnelle de ce point de vue, avec pas moins de vingt-six cyclones se formant et se développant au-dessus de l'Atlantique. Il est donc de la plus haute importance d'apprécier si le nombre de cyclones, voire leur violence, peut augmenter au fur et à mesure que le réchauffement climatique s'installe, ou si, au contraire, cette forte variation notée en 2005 n'est qu'une fluctuation naturelle d'une année à l'autre. Une controverse importante a d'ailleurs vu le jour sur ce sujet au sein de la communauté scientifique. De fait, la saison 2006 a connu une activité cyclonique bien moindre qu'annoncée.

L'OBSERVATION DE L'ACTIVITÉ CYCLONIQUE

Les cyclones peuvent être observés directement, à partir du réseau d'observations météorologiques, ou indirectement, à partir de l'évaluation économique des dégâts qu'ils occasionnent.

L'utilisation des observations directes est rendue délicate par le fait que les satellites n'existaient pas avant les années 1970 pour identifier les cyclones depuis l'espace. Les observations de surface étaient alors le seul moyen d'identifier et de compter les cyclones, ce qui fait que plusieurs d'entre eux pouvaient être « manqués » s'ils ne touchaient pas de régions habitées ou s'ils n'atteignaient pas les côtes. La reconstruction de longues séries de l'activité cyclonique, indispensable pour caractériser un possible changement dans la distribution des cyclones (*cf.* p. 189, « Impacts sur les événements hydrologiques extrêmes »), est donc très difficile et peut conduire à des résultats biaisés vers une apparente augmentation de leur nombre au cours des trente dernières années. La correction d'un tel biais n'est pas sans difficulté, par exemple si l'on en juge par la controverse qui s'est développée entre des spécialistes par ailleurs tout à fait reconnus.

L'intensité d'un cyclone particulier peut être évaluée *via* un indice de puissance (en anglais *power-dissipation index* ou PDI) construit principalement à partir de la vitesse maximale observée pour le vent. Une corrélation significative portant sur la période postérieure aux années 1970 a pu être mise en évidence entre la température de surface de l'océan (en anglais *sea surface temperature* ou SST) et l'indice de puissance PDI : une élévation de 2 °C de la SST correspond à une augmentation de 40 à 50 % du PDI. Ceci tendrait à montrer que les observations récentes sont compatibles avec une intensification de la force des cyclones.

Si tel est bien le cas, l'intensification des cyclones évaluée à partir de l'augmentation de leur PDI devrait correspondre à une augmentation des dégâts induits. Des calculs économiques montrent en effet que le coût des dommages a crû au cours des années les plus récentes, mais de telles estimations doivent être corrigées pour tenir compte de l'influence de facteurs indépendants des cyclones eux-mêmes, tels que par exemple le taux d'inflation, l'augmentation du nombre des personnes exposées et l'augmentation de la valeur des biens exposés. Lorsque des corrections sont faites pour tenir compte de ces facteurs, la tendance à l'augmentation du coût des dommages récents disparaît. Il n'en reste pas moins que la définition de ces corrections reste un sujet de débats, puisque d'autres facteurs devraient être pris en compte, qui pourraient quant à eux conduire à une estimation opposée : par exemple influence des mesures préventives dans la construction, construction d'ouvrages de protection comme les barrages, éducation des populations, etc.

Ces divers éléments montrent que les observations de l'activité cyclonique récente, tant directes qu'indirectes, ne permettent pas de trancher quant à une possible influence du changement climatique.

LA SIMULATION DU FUTUR

Les simulations numériques ne sont pas non plus entièrement concluantes : certains modèles montrent en effet que le nombre de cyclones devrait augmenter avec le réchauffement climatique, tandis que d'autres modèles conduisent à des conclusions contraires. Ces divergences pourraient résulter soit d'une résolution spatiale insuffisante des modèles climatiques (la taille de maille de ces modèles est encore grande comparée à la taille des cyclones eux-mêmes, de telle sorte que les « cyclones numériques » restent difficiles à identifier), soit à une prise en compte insuffisante de l'influence du cisaillement vertical du vent, un phénomène connu pour sa difficulté à être simulé de façon précise avec les modèles numériques actuels. Quoi qu'il en soit, les résultats des modèles numériques ne semblent pas confirmer l'existence d'une corrélation systématique entre la valeur de la SST et l'activité cyclonique.

La modélisation climatique fait actuellement l'objet de très nombreux développements au sein de plusieurs groupes de recherche, dans la perspective de mettre au point des modèles meilleurs et plus complets afin de parvenir à des simulations numériques plus précises. C'est une étape indispensable avant de pouvoir répondre à la question de savoir si oui ou non l'activité cyclonique va être modifiée par le changement climatique et, le cas échéant, dans quel sens, tant qualitativement que quantitativement. Ces questions sont aujourd'hui parmi les défis les plus importants pour faire face au changement climatique.

Les impacts sur la végétation,
les écosystèmes et l'agriculture

La végétation naturelle et les écosystèmes, de même que les caractéristiques phénologiques (telles les dates de floraison des plantes ou les dates d'accouplement des animaux sauvages) et la productivité de l'agriculture, sont bien adaptés à leur climat local actuel. Les systèmes naturels et les espèces vivantes sont par ailleurs très sensibles à des modifications climatiques et hydrologiques, à tel point que certains d'entre eux peuvent être utilisés comme des traceurs quantitatifs de ces changements.

Les changements climatiques et hydrologiques ont conduit dans le passé à des modifications des activités agricoles. Les dates de vendanges sont par exemple d'excellents indicateurs des températures printanières et estivales, et leur utilisation a ainsi permis de reconstituer le climat passé de l'Europe de l'Ouest sur une période de plusieurs siècles. Il est malheureusement impossible dans l'état actuel des connaissances de reconstituer d'autres paramètres, comme les fluctuations du cycle de l'eau.

L'étude des tendances actuelles de l'évolution de nombreux écosystèmes et de la faune sauvage montre que les premières influences du changement climatique peuvent être décelées : approximativement 80 % des changements affectant la flore et la faune sauvages (ou tout au moins de ceux qui ont fait l'objet de publications dans la littérature scientifique) sont compatibles, voire plus encore sont cohérents, avec les effets attendus du réchauffement climatique. Les phases phénologiques se déroulent plus tôt en saison (à un rythme d'environ deux jours gagnés par décennie) et les écosystèmes et les populations animales se déplacent vers le nord (à un rythme d'environ 6 kilomètres tous les dix ans) ou grimpent en altitude (à un rythme d'environ 6 mètres par décennie).

Les systèmes agricoles sont eux aussi sensibles aux changements climatiques, mais ces influences sont limitées par le fait que l'homme s'organise pour en minimiser autant que faire se peut les effets adverses afin d'obtenir une productivité optimale (par exemple *via* l'irrigation, les mesures de lutte contre le gel, etc.). Les systèmes agricoles ne peuvent donc pas servir de traceurs climatiques, mais il n'en reste pas moins que la production agricole est affectée par les variations climatiques. Des modèles spécifiques sont utilisés pour l'étude de l'influence du changement climatique sur la production agricole des prochaines décennies. Bien que de telles études aient souvent encore un caractère préliminaire, elles tendent à montrer que la production agricole devrait baisser si le réchauffement excède un certain seuil. Ce seuil est bas pour les régions tropicales, où l'eau reste le facteur le plus limitant. Ce seuil est plus haut pour les latitudes hautes et moyennes, pour lesquelles un réchauffement modéré de la température aura des conséquences bénéfiques. De telles études ne peuvent pas être considérées comme ayant un pouvoir réellement prédictif puisque, par exemple, elles ne prennent pas en compte d'autres facteurs comme le possible changement des ressources en eau, ou encore l'enrichissement en gaz carbonique atmosphérique, deux facteurs connus pour leur grande influence sur la productivité agricole. Ces études n'en montrent pas moins qu'il faut se préparer à de futurs changements, au moins d'un point de vue qualitatif.

L'impact sur la santé humaine

Une des questions les plus importantes concernant le possible impact du changement climatique sur la santé humaine est de savoir si les régions affectées par les maladies à vecteurs vont être déplacées et si cela affectera la répartition géographique des maladies dites émergentes.

Plus de trente-six nouvelles maladies infectieuses ont été répertoriées depuis 1976 par l'OMS (Organisation mondiale de la santé), dont plusieurs d'entre elles réapparaissent dans des régions d'où elles avaient précédemment disparu, comme c'est le cas pour le paludisme et la dengue. Plusieurs facteurs anthropiques peuvent être incriminés, comme la déforestation, le développement agricole, industriel et hydrologique, la construction de routes, le transport aérien, etc. Mais des facteurs climatiques sont aussi candidats, tant directs (changements de la température, de l'humidité, des précipitations, du rayonnement, etc.) qu'indirects (*via* la modification des écosystèmes et, plus généralement, de la biodiversité).

Les facteurs climatiques sont généralement considérés comme très efficaces pour donner naissance à de nouvelles épidémies, de par leur action amplificatrice vis-à-vis de l'action, de la transmission et de la diffusion des agents pathogènes. Dans le cas des maladies à vecteurs, les conditions climatiques locales (pluie, température, eaux libres, végétation, etc.) contrôlent par exemple les propriétés biologiques des vecteurs (moustiques, tiques, etc.), propriétés qui déterminent leur aptitude à servir d'hôtes aux agents pathogènes responsables de la maladie. Le changement climatique pourrait conduire à une extension des zones géographiques où habitent de tels vecteurs, et pourrait par ailleurs favoriser leur développement. On estime actuellement que 40 à 50 % de la population mondiale pourraient ainsi être potentiellement affectés par le paludisme ou la dengue. Il reste toutefois nécessaire de comprendre à quelles échelles, tant spatiales que temporelles, les impacts seront les plus importants.

L'IMPACT DES CONDITIONS CLIMATIQUES MOYENNES

Le changement climatique moyen aura pour effet de modifier la répartition spatiale des maladies émergentes, *via* l'influence sur les propriétés biologiques des vecteurs (durée de vie, saison de reproduction, etc.) ou *via* les oiseaux migrateurs, puisque ces animaux sont hôtes de nombreux agents pathogènes. Puisque le réchauffement climatique pourra atteindre 1 à 2 °C en hiver et plus de 2 °C en été et à l'automne, avec de plus les changements associés de la distribution annuelle des précipitations (*cf. supra*), on considère généralement que des maladies comme la fièvre du Nil et le paludisme pourraient de nouveau toucher la France. Il faut néanmoins rappeler ici que la multiplication rapide des moustiques transportant le virus de la fièvre du Nil semble dépendre plus encore de la fréquence des épisodes pluvieux que de la quantité totale de pluie tombée. La variabilité climatique est donc un élément très important à prendre en compte.

L'IMPACT DE LA VARIABILITÉ CLIMATIQUE

Des événements de forte variabilité interannuelle comme l'ENSO (*El Niño Southern Oscillation*) ont, de par les fluctuations interannuelles induites sur les précipitations, une influence importante sur les maladies émergentes. De nombreuses études ont ainsi montré que dans plusieurs régions (comme l'Amérique du Sud, mais aussi le Bangladesh, l'Australie et même la France), il était possible de déceler une influence sur le paludisme, la dengue, le choléra, la grippe, l'asthme et d'autres maladies respiratoires, les arboviroses... La Figure 10.8 montre les régions où ces impacts peuvent être décelés durant des événements El Niño.

L'IMPACT DES ÉVÉNEMENTS EXTRÊMES

La fréquence et l'intensité d'événements extrêmes comme les vagues de chaleur ne feront qu'augmenter au cours du XXIe siècle (*cf. supra*). Comme cela a déjà été signalé, la vague de chaleur de l'été 2003 a tué plusieurs dizaines de milliers de personnes en Europe de l'Ouest, majoritairement des personnes âgées vivant dans de grandes villes, où les effets de la pollution urbaine se conjuguent à ceux de l'îlot de chaleur urbain.

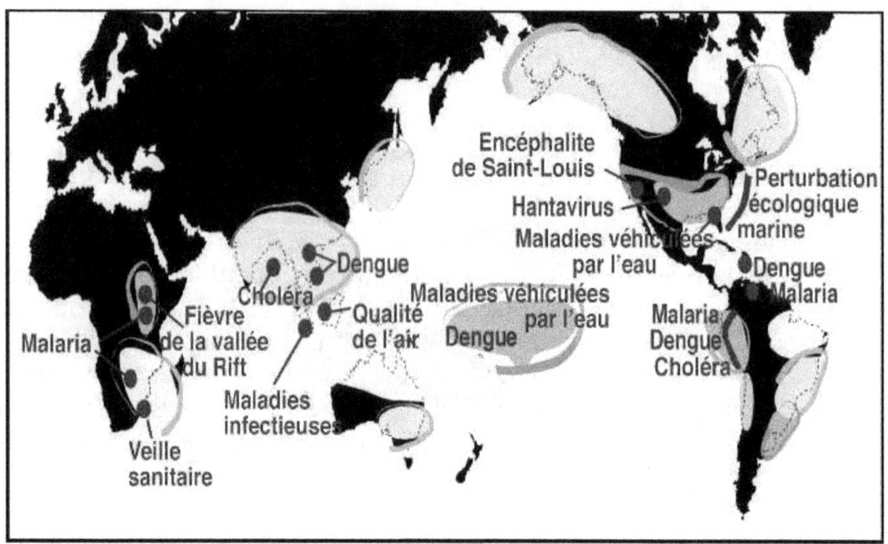

Figure 10.8. Impacts des événements El Niño sur la propagation de diverses maladies.

De façon quelque peu analogue, une possible augmentation du nombre et/ou de l'intensité des cyclones aurait des effets sur la santé humaine, soit directement, soit indirectement (*via*, par exemple, les maladies diarrhéiques).

QUELQUES REMARQUES POUR CONCLURE

La distinction qui vient d'être faite entre trois types différents d'impacts ne l'a été que pour des raisons de simplicité. Cette distinction n'est pas totalement justifiée, puisque les trois échelles ne sont pas indépendantes et que les facteurs locaux ou globaux peuvent avoir des interactions positives ou négatives.

Une seconde remarque est relative à l'état actuel des connaissances sur les relations entre climat et santé. Beaucoup d'études fort intéressantes sont toutefois des études épidémiologiques, où l'on ne caractérise que de façon statistique les relations entre les maladies et les paramètres climatiques. Il devient désormais nécessaire d'aborder des études plus globales et multidisciplinaires, pour mettre en évidence les mécanismes physiques et biologiques qui peuvent expliquer de façon déterministe le déclenchement des maladies.

L'auteur

JEAN-CLAUDE ANDRÉ a été directeur de la recherche de Météo-France. Il est actuellement le directeur du Cerfacs (Centre européen de recherche et de formation avancée en calcul scientifique). Il est membre correspondant de l'Académie des sciences et membre fondateur de l'Académie des technologies.

Chapitre 11

INTERACTION ENTRE LA CHIMIE ATMOSPHÉRIQUE ET LE CLIMAT

par Marie-Lise CHANIN et Guy BRASSEUR

« Pour ce qui est de l'avenir, votre tâche n'est pas de le prévoir, mais de le rendre possible. »

Antoine de SAINT-EXUPÉRY.

« The earth does not belong to man ; man belongs to the earth.
All things are connected like the blood,
which unites one family. »
Chef SEATTLE, tribu Suquamish, 1854.

Introduction

Comparée aux atmosphères des autres planètes du système solaire, la composition chimique de l'atmosphère de la Terre apparaît comme unique. Les constituants majoritaires ne sont pas le dioxyde de carbone comme sur Mars et Vénus, ni l'hydrogène et l'hélium comme sur Jupiter et Saturne, mais l'azote et l'oxygène. L'abondance de ces constituants dans l'atmosphère est directement liée à la présence d'organismes vivants. L'azote est par exemple le résultat de l'activité bactérienne dans les sols, tandis que l'oxygène est produit grâce à la photosynthèse par les plantes. En plus de ces gaz majoritaires, l'atmosphère de la Terre contient une multitude d'autres constituants, dont les abondances relatives sont faibles, mais qui peuvent affecter fortement le climat. C'est le cas des gaz à effet de serre comme la vapeur d'eau (H_2O), le dioxyde de carbone (CO_2), le méthane (CH_4), l'hémioxyde d'azote (N_2O), et les chlorofluorocarbures. L'ozone, qui est un composant atmosphérique fortement oxydant, absorbe l'ultraviolet et protège ainsi la biosphère (y compris les êtres humains) de l'effet nocif du rayonnement solaire. Il est également un gaz à effet de serre. D'autres constituants atmosphériques peuvent n'avoir aucune influence directe sur le climat, mais jouer un rôle de façon indirecte. C'est le cas d'une espèce très réactive, le radical hydroxyle OH, produit par l'oxydation de la vapeur d'eau en présence de lumière. Sa concentration détermine le taux de destruction chimique dans l'atmosphère de composants importants pour le climat comme le méthane ou l'ozone. La concentration de OH dans l'atmosphère est déterminée non seulement par l'abondance de la vapeur d'eau, mais aussi de celle d'autres espèces chimiques comme l'ozone, les oxydes d'azote, le monoxyde de carbone, le méthane et d'autres d'hydrocarbures. Un très grand nombre de ces composants est produit par l'activité humaine et il est donc important de déterminer si les changements de composition de l'atmosphère sont susceptibles de jouer un rôle dans les variations climatiques des siècles futurs.

De nombreuses interactions existent dans le système climatique (Figure 1.1), et ces interactions peuvent être affectées par les émissions chimiques d'origine anthropique, les changements d'utilisation des sols, les feux de forêts, l'urbanisation, etc. L'action humaine sur le climat est beaucoup plus complexe que la seule émission du dioxyde de carbone et des autres gaz à effet de serre. Il faut aussi tenir compte du rôle des écosystèmes dans les interactions entre la chimie et le climat. Le forçage climatique s'effectue principalement par les effets radiatifs des gaz à effet de serre et des aérosols. Outre les perturbations d'origine humaine qui affectent la composition chimique de l'atmosphère, la concentration des gaz à effet de serre est déterminée par d'autres processus, par exemple par les échanges de carbone et d'azote avec la biosphère marine et continentale. De plus, la concentration en aérosols dans l'atmosphère affectant le climat (voir Chapitre 3) résulte de processus d'oxydation *in situ* mettant en jeu des composés en phase gazeuse, par des émissions de soufre, de sels marins et de suies rejetées par les feux de forêts, de la mobilisation de poussières désertiques, du dépôt humide des espèces solubles et du dépôt sec à la surface terrestre. On ne peut donc isoler un processus unique dans les interactions chimie-climat et on se doit d'adopter une approche plus large qui reconnaît la complexité des interactions entre les processus physiques, chimiques et biologiques du système Terre. Les modèles climatiques modernes doivent donc prendre en compte cette complexité, et considérer tous les mécanismes de rétroaction potentiels pouvant avoir un effet à long terme sur le climat futur.

Composition atmosphérique et processus chimiques

Au cours des 4,6 milliards d'années de l'histoire de la Terre, il y a toujours eu une relation intime entre le climat et la composition chimique de l'atmosphère. L'abondance des composés chimiques a évolué en réponse aux processus géologiques et biologiques, eux-mêmes affectés par les changements climatiques d'origine naturelle. La vie a joué un rôle majeur en maintenant la composition chimique loin des conditions de l'équilibre thermodynamique. Comme cela a été mentionné au Chapitre 8, les archives glaciaires ont mis en évidence une évolution parallèle de la température avec celle des gaz à longue durée de vie comme le dioxyde de carbone et le méthane. Ces cycles mettent en évidence le fort couplage entre le cycle du carbone, le climat, la dynamique océanique et les écosystèmes terrestres.

Depuis le XVIIIe siècle, ces cycles naturels ont été perturbés progressivement par les activités humaines. Dans certains cas, la source anthropique de certains composants chimiques est devenue plus élevée que leur source naturelle. Une conséquence majeure de l'activité humaine a été d'augmenter considérablement la concentration de plusieurs gaz à effet de serre. Le sort de la plupart de ces gaz dans l'atmosphère, et donc leur durée de vie dans l'atmosphère, dépend de mécanismes chimiques et photochimiques se produisant soit dans la troposphère, soit dans la stratosphère. Les principaux processus chimiques affectant les composés atmosphériques radiativement actifs et chimiquement importants sont décrits dans les paragraphes suivants.

CHIMIE STRATOSPHÉRIQUE

Bien qu'elle ne contienne que 10 % de l'air atmosphérique, la stratosphère inclut la couche d'ozone et joue par conséquent un rôle important dans le bilan thermique de l'atmosphère. Contrairement à beaucoup d'autres gaz, l'ozone n'est pas émis à la surface de la Terre, mais est produit dans la stratosphère par l'action du rayonnement ultraviolet solaire sur les molécules d'oxygène. Une fois formé, l'ozone peut être détruit par différents radicaux très réactifs dont les concentrations ont été fortement affectées par les activités humaines, en particulier les oxydes d'azote dont la principale source dans la stratosphère est l'oxydation de l'hémioxyde d'azote. Des réactions similaires avec des radicaux chlorés ont été évoquées vers le début des années 1970, faisant craindre des conséquences sévères sur la couche d'ozone dues à l'action des chlorofluorocarbures. Cependant, dans les deux cas, les modèles de l'époque montraient que la diminution d'ozone ne pourrait dépasser quelques pour cent et se situerait surtout dans la haute stratosphère. La découverte par des équipes britannique et japonaise que la concentration d'ozone était exceptionnellement basse entre septembre et novembre en Antarctique a suggéré qu'au printemps au voisinage du pôle Sud, l'ozone était très rapidement détruit dans la basse stratosphère, c'est-à-dire aux altitudes où il est le plus abondant. Cette perturbation impressionnante connue sous le nom de « trou d'ozone » a été comprise quelques années plus tard lorsque des mécanismes physiques et chimiques jusqu'alors mal connus ont été mieux quantifiés. Les composés chlorés et bromés, libérés lors de la destruction des chlorofluorocarbures dans la stratosphère, et qui sont en général relativement inertes, peuvent être activés et transformés en radicaux très réactifs au contact de la surface de particules solides ou liquides. Dans la stratosphère antarctique, des nuages de glace, appelés nuages stratosphériques polaires, se forment pendant l'hiver entre 15 et 26 kilomètres d'altitude, dans une zone d'altitude où la température est particulièrement basse. Les réactions chimiques sur les particules qui composent ces nuages conduisent à la formation de composés chlorés très réactifs, tels que des atomes de chlore (Cl) ou de monoxyde de chlore (ClO), qui détruisent alors l'ozone de façon très efficace. Du fait de la longue durée de vie des chlorofluorocarbures (entre cinquante et cent ans), il fut tout de suite évident que la concentration atmosphérique du chlore resterait élevée pendant plusieurs décennies et que le phénomène du trou d'ozone persisterait probablement jusqu'au milieu du XXIe siècle.

Les halocarbures bromés tels que le bromure de méthyle (utilisé pour certaines productions agricoles, comme les cultures fruitières) ou les halons (utilisés dans les extincteurs) ont un pouvoir destructeur de l'ozone encore plus élevés que les CFC. Les études en laboratoire ont montré qu'un atome de brome est environ soixante fois plus efficace qu'un atome de chlore pour détruire une molécule d'ozone.

CHIMIE TROPOSPHÉRIQUE

L'atmosphère est un milieu oxydant qui détruit la plupart des composés émis par les processus naturels et anthropiques, y compris certains gaz à effet de serre comme le méthane. L'oxydation atmosphérique ne se produit pas par réaction directe avec la molécule d'oxygène, mais par l'intermédiaire d'espèces plus réactives, plus particulièrement le radical hydroxyle et l'ozone. Comme indiqué précédemment, le radical hydroxyle (OH) est produit par l'oxydation de la vapeur d'eau par l'atome d'oxygène lorsque celui-ci se trouve dans un état électronique excité. Cet atome est produit par la dissociation d'une molécule d'ozone par l'ultraviolet solaire de courte longueur d'onde. Le radical hydroxyle peut être converti en radical hydroperoxyle (HO_2) par réaction entre OH et le monoxyde de carbone (CO), le méthane ou d'autres hydrocarbures. Ce radical HO_2 peut être converti à nouveau en radical OH par réaction avec le monoxyde d'azote (NO). Ainsi les concentrations en OH et HO_2 sont fortement affectées par les concentrations de gaz émis par les activités humaines. Un produit de la réaction entre HO_2 et NO est le dioxyde d'azote (NO_2), qui peut être dissocié par le rayonnement solaire. Ce processus photochimique conduit à la formation d'un atome d'oxygène qui est immédiatement converti en ozone et joue donc un rôle majeur dans la troposphère. Dans la plupart des cas, le taux de production de l'ozone troposphérique est contrôlé par la présence du monoxyde d'azote. Comme les oxydes d'azote sont produits en grande partie par la combustion de matières fossiles, par les feux de biomasse et les activités agricoles, le niveau d'ozone est directement affecté par les activités humaines. On estime que la concentration d'ozone au niveau du sol a augmenté d'un facteur 2 depuis le début de l'ère industrielle. Des études sont actuellement en cours pour comprendre comment le niveau de OH et donc la capacité oxydante de l'atmosphère aurait varié durant la même période.

Lors d'épisodes de pollution intense, des brouillards photochimiques sont observés au voisinage des sources d'oxyde d'azote, de monoxyde de carbone et d'hydrocarbures (substances que l'on appelle les précurseurs d'ozone). Ceci se produit en particulier lorsque les conditions météorologiques sont stables ; les niveaux d'ozone sont alors très élevés et peuvent affecter la santé des populations. Ces épisodes seront-ils plus fréquents dans le futur à la suite des changements climatiques ? Cette question fait l'objet des recherches actuelles.

La formation des aérosols atmosphériques résulte en grande partie de transformations chimiques et microphysiques se produisant dans la troposphère. Les aérosols sulfatés sont produits à la suite de la conversion par les molécules de peroxyde d'hydrogène (H_2O_2) et d'ozone (O_3) du dioxyde de soufre (SO_2). La présence de ce dernier composé dans l'atmosphère est essentiellement due à la combustion du charbon. Les aérosols organiques proviennent en grande partie de l'oxydation des composés organiques volatils, comme les terpènes émis par la végétation.

Une région atmosphérique où les composés chimiques exercent une influence particulièrement importante sur le bilan radiatif de l'atmosphère est la tropopause, cette couche limite qui sépare la troposphère de la stratosphère aux environs de 8-16 kilomètres d'altitude. Cette région peut être considérée comme une barrière dynamique qui rend difficile le transport vers la stratosphère de la vapeur d'eau d'origine troposphérique, et qui limite l'intrusion d'ozone stratosphérique dans la troposphère. Les propriétés de cette couche, dans laquelle les interactions entre processus radiatifs, dynamiques, chimiques et microphysiques sont complexes, pourraient être modifiées par le changement climatique. Pour appréhender cette question, il convient de mieux comprendre les processus qui déterminent le forçage climatique et plus particulièrement le transport et la transformation des espèces chimiques, l'influence des mouvements convectifs et des éclairs particulièrement dans les tropiques, la formation et l'évolution des cirrus qui sont fréquents à ces altitudes, le rôle des perturbations à méso-échelle à moyenne latitude, le développement des moussons.

Le rôle de l'activité humaine

Le développement industriel du siècle dernier combiné avec l'augmentation de la population a contribué à modifier de façon considérable la composition chimique de l'atmosphère. Quand l'homme a commencé à produire des composés chimiques en grande quantité, il n'a pas réalisé que les émissions qui en découleraient modifieraient les conditions de l'équilibre atmosphérique qui ont prévalu pendant des millénaires.

Le méthane (CH_4) est produit dans l'atmosphère par les activités microbiennes dans des milieux anaérobiques (privés d'oxygène), c'est-à-dire dans les zones humiques : marais, lacs, rizières. Il est aussi produit dans le système digestif des ruminants. Sa concentration dans l'atmosphère a augmenté de façon importante au cours des deux derniers siècles du fait de l'intensification de l'agriculture. Les fuites lors de la production et du transport du gaz et dans les mines de charbon s'ajoutent aux sources de méthane d'origine biogénique. D'importantes quantités de ce gaz sont aussi stockées dans le permafrost de l'Arctique et pourraient être libérées dans l'atmosphère lors du réchauffement climatique, contribuant ainsi à une augmentation importante de la concentration atmosphérique en méthane. Le méthane est détruit lentement par le radical hydroxyle et à un degré moindre par le chlore. Cette destruction donne lieu à la création de deux molécules d'eau par molécule de méthane, augmentant ainsi la concentration en vapeur d'eau, ce qui pourrait avoir un effet climatique dans la moyenne et la haute stratosphère. Des études récentes suggèrent une augmentation significative de la vapeur d'eau dans la basse stratosphère (autour de 20 kilomètres) au cours des trente-cinq dernières années, tandis que d'autres indiquent une variation temporelle bien plus complexe. Des mesures systématiques seront nécessaires pour déterminer cette évolution dans l'atmosphère moyenne. Les changements à long terme de la concentration atmosphérique du méthane dans le passé ont été déterminés à partir de l'analyse des carottes glaciaires provenant de l'Antarctique ou du Groenland (voir Chapitre 8). Pendant les dernières centaines de milliers d'années et jusqu'au XVIIIe siècle, la concentration en méthane a fluctué entre approximativement 350 et 700 ppbv en phase avec les changements de température (et donc de climat). Après cette période, la concentration de méthane a augmenté presque exponentiellement, parallèlement à la croissance de la population et au développement de l'agriculture. La concentration actuelle de ce gaz dans l'atmosphère (1750 ppbv) a plus que doublé par rapport à ce qu'elle était en 1750. Même si elle a peu changé au cours des deux dernières décennies, la concentration du méthane dans l'atmosphère a atteint une valeur jamais observée au cours des 700 000 dernières années.

L'hémioxyde d'azote (N_2O) est émis dans l'atmosphère par les processus de nitrification et dénitrification provoqués par les bactéries dans le sol. C'est la source principale des oxydes d'azote dans la stratosphère qui détermine en grande partie le taux de destruction de l'ozone entre 15 et 35 kilomètres. La concentration d'hémioxyde d'azote a augmenté dans la troposphère au rythme de 2 à 3 % par décennie au cours des vingt-cinq dernières années, très vraisemblablement en réponse à l'utilisation intensive d'engrais azotés pour augmenter la production alimentaire.

Les oxydes d'azote (NO et NO_2) sont essentiellement produits par les processus de combustion, bien qu'il existe aussi des sources naturelles telles que les feux de biomasse et les éclairs par temps d'orage. Leur durée de vie est courte dans la basse atmosphère (quelques heures à quelques jours). Ils ne s'accumulent donc pas en grande quantité, sauf près de leurs sources, mais ils sont très réactifs. Comme nous l'avons mentionné précédemment, ces composés jouent un rôle majeur dans la formation de l'ozone troposphérique et dans la destruction de l'ozone stratosphérique. Les moteurs d'avion émettent aussi des oxydes d'azote au voisinage de la tropopause, et l'on se souvient des controverses soulevées au début des années 1970 par les effets potentiels d'une flotte d'avions supersoniques envisagée à l'époque. Le problème s'est déplacé dans les années 1990 au cours desquelles on s'est préoccupé des effets de la flotte existante d'avions commerciaux subsoniques. Même si les effets de l'aviation sur l'environnement sont relativement limités (mais non négligeables), l'industrie aéronautique a dû développer des moteurs plus propres. Le problème des émissions d'oxydes d'azote, d'hydrocarbures et d'aérosols par les moteurs de navires et de leurs impacts sur la qualité de l'air et sur le climat retient aujourd'hui l'attention. Ces moteurs ne font pas l'objet de régulations strictes et relâchent des quantités considérables de polluants chimiques dans des régions océaniques relativement propres jusqu'à présent. L'intervention croissante de l'homme dans la transformation de l'azote moléculaire (N_2), le gaz le plus abondant de l'atmosphère, en d'autres composants azotés, a perturbé considérablement le cycle de cet élément chimique, qui est à présent très éloigné de son état d'équilibre, non seulement dans l'atmosphère, mais aussi dans les autres réservoirs du système terrestre. Les oxydes d'azote, lorsqu'ils sont déposés sur les sols, deviennent de puissants fertilisants de la biosphère, et par conséquent perturbent le taux auquel le carbone est capté ou relâché dans l'atmosphère. On voit ici comment l'action de l'homme sur le cycle de l'azote peut induire des effets indirects sur le cycle du carbone et donc sur le forçage climatique.

La concentration d'ozone (O_3) au niveau du sol a été mesurée depuis plus d'un siècle : des observations systématiques et continues ont été effectuées, par exemple, à l'observatoire du parc Montsouris, au sud de Paris, dès la fin du XIXe siècle et au début du XXe siècle. Même si les mesures n'avaient pas la précision qui caractérise celles d'aujourd'hui, et étaient sans doute influencées par d'autres facteurs comme l'humidité de l'air, les valeurs de l'époque apparaissent comme étant considérablement plus faibles que celles qui sont mesurées aujourd'hui avec des techniques plus élaborées. On pense que, dans les régions urbanisées et industrielles, la concentration de l'ozone à la surface a au moins doublé depuis l'ère préindustrielle. Le taux de croissance de l'ozone est très variable dans l'espace ; il dépend de l'urbanisation et de l'industrialisation et il varie donc également d'un hémisphère à l'autre.

Enfin, l'impact sur l'environnement des halocarbures (incluant les chlorofluorocarbures ou CFC) est également important. Ces composés, actuellement présents dans l'atmosphère, n'existaient pas pour la plupart dans l'atmosphère préindustrielle. Ils ont été produits en quantité considérable par l'industrie dans la seconde moitié du XXe siècle. Ils ont été développés pour de multiples applications : agents réfrigérants dans les réfrigérateurs et systèmes à air conditionné, agents propulseurs dans les bombes d'aérosols, produits nettoyants, etc., et cela précisément du fait de leur stabilité chimique et donc de leur sécurité pour l'utilisateur. La durée de vie dans l'atmosphère des CFC peut atteindre cinquante à cent ans. D'autres halocarbures comme les halons constituent une source de brome atmosphérique. Le processus majeur de destruction important des halocarbures est leur lente photodissociation par le rayonnement ultraviolet solaire quand ces composants atteignent la stratosphère plusieurs années après leur rejet dans l'atmosphère. Ce processus de destruction libère du chlore et dans certains cas du brome qui, l'un et l'autre, ont la possibilité de détruire les molécules d'ozone par des cycles catalytiques (chaque atome de chlore ou de brome a la possibilité de détruire des milliers de molécules d'ozone). Les halocarbures sont radiativement actifs et donc contribuent à l'effet de serre comme cela a déjà été mentionné au Chapitre 2. Depuis leur identification comme responsables de la destruction de l'ozone, la production de la plupart de ces gaz a été arrêtée, à la suite du protocole de Montréal signé en 1987 et de ses amendements successifs au début des années 1990. Des substituts moins nocifs pour l'ozone ont été développés et sont actuellement produits pour remplacer les traditionnels CFC. Ces nouveaux produits peuvent cependant s'avérer de puissants gaz à effet de serre et leur croissance est maintenant contrôlée pour éviter de futurs problèmes environnementaux [134].

Il faut noter que les composés chlorés et bromés ne sont pas exclusivement produits par l'industrie. Il existe des sources naturelles (sources océaniques pour le chlorure et bromure de méthyle, sources volcaniques pour le chlorure d'hydrogène HCl) qui représentent respectivement 16 % et environ 40 % de la production anthropique du chlore et du brome.

Dans la stratosphère, la couche d'ozone a été l'objet d'une surveillance accrue, surtout depuis la découverte du trou d'ozone antarctique. Depuis le début des années 1980, la colonne totale d'ozone a diminué respectivement de 3 % et de 6 % à moyenne latitude dans l'hémisphère Nord et dans l'hémisphère Sud. Dans l'Antarctique et l'Arctique, la diminution d'ozone au printemps a atteint respectivement 45 % et 25 %. Des études approfondies ont démontré que ces changements sont liés à l'émission des chlorofluorocarbures (CFC). Depuis l'application du protocole de Montréal, les concentrations de ces substances ont progressivement diminué dans l'atmosphère, mais du fait de la longue durée de vie des CFC, le taux de décroissance des composés chlorés est lent. Malgré toutes les mesures prises pour diminuer leur présence dans la stratosphère de façon à protéger la couche d'ozone, un contrôle très sévère est encore de rigueur aujourd'hui. Il existe en effet des stocks très importants de ces produits qui sont encore utilisés illégalement dans certaines parties du monde. Une coopération internationale exemplaire est nécessaire pour s'assurer que les produits bannis par le protocole de Montréal et ses amendements successifs, ainsi que plus récemment par l'UNFCCC, ne sont effectivement plus utilisés. Il est intéressant de noter que le forçage radiatif dû aux halocarbures représente environ 13 % de celui des autres gaz à effet de serre.

Depuis l'année 2000, une pause a été observée dans la décroissance de l'ozone stratosphérique telle qu'elle avait été observée depuis vingt ans, ce qui peut être interprété comme un signe que le processus de récupération annoncée par les modèles est en marche. Cependant, une telle conclusion est aujourd'hui (2006) prématurée. Constater un changement de tendance dans les régions polaires serait particulièrement intéressant, mais la grande variabilité d'origine dynamique dans l'Arctique rend cette détection improbable à court terme. Dans l'Antarctique, où le trou d'ozone subit moins de variations, un retour à la situation d'avant 1980 devrait commencer à se manifester sous peu, pour être total entre 2040 et 2060. Cependant, le changement climatique et plus particulièrement les changements de température et de circulation stratosphérique pourraient modifier ce retour à la situation antérieure, notamment en Antarctique : des recherches sont en cours pour éclaircir ce point.

Comme cela a été dit au Chapitre 2, il est de plus en plus évident que l'augmentation des concentrations de gaz à effet de serre a été la principale cause du réchauffement de la troposphère et de la surface terrestre au cours des dernières décennies. L'augmentation à long terme de la température est principalement due au forçage radiatif créé par le dioxyde de carbone et le méthane, mais les effets additionnels des autres gaz à effet de serre et les effets directs et indirects des aérosols ne doivent pas être négligés. Par contre, la diminution d'ozone stratosphérique a contribué à refroidir la surface, mais ce refroidissement est de faible amplitude, excepté au centre du continent antarctique, où celui-ci est significatif et semble être attribuable à la réduction d'ozone stratosphérique (voir Chapitre 7).

Les changements de composition atmosphérique provoquant le réchauffement de la surface conduisent aussi au refroidissement de la stratosphère. En effet, dans la haute atmosphère où la densité de l'air décroît rapidement, l'augmentation des concentrations de gaz à effet de serre a tendance à accroître l'émission du rayonnement infrarouge terrestre vers l'espace ; en même temps, la plus faible concentration d'ozone s'accompagne d'une diminution de l'absorption de l'énergie ultraviolette solaire absorbée dans la stratosphère. Le refroidissement tel qu'il est prédit par les modèles est en bon accord avec les observations provenant de vingt-cinq années de mesures. Celles-ci montrent un refroidissement de 0,5 °K par décennie à 20 kilomètres, atteignant 2 °K par décennie à 45 kilomètres d'altitude [135]. À des altitudes plus élevées, dans la mésosphère entre 60 et 70 kilomètres, les observations (provenant de mesures par fusées, lidars au sol et détection des émissions naturelles) indiquent un refroidissement de 5 à 10 °K par décennie à moyenne et haute latitude. Cela demande à être confirmé et reproduit par les modèles, qui actuellement indiquent des tendances de plus faible amplitude.

Influence des changements climatiques sur la composition chimique de l'atmosphère

Les paragraphes précédents ont mis en évidence les effets directs et indirects des différents constituants chimiques sur le climat. Les interactions entre le climat et la chimie atmosphérique sont cependant plus complexes, car la composition chimique est elle-même influencée par le changement climatique (voir par exemple [136]). Dès lors, un certain nombre de mécanismes peuvent amplifier (rétroaction positive) ou atténuer (rétroaction négative) les effets, introduisant ainsi une interaction à double sens. L'importance quantitative de ces rétroactions chimiques sur le système climatique n'est pas encore bien établie, et il est difficile de conclure quant à leur rôle dans les conditions climatiques futures. De plus, il est possible que des processus inconnus ou mal décrits aujourd'hui puissent conduire à des effets potentiellement dangereux.

Plusieurs processus peuvent être évoqués. Tout d'abord, dans un climat plus chaud et plus humide, on s'attend à ce que les concentrations du radical hydroxyle OH augmentent avec comme conséquence une réduction potentielle des concentrations des précurseurs d'ozone (CO et oxydes d'azote). Dans ce cas, les effets du changement climatique tendraient à réduire le niveau d'ozone troposphérique. Cependant, d'autres processus pourraient agir en sens inverse : dans des conditions plus chaudes, les émissions de certains de ces précurseurs d'ozone (les émissions par les plantes de composés organiques volatils et l'émission d'oxyde d'azote par les bactéries des sols) pourraient augmenter de façon significative. De plus, si la fréquence et l'intensité des orages augmentaient dans un climat plus chaud, de grandes quantités d'oxydes d'azote pourraient être produites dans la moyenne et la haute troposphère, particulièrement dans les régions tropicales.

Un certain nombre d'interactions entre la composition chimique de l'atmosphère et les cycles biogéochimiques n'a pas encore fait l'objet d'une attention suffisante. Par exemple, le dépôt de substances chimiques, qui pourrait être altéré dans un climat différent, affecte l'entrée de nutriments dans la biosphère marine et continentale, et ainsi les échanges de carbone avec l'atmosphère. La pénétration d'azote dans les sols et de fer dans l'océan par l'intermédiaire des poussières fournit deux exemples de telles interactions. La croissance des plantes pourrait aussi être affectée par l'ozone de surface. L'importance de ces facteurs sur l'abondance de dioxyde de carbone dans l'atmosphère et donc sur le forçage climatique reste à approfondir.

La poursuite du refroidissement de la stratosphère prévu dans le futur aura également une influence sur l'ozone stratosphérique. Tout d'abord, il est bien connu que les taux de production et de destruction chimique de l'ozone sont sensibles à la température. Ceci peut conduire à un ralentissement de la destruction d'ozone à moyenne latitude. Par contre, l'effet inverse est attendu en région polaire où l'activation chimique des composés chlorés (provenant des CFC) se produit à la surface des particules qui composent les nuages stratosphériques polaires dont la formation a lieu en dessous d'un certain seuil de température. Le refroidissement pourrait ainsi différer le retour à la normale de l'ozone attendu avec la diminution des CFC. De plus, le refroidissement de la stratosphère dans les décennies à venir pourrait conduire à une accélération de la circulation méridienne dans la moyenne et la haute atmosphère. Ce phénomène pourrait accélérer le retour de l'ozone à la normale aux latitudes élevées : en effet, les masses d'air pauvres en chlore, et donc riches en ozone provenant des latitudes basses et moyennes pénétreraient plus facilement dans les régions polaires où l'ozone est détruit par le chlore et le brome pendant l'hiver et le début du printemps. Lequel de ces processus l'emportera et comment ce couplage entre l'ozone stratosphérique et la température affectera-t-il le climat futur ? La question reste ouverte, mais est discutée beaucoup plus en détail dans un récent rapport officiel sur l'état de la couche d'ozone [137].

Les perturbations de la température et de la circulation stratosphérique peuvent affecter la circulation troposphérique et par là même le temps et le climat. L'étude des connexions dynamiques entre la troposphère et la stratosphère est un domaine de recherche en pleine expansion. La possibilité que des signaux stratosphériques fournissent des éléments permettant d'améliorer la prédiction des champs météorologiques devrait conduire à l'amélioration de la prévision météorologique à moyen terme et peut-être de la prévision climatique saisonnière. Une caractérisation de l'état de la dynamique stratosphérique en hiver pourrait par exemple fournir des informations rendant plus aisée la prévision des structures anticycloniques sur l'Europe au printemps. Il serait alors important que les futurs modèles de prévision météorologique incluent une représentation détaillée de la stratosphère.

Prendre en compte l'ozone stratosphérique dans les modèles climatiques peut aussi devenir nécessaire pour modéliser les effets de la variabilité solaire sur le climat. La variabilité du rayonnement solaire la plus élevée se situe aux plus courtes longueurs d'onde (dans le domaine spectral de l'ultraviolet). Or la transmission du flux ultraviolet solaire est déterminée par l'abondance d'ozone stratosphérique, elle-même modulée par l'activité solaire. Des travaux récents suggèrent que les changements dans la composition, la température et la dynamique stratosphériques résultant de la variabilité solaire dans l'ultraviolet ont des effets indirects sur la troposphère par couplage dynamique et radiatif.

Parmi les perturbations naturelles ayant un effet sur la stratosphère, outre la variabilité solaire, on doit mentionner les éruptions volcaniques explosives qui sont capables de projeter dans la stratosphère d'énormes quantités d'aérosols sulfureux, comme cela a été observé à deux reprises dans les dernières décennies, en 1982 avec l'éruption d'El Chichón, et en 1991 avec celle du mont Pinatubo. La présence de ces poussières qui jouent un rôle d'écran pour le rayonnement solaire entraîne un refroidissement très notable de la surface (0,5 °K dans le cas du Pinatubo). Mais un tel refroidissement (du même ordre de grandeur que le réchauffement dû aux gaz à effet de serre depuis un siècle) ne dure qu'un à deux ans environ, le temps que les aérosols sédimentent. Le projet a été évoqué d'utiliser ce type de phénomène en injectant de façon industrielle des grandes quantités d'aérosols dans la stratosphère pour s'opposer au réchauffement climatique (voir Chapitre 3). Même si une telle tentative pouvait s'avérer efficace pour abaisser la température moyenne de la Terre, ses effets collatéraux potentiels, qui peuvent être importants et dommageables, restent à quantifier.

Quelles leçons tirer ?

On reconnaît maintenant que la réponse du système Terre aux activités humaines est complexe et comporte de multiples interactions entre les processus physiques, chimiques et biologiques, sans oublier les transferts de masse, de quantité de mouvement et d'énergie entre l'atmosphère, les océans et la surface des continents. Des interactions à double sens entre les systèmes chimiques et climatiques doivent donc être prises en compte dans les modèles qui tentent de décrire les effets de l'activité humaine sur le devenir de la planète. Les changements dans la composition chimique n'ont pas comme seule conséquence des perturbations potentielles sur le système climatique ; ils conduisent aussi à une dégradation de la qualité de l'air avec des impacts sévères sur la santé humaine et sur les écosystèmes. Cela explique pourquoi la qualité de l'air est devenue un thème de plus en plus important pour la société, et pourquoi son contrôle a pris une telle importance dans les régulations de protection de l'environnement. La diminution de l'ozone stratosphérique a fourni un exemple de premier plan d'un problème d'environnement ayant demandé l'action immédiate des décideurs politiques. Ce problème a été traité de manière remarquablement efficace par une recherche scientifique de qualité en soutien au processus politique qui a conduit à l'adoption du protocole de Montréal par un grand nombre de pays. La production des substances destructrices d'ozone a pu ainsi être interrompue. Le processus qui a conduit à la formulation et à l'adoption de ce protocole se doit d'être étudié en détail, car il peut servir – au moins en partie – comme modèle pour traiter d'autres problèmes d'environnement dans le futur.

Établir un parallèle entre le problème de l'ozone et celui de la protection du climat est évidemment loin d'être réaliste. L'envergure du problème, le nombre d'acteurs mis en jeu et les conséquences économiques des mesures potentielles à prendre sont bien plus complexes que dans le cas de l'ozone stratosphérique. De plus, le contrôle de la réduction des émissions de gaz à effet de serre est beaucoup plus difficile à assurer que celui des substances destructrices d'ozone. Le concept d'un accord international régulièrement amendé au fur et à mesure que l'information scientifique se développe, peut être pris comme exemple pour d'autres problèmes d'environnement. Dans le cas du changement climatique par exemple, il peut être conseillé à la communauté internationale de prendre des décisions initiales, probablement imparfaites, pour réduire la concentration des gaz à effet de serre dès que possible. Des mesures additionnelles pourront être considérées lorsque de nouvelles informations deviendront disponibles et lorsque la possibilité d'un consensus plus vaste sera plus probable.

Une autre leçon peut être tirée de l'exemple de l'ozone stratosphérique. Dans la première moitié des années 1980, et malgré l'engagement exemplaire de la communauté scientifique autour de ces problèmes, la découverte du trou d'ozone antarctique est arrivée comme une totale surprise. L'observation de la destruction rapide et non prévue de l'ozone aux environs du pôle Sud ne pouvait être expliquée sans faire appel à des concepts chimiques nouveaux. La nature n'a certainement pas fini de nous surprendre, même si les scientifiques peuvent être encouragés par leurs résultats et par leur capacité à aborder des questions complexes très importantes pour le devenir de l'humanité.

Les auteurs

MARIE-LISE CHANIN est directeur de recherche émérite au service d'aéronomie du CNRS. Elle a été à l'origine de la composante Sparc, dévolue au rôle de la stratosphère sur le climat, du Programme mondial de recherche sur le climat. Codirectrice de Sparc, elle a présidé le programme français d'étude du changement global.

GUY BRASSEUR est *associate director* au National Center for Atmospheric Research (NCAR) à Boulder, dans le Colorado. Ses recherches portent notamment sur l'influence de l'activité humaine sur la couche d'ozone et le climat. Il a été président du Programme international géosphère-biosphère (IGBP).

Chapitre 12

LE SYSTÈME D'OBSERVATION DU CLIMAT

par Jean-Louis FELLOUS et Helen WOOD[1]

> « Un climat pour lui seul : ses plus proches voisins
> Ne s'en sentoient non plus que les Américains. »
>
> Jean de LA FONTAINE,
> « Jupiter et le Métayer », *Fables*.

> « *Climate is what you expect, weather is what you get.* »
>
> Robert A. HEINLEIN,
> *Time Enough For Love.*

Introduction

Il y a cinquante ans, la recherche sur le climat se bornait à décrire un état moyen de l'atmosphère et de l'océan. Les physiciens du climat n'accordaient guère d'attention au rôle de la biosphère terrestre, et le travail consistait surtout à établir au prix de laborieux calculs la moyenne sur trente ans de nombreuses variables atmosphériques ou autres mesurées par des instruments archaïques. Les applications des études climatiques avaient trait à la prévision du temps, à l'ingénierie, l'agriculture, à la gestion des ressources en eau, aux systèmes d'alerte, et à la navigation maritime ou aérienne.

La technologie ayant évolué lentement pendant la première moitié du XXe siècle, il en a été de même de la précision des mesures. On a tardé à percevoir la simple notion de l'intérêt à minimiser les biais dépendants du temps dus à l'étalonnage, ou à l'échantillonnage spatio-temporel des observations. De plus, peu d'efforts sont allés à l'amélioration de la précision des mesures, chacun percevant le climat comme essentiellement stable. Au demeurant, à en croire les paléoclimatologues, la prochaine ère glaciaire ne se produirait pas avant quelques dizaines de milliers d'années.

---

1. Les opinions exprimées dans ce chapitre sont propres à ses auteurs, et ne reflètent pas nécessairement celles de la Noaa ou du gouvernement américain.

Un système d'observation du climat, pour quoi faire ?

À mi-chemin de la recherche appliquée et d'un exercice académique de dynamique des fluides, la climatologie a été promue au rang d'un champ de recherche prioritaire face à la demande d'une compréhension approfondie des mécanismes du climat, suscitée par la prise de conscience de l'altération que lui inflige l'activité humaine. Quels sont les effets à long terme de l'action humaine sur l'environnement planétaire ? Le changement climatique va-t-il en s'accélérant ? Comment nous préparer et même nous adapter aux changements du climat local et régional ? Ces questions n'émanent pas seulement de la communauté scientifique, elles sont posées par les politiques et la société. Les réponses peuvent avoir des conséquences économiques majeures pour le monde développé et en développement.

Un système global d'observation du climat permettrait de répondre à ces questions grâce à l'amélioration de notre compréhension du système climatique, et de notre capacité à en prévoir l'évolution. Cette connaissance servirait à la prise de décisions pour s'adapter à la variabilité et au changement du climat. Au bout du compte, un tel système devrait permettre un développement économique et social « soutenable », apportant une perturbation minimale au système du climat.

Comme dans toute science, mesures et observations sont nécessaires pour valider (ou infirmer) hypothèses et théories du climat. Mais celui-ci ne peut être contrôlé comme dans une expérience de laboratoire. La variabilité naturelle et la turbulence caractérisent le comportement des enveloppes fluides de la Terre, ce qui complique toute prévision de leur évolution à long terme. Considérons par exemple les trajectoires de deux ballons identiques lâchés simultanément de points voisins, ou du même point à deux instants voisins : d'abord parallèles, elles divergent petit à petit et, après quelques minutes, leurs mouvements semblent totalement décorrélés. Il en va de même de deux flotteurs à la surface de la mer, quoique à des échelles de temps et d'espaces différentes.

Pour prévoir le temps, les météorologistes utilisent des modèles numériques tridimensionnels, qui se fondent sur une connaissance *a priori* de la physique des fluides, représentée par des équations classiques, comme la conservation de la masse, de l'énergie et de la quantité de mouvement. Partant de conditions initiales et aux limites du système étudié, ces équations permettent en principe de décrire son évolution. De fait, par suite d'erreurs sur les conditions initiales et d'approximations de calcul, la prévision s'écarte peu à peu du temps observé et devient, après quelques jours, totalement irréaliste. Cette dérive oblige à acquérir en permanence de grandes quantités de données fraîches. De nos jours, ces données sont assimilées en continu dans les modèles, afin de minimiser les différences entre les prévisions et le monde réel.

Les exigences vis-à-vis du système adéquat d'observation du climat sont bien plus sévères que celles qui s'imposent à la météorologie. L'analyse et la prévision du climat posent des problèmes différents car la mesure des petites variations associées au changement climatique attendu est loin d'être simple, d'autant plus que l'horizon de la prévision va de la décennie au siècle et au-delà.

Bien que leur validité statistique soit reconnue par le Giec, la recherche de tendances dans les données du passé reste problématique. Nous n'avons évidemment aucun contrôle sur ces données et l'instrumentation passée. Les séries archivées de température ne remontent qu'à 1860, et la détermination d'une température moyenne globale et de sa variation à partir de ces données disparates est l'objet de moult contestations. Des questions ont été soulevées quant aux biais attribuables aux effets locaux, comme les îlots de chaleur urbains ou le déplacement des stations, ou aux changements des techniques de mesure de la température de surface de la mer ou encore à l'inclusion récente de données de satellites. Il est de fait que ces incertitudes sur les données passées compliquent la compréhension du fonctionnement du système climatique. Mais la mise en place de systèmes de mesure modernes reste un défi, lorsqu'il s'agit de détecter des tendances d'un dixième de degré par décennie pour la température de surface, ou des variations d'un millième de la constante solaire sur la même période.

Le défi de la qualité

La variabilité naturelle du climat est attestée à des échelles de temps allant des années aux siècles et aux millénaires. La perturbation anthropique induite se superpose à cette variabilité naturelle, ou peut la modifier de manière qu'il nous reste à comprendre. On ne peut détecter les signaux associés au changement du climat que s'ils surpassent le bruit de cette variabilité naturelle.

L'évaluation de changements du climat à partir d'observations sur de longues périodes implique de disposer de séries temporelles à la fois *précises* et *stables*. Ici la *précision* désigne l'erreur systématique sur la mesure par rapport à la réalité, après élimination des erreurs aléatoires. La *stabilité* se réfère à l'évolution à long terme de la précision de la mesure, par exemple sur dix ans. On s'attend à ce que le changement du climat soit « petit » à l'échelle globale, mais les changements régionaux peuvent être importants, comme le retrait des glaciers, la désertification ou la submersion de zones côtières. En fait, une montée de 1 mètre du niveau de la mer n'est pas si petite, non plus qu'une augmentation de 5 °C de la température moyenne globale en l'espace de cent ans (soit autant qu'entre la température moyenne actuelle et celle qui régnait il y a 18 000 ans, au plus fort de la dernière glaciation). Néanmoins, il est vrai que la détection du changement climatique global est beaucoup plus difficile que la surveillance des impacts régionaux. De plus, la détection ne suffit pas : les observations doivent être assez précises et stables pour prouver que le climat change, et évaluer l'ampleur des forçages et des rétroactions à l'œuvre.

Nombre d'implications en découlent quant aux caractéristiques d'un système d'observation capable de fournir des mesures de qualité climatique : celles-ci doivent être acquises au moyen d'instruments précis, étalonnés, converties en données géophysiques, soumises à un contrôle de qualité et enregistrées en format standard. Les jeux de données doivent être suffisamment précis pour une détection précoce des tendances de la décennie à venir, homogènes en termes d'espace, de temps et de méthode, ininterrompus, et durer assez longtemps pour résoudre les tendances décennales, avec une couverture et une résolution suffisantes pour la description spatio-temporelle des changements. Faut-il le dire, rien de tout cela n'est aisé, et la réponse à la question de l'adéquation du système d'observation actuel du climat à un tel défi est clairement *négative*.

Les deux visages de la technologie

Tel le dieu romain Janus, la technologie a deux visages. Elle sert d'outil à l'humanité pour exploiter l'environnement naturel à un haut degré d'intensité. Mais en même temps, elle nous fournit des outils pour observer et surveiller la Terre. Sans cela, nous ne pourrions détecter les modifications infimes de la composition atmosphérique ou des courants océaniques, ni cartographier les changements des couverts continentaux qui interviennent dans l'altération du climat. En sciences de la Terre, les progrès technologiques ont affecté les systèmes d'observation, notamment avec l'avènement des satellites, mais aussi nombre de nouveaux capteurs capables de mesures précises dans un environnement hostile, tels les flotteurs profileurs dans l'océan. Les progrès des ordinateurs ont à leur tour permis le développement de modèles plus réalistes du système Terre et de ses compartiments atmosphérique, océanique et terrestre. De plus, de nouvelles techniques mathématiques ont permis d'utiliser ces données pour améliorer la qualité des prévisions.

Entre autres, les progrès de la miniaturisation, des antennes, des débits de communication, des techniques radar et de la stabilité des oscillateurs ont permis l'emport à bord de satellites de capteurs actifs capables d'acquérir des observations en tous temps, jour et nuit, et de transmettre au sol d'énormes volumes de données de résolution spatiale et temporelle toujours plus fine. La sensibilité accrue des détecteurs a permis le sondage vertical de l'humidité et de la température, la détection et la surveillance de composés minoritaires de l'atmosphère.

Les progrès des systèmes spatiaux

Depuis le premier « bip-bip » émis par Spoutnik-1 en 1957, à l'aube de l'Année géophysique internationale, les satellites d'observation de la Terre ont connu d'énormes progrès. Lancé le 1ᵉʳ avril 1960, Tiros-1 (*Television Infrared Observation Satellite*), « un poste de télévision en noir et blanc muni d'une caméra », a été le premier satellite météo, renvoyant au sol des images diurnes des nuages. Cette série de satellites américains a été progressivement améliorée avec l'ajout d'un capteur infrarouge fournissant une mesure grossière des températures de surface, puis dans les années 1970, de nouveaux capteurs fournissant des mesures à cinq longueurs d'onde différentes. En 1979, l'Europe lançait son premier satellite météorologique géostationnaire, Meteosat. Les deux décennies suivantes ont vu le développement d'un ensemble optimisé de satellites météorologiques opérationnels mis au point par les États-Unis, l'Europe, la Russie, le Japon, la Chine et l'Inde, comportant deux séries de plusieurs plates-formes en orbites géostationnaire et polaire.

Parallèlement à leur effort sur l'observation météorologique, les agences spatiales ont lancé nombre de missions expérimentales, afin d'étendre les capacités offertes par la télédétection à l'observation des surfaces marines et terrestres, ainsi qu'à la composition de l'atmosphère. L'Agence spatiale européenne a lancé en 1991 et 1995 les satellites ERS-1 et ERS-2, de véritables pionniers de l'observation de la Terre. Dans les vingt dernières années, quantité de techniques nouvelles ont fleuri : certaines extrapolant des observations du sol à l'espace ; certaines s'inspirant de capteurs innovants initialement conçus pour l'exploration de Vénus ou de Mars ; d'autres enfin représentant des concepts véritablement nouveaux, exploitant pleinement les caractéristiques de l'observation en orbite, sans équivalent à partir du sol, d'avions ou de ballons.

Les capteurs actifs, capables d'illuminer leur cible avec un signal radar, ont permis une avancée remarquable par rapport aux capteurs passifs dépendants pour l'essentiel de l'éclairement solaire, ou de la détection d'émissions imperceptibles de l'atmosphère et des surfaces dans l'infrarouge ou les micro-ondes. L'altimétrie par radar a révolutionné l'océanographie, en permettant la mesure précise des courants marins et des fluctuations du niveau de la mer.

Une liste incomplète des variables climatiques accessibles à la mesure passive depuis l'espace (et parfois seulement à cette mesure) inclut l'irradiance solaire (totale et spectrale), le bilan radiatif de la Terre (flux solaire entrant, flux sortant infrarouge, nébulosité), la température de l'atmosphère, la vapeur d'eau, l'ozone, les aérosols, les précipitations, le dioxyde de carbone, le méthane, la couverture végétale et forestière, la couverture neigeuse, la glace de mer, la température de surface de la mer, la couleur de l'océan (liée à la concentration en phytoplancton), l'étendue des lacs, celle des glaciers, etc. Les capteurs actifs mesurent les courants marins, le niveau de la mer et des lacs, le vecteur vent à la surface de l'océan, l'état de la mer, l'humidité des sols, l'altitude du sommet des nuages, les taux de pluie, la topographie des calottes polaires, etc.

Les observations par satellite ont aussi des limitations : les ondes électromagnétiques ne pénètrent guère sous la surface de l'océan ou du sol ; certains paramètres de la basse atmosphère échappent pratiquement à l'observation spatiale, du fait de l'opacité de l'atmosphère ; la durée de vie des satellites excède rarement quelques années ; les instruments se dégradent dans l'environnement spatial ; l'étalonnage des capteurs est difficile et instable. Aucune observation spatiale ne se suffit à elle-même, et les données des satellites doivent toujours être complétées et validées par des mesures *in situ*.

Ensemble ou séparément, la Nasa américaine et le Cnes français ont joué un rôle significatif dans le progrès des techniques d'observation spatiales au service du climat, comme en témoigne le satellite océanographique franco-américain Topex/Poséidon (1992-2006) et ses successeurs Jason-1 (2001-) et Jason-2/OSTM (qui sera lancé en 2008). Un autre exemple est fourni par le A-Train (Figure 3.3), une constellation de satellites incluant les plates-formes américaines Aqua et Aura, le microsatellite français Parasol, la mission innovante franco-américaine Calipso (un lidar spatial) et l'américano-canadien Cloudsat, volant en formation sur la même orbite à intervalles de quelques minutes afin d'améliorer notre compréhension du rôle climatique des nuages et des aérosols.

Les progrès des observations
depuis la surface

Les observations depuis la surface jouent aussi un rôle clé pour la surveillance du climat. Elles désignent une large gamme de systèmes d'acquisition de données située à la surface de la Terre (thermomètres, baromètres, anémomètres, pluviomètres, etc.), dans l'océan (à la surface, tels les marégraphes, les bouées fixes ou dérivantes, ou en profondeur, tels les mouillages ou les flotteurs « pop up »), ou dans l'air (radiosondes, capteurs embarqués sous ballon ou sur avion).

Dans les dernières années, les réductions budgétaires et d'autres facteurs ont conduit au déclin regrettable de leur volume et de leur importance. En fait, la stagnation ou même la diminution de la densité des réseaux de mesure *in situ*, telle qu'observée dans plusieurs pays, particulièrement dans l'hémisphère Sud, peut avoir un impact négatif sur notre capacité à évaluer et détecter le changement du climat.

Des progrès sérieux ont cependant eu lieu, concernant notamment l'amélioration de la qualité des capteurs et la densité des mesures océaniques. Le programme international Argo de flotteurs profileurs est un exemple d'une entreprise couronnée de succès, dans laquelle les États-Unis et la France jouent un grand rôle. Les flotteurs Argo sont des robots océaniques qui plongent jusqu'à une profondeur fixe d'environ 2 000 mètres et remontent à la surface tous les dix jours, transmettent par satellite les mesures précises de température et de salinité acquises durant l'ascension, puis replongent pour un nouveau cycle. Chaque flotteur a une durée de vie de trois à cinq ans, et trois mille d'entre eux doivent former un réseau global. Trois modèles sont en service, les flotteurs américains Apex et Solo et le français Provor. Leur déploiement a débuté en 2000, avec plus de 2 800 flotteurs en service à la mi-2007. Plus de vingt pays participent à Argo, les États-Unis (50 %) et la France (8 à 10 %) apportant des contributions importantes au réseau mondial.

Les flotteurs Argo complètent les observations des satellites et peuvent se comparer aux radiosondes, des petits instruments sous ballons lancés deux fois par jour de sept cents stations, qui fournissent une information sur les profils verticaux de température et d'humidité de l'air. Les mécanismes de financement du programme Argo sont différents d'un pays à l'autre. Chaque nation a ses priorités propres, mais tous les contributeurs souscrivent à l'objectif de bâtir le réseau global et à sa politique de données ouverte. Les données Argo sont en libre accès pour tout utilisateur intéressé, *via* Internet, depuis deux centres situés à Monterey (Californie) et à Brest (France).

Systèmes d'observation globaux et coopération internationale

La Terre est un système complexe, intégré : les modèles qui le représentent doivent faire appel à toutes les variables intéressant le climat à travers tous ses sous-systèmes. Le besoin prioritaire n'est pas de mesurer n'importe quelle variable. En fait, l'accent est mis avant tout sur les variables qui réduisent l'incertitude des modèles de prévision climatique et sur celles dont la surveillance est indicative de phénomènes comme l'intensité de la sécheresse ou les changements des fortes précipitations. Du fond des océans aux vastes espaces couverts de déserts, de glaciers, de montagnes, de lacs, de champs et de vallées en passant par les diverses couches de l'atmosphère et jusqu'à l'environnement spatial, ces mesures essentielles doivent être prises de manière continue et coordonnée.

C'est une entreprise énorme, hors d'atteinte des capacités financières, mais aussi géographiques, d'aucun pays. Même si l'on peut utiliser des satellites pour la collecte globale systématique depuis l'espace de données de surface, celles-ci ne peuvent à elles seules répondre aux besoins des modèles. Des mesures en surface et subsurface, telles l'humidité et la température de surface des sols, les vents à basse altitude, et les courants océaniques profonds, dépendent toujours de mesures locales (*in situ*) pour satisfaire aux exigences de modèles de climat. Inversement, bien que ces mesures *in situ* soient les meilleures données sur les conditions locales en un point et à un instant donnés, elles ne suffisent pas à fournir l'information climatique à l'échelle globale. Les systèmes d'observation *in situ* en surface et subsurface sont irrégulièrement répartis sur les terres et les océans, de vastes espaces marins et des régions peu peuplées n'étant accessibles en routine qu'à l'observation spatiale.

Les composantes d'un système d'observation global

S'ajoutant au défi géographique, bien d'autres défis résultent de la destination originale variée des systèmes d'observation spécifiques qui fournissent des données applicables au climat. De même qu'aucune nation ne peut raisonnablement pourvoir à un système d'observation global unique adapté aux besoins du climat, un système d'observation global dédié au climat est un « doux rêve ».

Les capacités des systèmes spatiaux et *in situ* sont déterminées à partir de priorités, de spécifications et de budgets différents. Projets de recherche de courte durée, prévision opérationnelle du temps régional et national, détection des feux de forêts pour des besoins de sécurité ou détection des changements de la biomasse, surveillance de la glace de mer pour la sécurité maritime ou la prévision locale du temps, tels sont de nos jours quelques-uns des multiples buts des divers systèmes d'observation. L'utilité pour la surveillance du climat de données initialement acquises à d'autres fins dépend à la fois de leur compatibilité avec les besoins de surveillance et du degré de coopération dès la phase de conception du système envisagé.

D'autres complications résultent des différences dans la collecte, le traitement et la conservation des données de ces systèmes d'observation. Celles-ci doivent être accessibles de diverses manières. Certaines sont disponibles seulement par collecte directe à l'instant de leur transmission par les instruments, c'est-à-dire en temps réel. D'autres données peuvent être extraites de bases de données de courte durée. Les archives de données environnementales qui donnent un accès à long terme aux observations constituent aussi une composante clé du système.

La diversité technique des schémas de distribution et des mécanismes d'accès aux données des systèmes d'observation passés, présents et à venir accroît singulièrement le défi de mise en œuvre d'un système d'observation global du climat. Il en va de même des différentes politiques de données. Afin d'obtenir le soutien politique et financier requis pour le développement de nouveaux systèmes d'observation, certaines nations se voient contraintes d'inclure des éléments de récupération des coûts dans leur budget prévisionnel. Dans d'autres cas, les fournisseurs du système peuvent accorder un accès gratuit (ou à prix limité) aux données – parfois il est vrai au prix d'un délai ou d'une résolution dégradée.

D'évidence, un système global d'observation du climat ne peut résulter que de la combinaison de divers systèmes, spatiaux et *in situ*, utilisés en conjugaison avec des modèles, des réseaux de distribution de données, et un accès facilité aux archives détenues par un large réseau de centres de données environnementales. Dans ces conditions, on voit clairement l'intérêt d'établir des accords de collaboration et de coopération internationale couvrant les nombreux aspects de la réalisation d'un système global d'observation du climat.

Le défi de la connaissance
et de l'évolution

Bien que la réalisation d'un système d'observation du climat complet et durable soit riche en défis, la communauté de recherche est parvenue à produire un courant constant d'innovation. Prenant appui sur les progrès récents des systèmes spatiaux décrits ci-dessus, des techniques nouvelles et prometteuses apparaissent : sources laser infrarouge pour sonder l'atmosphère et obtenir des profils verticaux des vents horizontaux dans la basse atmosphère (projet Aeolus, ESA) ou la distribution verticale des nuages et des aérosols (Calipso, États-Unis et France) ; interférométrie pour la mesure de l'humidité des sols et de la salinité de surface marine (SMOS, ESA et Aquarius, États-Unis et Argentine), ou de la biomasse forestière (Alos, Japon) ; spectromètres à réseau à haute résolution pour mesurer l'abondance du dioxyde de carbone dans l'atmosphère, donnant accès à la description des puits et des sources de carbone dans l'océan et la biosphère (OCO, États-Unis) ; altimètres imageurs pour cartographier les calottes polaires et déterminer leur bilan de masse (CryoSat, ESA) ; constellation de satellites embarquant des radiomètres micro-ondes passifs et un radar pour déterminer la distribution globale des précipitations (coopération États-Unis, Japon et autres partenaires).

Tous ces nouveaux concepts attrayants ont été développés par des agences de recherche spatiale, à partir de projets sélectionnés reçus en réponse à des appels d'offres émis périodiquement. Bien que la plupart des budgets de recherche publics affectés aux sciences de la Terre soient en déclin, un flux stable d'idées nouvelles et de nouvelles missions a été maintenu dans tous les pays. La plupart ont été couronnées de succès, leurs résultats outrepassant les prévisions. Certaines peuvent être considérées comme des expériences uniques, beaucoup d'autres ont vocation à devenir des sources de données opérationnelles pour le climat, après démonstration en vol – ce qui nous amène à la délicate question de la transition des systèmes d'observation expérimentaux vers l'opérationnel.

Le défi de la continuité

En avançant vers un système d'observation global efficace pour le climat, les efforts doivent viser à l'obtention des mesures adéquates sous la forme requise ainsi que des modèles de climat fiables, fournissant l'information nécessaire aux décisions tenant compte du climat, qu'elles concernent l'adaptation, l'atténuation, la politique énergétique ou autre. Mais disposer d'un système d'observation ne saurait suffire. Ce système d'observation doit être durable, c'est-à-dire capable de produire des données précises de manière continue.

Notre compréhension du système Terre ira s'améliorant parallèlement à la qualité et à la disponibilité des observations et des modèles associés. En retour, ces progrès appelleront de nouvelles avancées de la technologie des capteurs, de la complexité du système d'observation et des modèles. De telles avancées relèvent typiquement de programmes de recherche. Une fois établi le bénéfice apporté, ces capacités doivent être transférées vers l'opérationnel.

Bien que la nécessité de cette transition soit de plus en plus reconnue, le chemin qui conduit à l'inscrire dans la planification des systèmes actuels et futurs est des plus escarpé. Les techniques avancées ne passent ni rapidement ni facilement de la recherche aux opérations. Le cycle de vie d'un système opérationnel complexe s'étend sur des années, avec la conception et le développement de séries de sous-systèmes (tels que des bouées, des réseaux au sol ou des satellites) qui fonctionneront pendant des décennies, figeant des technologies dépassées et la compréhension scientifique.

Le financement nécessaire pour faire le pont entre les résultats d'un programme de recherche d'une organisation et les systèmes de nouvelle génération du programme opérationnel d'une autre organisation ne figure dans le budget d'aucune des deux institutions. De fait, certains des outils et techniques le plus prometteurs peuvent se révéler beaucoup trop coûteux pour être reproduits et exploités sur le long terme. On a pu comparer la transition entre recherche et opérationnel à « la traversée de la vallée de la Mort » [138]. Fort heureusement, les organisations et gouvernements commencent à comprendre et traiter ce défi. L'histoire récente de l'altimétrie radar de précision illustre bien les obstacles qu'il faut franchir.

Elle débute en 1992 avec la mission expérimentale américano-française Topex/Poséidon, un satellite de 2,5 tonnes emportant des instruments redondés, et s'est poursuivie avec le lancement en 2001 du satellite franco-américain Jason-1, d'une masse de 500 kilos, une charge utile optimisée, mais des performances égales (et une durée de vie de trois à cinq ans, à comparer aux treize années et à demi accomplies par Topex/Poséidon). La France et les États-Unis ont supporté à parts égales les coûts des deux missions. En réponse à une lettre de l'équipe scientifique internationale recommandant la poursuite opérationnelle de la série au-delà de Jason-1, G. Asrar, l'administrateur Nasa chargé des sciences de la Terre, a écrit en 1998 : « Il est essentiel d'admettre que la Nasa n'a pas mandat à continuer indéfiniment de telles mesures dans le futur. Le faire menacerait sa capacité à étendre la recherche et le développement à de nouveaux domaines. Pour acquérir les longues séries temporelles nécessaires à l'observation globale du niveau de l'océan, nous devons agir ensemble pour que des mesures altimétriques de haute qualité soient incorporées aux futurs programmes opérationnels de télédétection. » C'est ainsi qu'un accord quadripartite pour une mission Jason-2 a été signé entre deux agences de recherche spatiale (la Nasa pour les États-Unis et le Cnes pour la France) et les agences opérationnelles NOAA (États-Unis) et Eumetsat (Europe). Cet accord a nécessité de longues négociations, au point que la conception de Jason-2 a dû être revue, par suite de l'obsolescence de certains composants du satellite. Ce retard aura peut-être pour conséquence l'absence de chevauchement entre les missions Jason-1 et Jason-2. Les agences spatiales ont indiqué qu'elles cesseraient leur contribution financière après Jason-2, mais aucune des agences opérationnelles ne dispose à ce jour d'un financement approuvé pour une mission ultérieure.

Vers un système mondial d'observation du climat

En dépit de ces difficultés, la coopération internationale sur les systèmes d'observation intervient de nos jours à tous les niveaux et dans tous les domaines d'application. La Veille météorologique mondiale (VMM) est l'un des plus anciens exemples représentatifs de ces collaborations, dans le cadre de l'Organisation météorologique mondiale (OMM). La VMM combine des systèmes d'observation, de télécommunication et des centres de traitement de données et de prévision – opérés par les membres de l'OMM – pour fournir à tous les pays les informations météorologiques et géophysiques nécessaires à des services efficaces. Bien que l'OMM ne soit pas l'opérateur de ces systèmes, ses pays membres ont reconnu de longue date les bénéfices mutuels qu'ils retirent du travail en commun sur la conception, le déploiement, la mise en œuvre et l'utilisation des données de ce réseau de systèmes d'observation. À bien des égards, la VMM peut servir de modèle pour les résultats recherchés dans le domaine de l'observation du climat.

S'adressant à la communauté climatique au sens large (c'est-à-dire au-delà des services de prévision du temps), le Système mondial d'observation du climat (en anglais, GCOS) a ainsi été établi en 1992 en vue d'assurer que les observations et l'information nécessaires à l'étude du climat soient acquises et mises à disposition de tous leurs utilisateurs potentiels. Le programme GCOS vise à établir un système opérationnel, piloté par ses utilisateurs, capable de fournir l'ensemble des observations nécessaires à la surveillance du climat, à la détection et à l'attribution des changements climatiques, à l'évaluation des impacts de ces changements et de la variabilité, et de servir la recherche d'une compréhension, d'une modélisation et d'une capacité de prévision améliorées du système climatique. Comme la VMM, GCOS ne procède par lui-même à aucune observation ou production de données. Il fournit un cadre opérationnel propice à l'intégration et à l'amélioration, en tant que de besoin, des systèmes d'observation des pays et organisations participants en un système cohérent, focalisé sur les besoins du climat. Bien que la communauté scientifique ait vivement soutenu le GCOS dans son principe, on ne peut que déplorer la lenteur frustrante des progrès accomplis.

Le Comité des satellites d'observation de la Terre (en anglais, Ceos) a été créé en 1984 en tant que mécanisme de coordination internationale des missions spatiales civiles d'étude et d'observation de la Terre. Dans les années 1990, les agences membres du Ceos et ses organisations associées (dont le GCOS et d'autres) ont pris conscience de la nécessité d'une meilleure prise en compte des besoins des utilisateurs en matière de données spatiales d'observation de la Terre afin d'en rendre l'exploitation plus efficace. Une série de projets pilotes a permis l'émergence d'une collaboration élargie entre les organisations impliquées dans la planification et la coordination des systèmes d'observation ; qui plus est, il est devenu évident que les utilisateurs de ces systèmes devaient en être partie prenante.

C'est ainsi que le Partenariat pour une stratégie intégrée d'observation globale (en anglais, Igos) fut constitué en 1998 entre toutes les activités visant à promouvoir et à coordonner le développement de systèmes d'observation globale de l'atmosphère, de l'océan (Figure 12.1) et des terres émergées. Igos est désormais reconnu pour avoir permis d'atteindre un consensus général au sein des diverses communautés thématiques, exprimé par des documents qui identifient les besoins d'observation de la Terre par domaine d'application (par exemple, observations océaniques, risques géophysiques, chimie atmosphérique, cycle de l'eau, cycle du carbone), présentent des recommandations prescriptives claires et appellent à des actions en matière de capacités des capteurs, de caractéristiques opérationnelles des systèmes, d'amélioration des modèles et de stratégies de dissémination des données.

Grâce à ces efforts, la compréhension des conditions préalables au succès d'un système global d'observation en général, et d'un tel système pour le climat en particulier, a progressé. Néanmoins, malgré ces louables avancées et la reconnaissance croissante de l'importance vitale des systèmes de surveillance de la Terre, il reste encore beaucoup à faire avant de disposer d'un système complet et durable d'observation du climat.

Dans les dernières années, plusieurs événements importants ont pour la première fois mis l'accent au niveau politique sur la nécessité de progrès en matière de systèmes d'observation de la Terre. En 2002, à Johannesburg, au Sommet mondial du développement durable, les gouvernements sont formellement convenus du besoin urgent d'observations coordonnées sur l'état de la planète. Par la suite, au cours d'une réunion du groupe des huit pays les plus industrialisés (le G8) tenue à Évian, en France, en juin 2003, les chefs d'État ont affirmé la priorité donnée à l'observation de la Terre.

En juillet 2003, le premier Sommet mondial de l'observation de la Terre s'est déroulé à Washington. Les gouvernements réunis y ont adopté une déclaration signifiant un *engagement politique* d'aller vers le développement d'un système cohérent, coordonné et durable de systèmes d'observation de la Terre. Ce sommet a d'abord créé un groupe *ad hoc* intergouvernemental d'observation de la Terre chargé de préparer un premier plan de mise en œuvre à dix ans. Après deux ans de travail intense, le GEO a été établi sur une base permanente, avec un plan d'action menant à la réalisation d'un Système de systèmes d'observation globale de la Terre (Geoss).

Une vision ambitieuse sous-tend le Geoss, celle d'un futur dans lequel les décisions et les actions au bénéfice de l'humanité seraient fondées sur un système d'information et d'observation de la Terre coordonné, cohérent et durable. Le Geoss a vocation à rassembler tous les pays du monde et englobe aussi bien les observations *in situ* que les observations spatiales et aéroportées. Les systèmes d'observation préexistants constituent les fondations du Geoss. Tous les systèmes d'observation qui participent au Geoss conservent leur mandat et leur mode de gouvernance, auxquels s'ajoute leur implication dans le Geoss.

La plus grande promesse du Geoss réside probablement dans le partage généralisé des observations et des produits entre les différents systèmes participants et l'assurance que ces observations et produits partagés seront accessibles, comparables et compréhensibles pour tous. En d'autres termes, « le total sera plus grand que la somme des parties ».

Dans le domaine du climat, les objectifs du Geoss comportent la fourniture durable des données pertinentes, la progression du système d'observation du climat (notamment dans les domaines océanique et terrestre), l'accès amélioré à des données de qualité contrôlée et l'aide à la coordination internationale. Loin de viser à établir un nouveau plan du système idéal d'observation du climat, le Geoss reprend à son compte le plan de mise en œuvre du GCOS.

Une action urgente est nécessaire

En 2004, le GCOS a publié son deuxième rapport d'adéquation [139] dans lequel les manques et les déficiences qui affectent le système actuel d'observation du climat étaient analysés, et un plan de mise en œuvre [140] proposant une stratégie sur dix ans permettant de les réduire. GEO fournit le cadre politique escompté de longue date par lequel la demande de mise en place et de maintenance d'un système global d'observation de la Terre émane des plus hauts niveaux gouvernementaux. Cependant, sans un engagement ferme et sans une action concertée, le risque demeure que les systèmes existants se dégradent dans les prochaines années. Beaucoup a été accompli avec les systèmes actuels, mais à défaut de saisir l'occasion offerte par le Geoss pour rectifier les déficiences identifiées de ces systèmes, la chance d'extraire une valeur ajoutée substantielle du réseau global d'observation pourrait être gâchée pour l'avenir prévisible.

Dans plusieurs domaines d'importance (par exemple, la haute atmosphère, les observations hydrologiques), la capacité d'observation continuera vraisemblablement de décliner comme elle l'a fait depuis plusieurs décennies si aucune intervention décisive n'a lieu. Il en va de même des satellites, qui demandent des temps de développement longs et des financements lourds. Les exemples de trous ou d'interruptions de données à venir pour ce que l'on appelle les « variables climatiques essentielles » sont malheureusement nombreux : comme indiqué plus haut, il n'y aura peut-être pas de chevauchement entre la mission en cours Jason-1 et son successeur Jason-2 qui sera lancé en 2008, et il n'existe aucun plan approuvé pour Jason-3. Il y a un risque sérieux d'absence d'observation de la couleur de l'océan dès 2007, et presque certain en 2009. Aucune des missions spatiales expérimentales en cours, si prometteurs qu'en soient les résultats, n'a de plan de continuité.

En ce qui concerne certains nouveaux domaines d'observation (par exemple, autour des questions de santé ou d'énergie), tout espoir de coordination future serait compromis en l'absence d'accord immédiat sur des standards d'interopérabilité. Dans d'autres domaines, comme ceux du changement climatique, de la dégradation des sols, de la désertification et de la perte de biodiversité, à défaut de l'établissement immédiat d'un système d'observation de base et d'un engagement de continuité de ces systèmes d'observation, on se privera de la possibilité de détecter et de quantifier les changements et d'atteindre les objectifs des traités internationaux à leur sujet.

Toutefois, quelques signes positifs doivent être relevés dans le contexte du Geoss. Répondant à la demande de la conférence des parties à la convention climatique, et en guise de contribution aux besoins d'observation du climat du Geoss, le Ceos a adopté en 2006 un plan répondant aux besoins du GCOS en matière d'observation spatiale [141, 142]. En Europe, l'initiative GMES (Global Monitoring for Environment and Security) lancée en 1998 par la Commission européenne et l'Agence spatiale européenne (ESA) est passée du concept à la réalité, grâce à une série d'engagements financiers importants depuis 2001. Plus récemment, après une communication de la Commission européenne affirmant son intention de consacrer un budget significatif à l'établissement et au maintien d'une infrastructure pour GMES pour part de sa contribution au Geoss, le conseil au niveau ministériel des pays membres de l'ESA tenu à Berlin en décembre 2005 a pris la décision de construire une série de satellites préopérationnels, nommés Sentinelles. Les États membres de l'ESA financeront les coûts de développement, tandis que la Commission européenne prendrait en charge la continuation de la série. Si cela se confirme, les Sentinelles assureront l'acquisition continue de nombreux jeux de données utiles pour la surveillance du climat.

Les États-Unis ont aussi engagé une démarche nationale coordonnée pour un Système intégré d'observation de la Terre (IEOS). Le plan de l'IEOS s'assigne plusieurs objectifs prioritaires, dont, pour ce qui concerne le climat, celui d'« améliorer la connaissance du climat et de l'environnement passé et présent de la Terre, incluant sa variabilité naturelle, la compréhension des causes des changements de cette variabilité et des changements observés ». L'IEOS suppose que les observations doivent être acquises d'une manière qui réponde aux principes établis de la surveillance climatique, assurent une continuité à long terme, et satisfassent à la condition de détection de signaux faibles mais persistants. De plus, le plan souligne la nécessité d'un système d'information « de bout en bout », comportant des capacités de traitement et de gestion des données, en tant qu'élément clé du succès de l'effort américain consacré à l'IEOS et à sa participation au Geoss dans les dix années à venir.

Ces efforts européens et américains sont riches de promesses. L'initiative Geoss se doit d'être un succès, car « l'Histoire ne repasse pas les plats ».

Les auteurs

JEAN-LOUIS FELLOUS, voir p. 25.

HELEN M. WOOD dirige les activités relatives au Geoss au sein de l'Administration américaine de l'atmosphère et de l'océan (Noaa) et est coprésidente du Groupe pour l'observation de la Terre des États-Unis. Elle a dirigé le groupe *ad hoc* intergouvernemental pour l'observation de la Terre. Elle est membre de l'Institut des ingénieurs en électricité et électronique (IEEE).

*

Sites Internet de référence

GCOS sur http://www.wmo.ch/web/gcos/gcoshome.html.
GEO sur http://www.Earthobservations.org.
Igos sur http://www.fao.org/gtos/igos/assets.asp.
Ceos sur http://www.ceos.org/.

Chapitre 13

CLIMAT ET SOCIÉTÉ :
LA DIMENSION HUMAINE

par Jean-Charles HOURCADE et Roberta BALSTAD

> *« Cet audivid alteram partem. »*
> (« J'ai écouté l'argument de l'autre. »)

> *« The ultimate test of man's conscience may be his willingness*
> *to sacrifice something today for future generations*
> *whose words of thanks will not be heard. »*
> Gaylord NELSON, ancien gouverneur du Wisconsin,
> fondateur du Jour de la Terre.

Introduction

Les futurs historiens des sciences considéreront la fin du XXe siècle comme une période pendant laquelle les scientifiques ont fait des progrès particulièrement importants dans la compréhension des processus par lesquels se transforment le système global de la planète Terre et plus particulièrement son système climatique. Des recherches ont pris place de façon indépendante dans diverses disciplines sur les divers mécanismes, que ce soit dans les océans, l'atmosphère ou la couverture végétale. Peu à peu, ce puzzle a été reconstitué dans une image cohérente des interactions entre les diverses parties du système global. Un moment critique a été celui où les scientifiques ont commencé à reconnaître le rôle croissant et cumulatif joué par les humains, *via* la consommation d'énergie, l'activité agricole et la déforestation, comme cause de changements sans précédent du climat de la Terre. Pour comprendre les interactions entre climat et société, ils se sont tournés avec une grande attente vers les sciences économiques et sociales. Après avoir dressé un tableau des canaux d'interaction entre climat et société, nous expliquerons comment les scientifiques du climat et les spécialistes en sciences humaines ont travaillé ensemble – en France et aux États-Unis, et dans d'autres pays du monde – pour comprendre la dimension humaine en jeu ; et finalement la façon dont le consensus croissant entre scientifiques a pu influencer les politiques nationales et internationales.

Un consensus franco-américain : le climat et la société

Les scientifiques français et américains sont d'accord sur la réalité multiple des interactions entre la société et le climat. En sciences sociales, sciences de la nature et sciences physiques, des recherches sont toutes mobilisées pour comprendre à la fois la façon dont l'activité humaine influence le climat (ce qu'on appelle les influences anthropiques) et la façon dont le climat futur va influencer le bien-être individuel et social. Par exemple, des terres déforestées renvoient davantage la lumière du Soleil vers l'atmosphère et l'extension des forêts dans des zones auparavant couvertes par la toundra peut accroître l'absorption de la lumière solaire. Les gaz à effet de serre piègent la chaleur de l'atmosphère et réchauffent la surface de la Terre. Ces gaz sont produits par des processus naturels et anthropiques ; mais, au siècle passé, les activités humaines ont accéléré leur production. Le dioxyde de carbone (CO_2) a crû très rapidement dans l'atmosphère en raison de l'usage croissant des sources d'énergie fossile. Dans une expérience célèbre, Charles Keeling commence dès 1957 à réunir des données sur le CO_2 dans l'atmosphère à Mauna Loa. Il a trouvé que son niveau de concentration augmente régulièrement année après année (voir, sur la Figure 8.1, la courbe de Mauna Loa). Un autre gaz à effet de serre est le méthane (CH_4), produit par le bétail, la culture du riz et les décharges. De même, l'oxyde nitreux (N_2O) est produit par des processus agricoles et industriels, et sa recombinaison produit de l'ozone (O_3). Plusieurs chapitres de cet ouvrage discutent en détail du rôle des gaz à effet de serre et des processus physiques du changement climatique (voir, par exemple, le Chapitre 2). Il suffira ici de prendre acte de ce diagnostic.

En outre, scientifiques français et américains sont de plus en plus conscients des impacts que le changement climatique aura sur les sociétés humaines. Le réchauffement va modifier le rendement des cultures et accroître la demande d'eau pour l'irrigation. En même temps, la fonte de la calotte glaciaire des pôles pourrait provoquer une augmentation générale du niveau des mers, conduisant à une érosion des plages et à une inondation des aires côtières. Pour les communautés vivant dans les îles ou à très basse altitude, cela pourrait être dévastateur en rendant ces terres inhabitables et, dans les aires urbaines dont beaucoup sont situées sur des sites côtiers, les nappes phréatiques pourraient être polluées et les écosystèmes affectés par une perte ou une transformation de l'habitat provoquant des déplacements des plantes et des animaux vers des environnements plus bienveillants et l'invasion de nouvelles espèces. Ces deux phénomènes pourraient conduire à des problèmes de santé significatifs, des migrations de populations et des tensions économiques et politiques sérieuses.

Il est difficile de prédire comment le climat va se transformer dans le futur, mais nous en savons bien plus aujourd'hui sur les causes d'un tel changement, la nature de l'influence humaine dans le processus et les conséquences potentielles pour la société humaine. Il est intéressant maintenant d'examiner comment s'est effectué le progrès des connaissances sur ces interactions entre climat et société.

Un survol historique du lien climat et société

Les hommes ont toujours influencé l'environnement. Au temps préhistorique, l'usage du feu, la quête de nourriture et la révolution de l'agriculture ont déclenché des petits changements dans les environnements locaux qui ont accru la dépendance de la société humaine vis-à-vis de son environnement et modifié à la marge la relation entre l'environnement et le climat. Au fur et à mesure de la croissance démographique et de l'exploitation plus intensive des ressources terrestres par les humains, l'impact à la fois immédiat et cumulatif des activités humaines a commencé à jouer un rôle détectable sur le climat de la Terre. Avec la venue de l'âge industriel au XIXe siècle, la nécessité de nourrir, vêtir, abriter et transporter une population humaine en augmentation rapide (Figure 13.1), spécialement dans les pays industrialisés, a transformé de façon croissante les relations des humains avec leur planète et son climat.

Le récit du sort des colonies scandinaves du Groenland pendant le réchauffement climatique du Moyen Âge a longtemps servi de mise en garde sur les impacts du climat. Le déclin et la disparition mystérieuse de ces colonies pendant le petit âge glaciaire, quelques centaines d'années après leur établissement, ont été récemment attribués à un refroidissement graduel du climat qui a rendu impossible leur survie. Les experts discutent pour savoir si le coup fatal qui condamna ces colonies fut le refroidissement rapide de l'Europe au Moyen Âge tardif ou le refus des Scandinaves d'adopter les pratiques alimentaires et les techniques des indigènes qui leur auraient permis de survivre. Mais tout le monde s'accorde sur le fait que le changement climatique fut un élément critique de la ruine de ces colonies. D'autres recherches ont mis en évidence le rôle des inondations dans le déclin et la disparition du royaume d'Akkad (aussi dénommé Sumer) dans l'ancien Proche-Orient. En

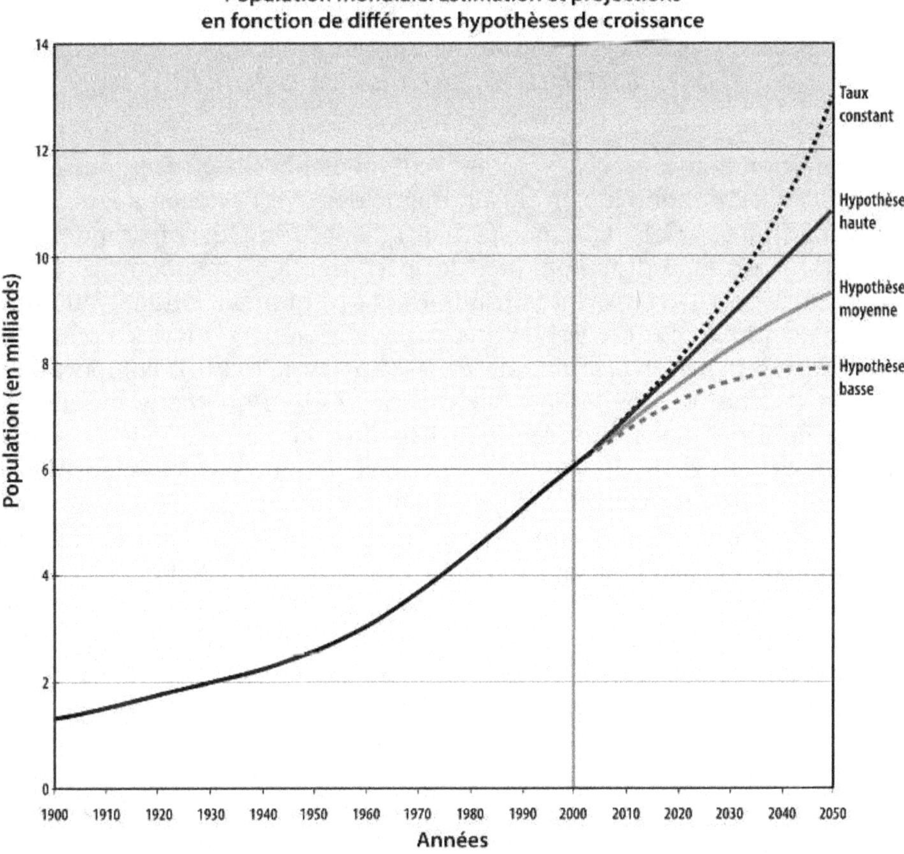

Figure 13.1. Courbe de croissance de la population mondiale (source : Unesco).

France, l'historien Emmanuel Le Roy Ladurie, dans son histoire du climat depuis l'an 1000, fait le lien entre les évolutions culturelles et institutionnelles et celles du climat sur un millénaire. Il montre que la multiplication des famines et des pestes aux XIIIe et XIVe siècles était liée aux transformations du climat et n'a pas été étrangère à des crises parfois violentes. Son travail est important par l'accent qu'il met sur le climat comme déterminant de l'histoire humaine et aussi pour illustrer les liens entre changements environnementaux et événements historiques.

Jusqu'à la seconde moitié du XXe siècle, il y avait une croyance générale dans les bienfaits du progrès technique et dans le fait que celui-ci aiderait l'humanité à dépasser les contraintes que le climat et l'environnement avaient posées aux sociétés prétechnologiques. On supposait, et la recherche en sciences sociales renforçait ce point de vue, que la nature aurait progressivement une influence plus limitée sur l'activité humaine. Peu à peu, malgré de notables exceptions, les sciences sociales cessèrent au XXe siècle de s'intéresser aux facteurs climatiques et environnementaux.

Lien climat, sciences et société

Cet optimisme technologique commença à s'effriter après la Seconde Guerre mondiale en raison même des avertissements lancés par les scientifiques. Cela commença par la question de l'hiver nucléaire comme un sous-produit potentiel de la course à l'armement nucléaire entre les deux superpuissances, États-Unis et Union soviétique. Un autre dossier symbolique fut le risque que des avions supersoniques, comme le Concorde français et britannique et le Tupolev (TU-144), comportaient pour la couche d'ozone. Même s'il s'avéra très vite que cette inquiétude était scientifiquement infondée (voir Chapitre 11), il reste que cette dispute a témoigné de la prise de conscience croissante par les scientifiques et le public de l'impact global potentiel des processus industriels. Il y avait en même temps une conscience dans le public des impacts environnementaux d'activités humaines très banales. En 1962, Rachel Carson publia *Silent Spring*, un livre sur les impacts environnementaux des pesticides, particulièrement le DDT dont l'utilisation croissait rapidement pour améliorer la productivité agricole. Son livre contribua au questionnement sur le fait que le progrès technique n'était pas un pur bénéfice, mais pouvait réellement causer des dommages aux sociétés.

De même, beaucoup de scientifiques et de non-scientifiques étaient inquiets des risques potentiels d'un usage croissant de l'énergie. Un programme nucléaire fut conduit de façon déterminée qui fournit maintenant environ 80 % de l'énergie électrique en France ; mais, aux États-Unis, la construction des centrales nucléaires fut stoppée après l'accident de Three Mile Island en 1979. Des dossiers comme les pluies acides et les rejets nucléaires ont placé les scientifiques sous le soupçon de jouer les apprentis sorciers dans la façon dont ils transformaient nos façons de produire et de consommer, et mis en évidence les controverses sociales et politiques inattendues qui pouvaient résulter de la recherche scientifique.

Au moment même où l'opinion publique commençait à s'inquiéter de voir ce que les scientifiques disaient de l'impact de l'homme sur son environnement, les climatologues commençaient à examiner ce qui leur apparaissait comme des modifications graduelles mais significatives du climat de la planète. La recherche scientifique sur le climat ne fut pas initialement motivée par quelque inquiétude que ce soit sur l'impact des activités humaines. La recherche climatique avait été conduite traditionnellement par des physiciens qui étaient très largement démunis de moyens de conduire une recherche sur la composante humaine d'un phénomène géophysique et qui souvent considéraient la recherche socio-économique comme en dehors de leur domaine de recherche. Leurs travaux mirent en évidence les mécanismes du système climatique et la nature des changements à une échelle globale ; mais ils décrivaient la dynamique physique qui gouverne les changements observés et non sa dynamique humaine. Ce furent les premiers travaux de Wallace Broecker sur des changements rapides des courants de l'océan profond [42] ou le travail de Mario Molina et de F. Sherwood Rowland, sur le fait que le relâchement des chlorofluorocarbones attaque la couche d'ozone stratosphérique [143, 144, 145] qui soulignèrent des processus physiques du changement climatique. Vers la fin des années 1980, les scientifiques s'accordèrent de plus en plus pour alerter sur le fait que notre atmosphère terrestre et le climat subissaient des transformations d'une ampleur sans précédent depuis l'ère industrielle et que le rythme de ces transformations s'accélérait.

Mais, depuis la fin de la Première Guerre mondiale, les spécialistes des sciences sociales des deux pays étaient implicitement des optimistes technologiques et concentraient leurs recherches sur l'étude des forces économiques, politiques et sociales à l'œuvre dans la société et sur les composantes sociales, culturelles et individuelles du comportement humain, sans se préoccuper du monde physique. Au XIXe siècle, il y a bien eu des spécialistes des sciences sociales qui s'intéressaient à l'impact environnemental de l'activité humaine (par exemple George Perkins Marsh et l'étude de l'anthropogéographie) ; mais, dans un XXe siècle marqué par la vision de la technologie comme affranchissement des limites du monde physique, la recherche sur l'influence du climat et de l'environnement sur le comportement économique et social régressait ; seule exception, des spécialistes comme le géographe Gilbert White qui, avec ses étudiants, continua à souligner l'impact de l'humanité sur son environnement naturel. En France, des philosophes comme Théodore Monod et Jacques Ellul commencèrent à tirer la sonnette d'alarme sur les problèmes environnementaux potentiels résultant du changement technologique. Dans les années 1960 et 1970, des travaux majeurs d'économistes du développement comme Gunnar Myrdal (*Asian Drama*) et en France René Dumont (*L'Afrique noire est mal partie*) décrivaient l'impact négatif du développement économique sur les économies locales. Mais la majeure partie des sciences sociales négligeait de les écouter et travaillait essentiellement sur les enjeux d'équité et sur les coûts sociaux de la croissance économique. Dans les deux pays, le rapport du Club de Rome en 1972 dont l'accent fut porté sur les limites naturelles à la croissance et au développement, mit en cause l'optimisme technologique dominant l'après-guerre. Stimulés par la crise de l'énergie de 1973, les économistes devinrent de plus en plus concernés par la façon dont l'humanité consommait ses ressources naturelles.

En fait, lorsque les scientifiques du climat se sont tournés vers la communauté des sciences sociales pour aider à comprendre les implications anthropiques du changement climatique, peu de membres de cette communauté étaient préparés pour le faire ou même simplement intéressés par une collaboration. De plus, les recherches sur les liens homme-environnement-ressources n'étaient en effet pas exactement les mêmes que les recherches sur le rôle des humains dans le changement climatique et ne pouvaient immédiatement s'y raccorder. Il y avait de nombreuses raisons à cela. L'une d'entre elles était l'interprétation en général plus locale que globale du mot « environnement ». Qu'une localité soit définie comme un écosystème ou une juridiction administrative (c'est-à-dire une superficie dont les limites ont été définies par la politique et l'histoire), les recherches sur l'interface homme-environnement se centraient principalement sur des espaces locaux. Mais le climat est bien un phénomène global.

L'implication des sciences sociales dans la recherche climatique

Une autre raison pour laquelle les chercheurs en sciences sociales n'étaient pas préparés à entreprendre un travail en partenariat avec les climatologues est que ceux-là avaient aussi peu de connaissances sur la science climatique que les climatologues n'en avaient sur les sciences sociales. Ils n'étaient pas familiers des concepts de base, questions et méthodes des sciences de l'univers. Peu à peu cependant, un dialogue commença à s'établir. Par exemple, certains scientifiques travaillant à l'interface entre économie et sciences de l'ingénieur, et qui s'intéressaient à l'économie de l'énergie, prêtèrent attention à la question du climat. Ils étaient en effet habitués à travailler sur des périodes de plusieurs décennies en raison de la lenteur du taux de renouvellement des investissements dans le domaine énergétique et des questions de sécurité à long terme posées par l'énergie nucléaire. Au même moment, les théoriciens de la croissance, comme Robert Solow et William Nordhaus, avaient répondu à la question de la croissance nationale par le développement des modèles de croissance de très long terme. En France, un économiste du développement, Ignacy Sachs, développa à partir de 1973 le concept d'écodéveloppement, un précurseur de l'idée de développement soutenable popularisé par le rapport Bruntland sur l'environnement et le développement en 1986. Pour ces spécialistes, l'affaire climatique fut un stimulus pour intégrer plusieurs questions de recherche autour des politiques publiques parmi lesquelles l'efficacité énergétique, les styles de développement technologique, la sécurité énergétique et la conciliation entre protection environnementale et allégement de la pauvreté. Beaucoup de ces questions restent aujourd'hui sur l'agenda de recherche.

À la demande des gouvernements et des organisations non gouvernementales, les modélisateurs de l'énergie s'attachèrent d'abord à explorer les causes anthropiques du changement climatique en produisant des scénarios de long terme traduisant plusieurs visions du développement de l'économie globale. Ces scénarios prenaient en compte la transformation de la démographie, de la croissance économique et du changement technique. En réponse aux questions suscitées par le débat politique, ce groupe commençait à travailler en synergie avec les autres scientifiques. Un dialogue difficile, mais fructueux, prit place entre économistes et ingénieurs sur la capacité des technologies actuelles et de l'innovation à faire face à des objectifs politiques ambitieux de « décarbonisation » de l'économie.

En France et aux États-Unis, une vraie controverse opposa l'optimisme des ingénieurs et le pessimisme des économistes. Alors que les premiers semblent en position de pouvoir imaginer des alternatives technologiques, les seconds insistent sur la nécessité d'instruments des politiques pour mobiliser les options technologiques (normes, taxes carbone, permis négociable) et des impacts de ces instruments sur la croissance, la distribution des revenus et la compétition industrielle. Les communautés de recherche des deux pays ont d'ailleurs travaillé ensemble sur ce point au moins depuis les années 1980. Contrairement aux idées reçues, il s'est avéré très difficile de distinguer position française et américaine, et de dire par exemple que les économistes français seraient en faveur de politiques plus dirigistes alors que les communautés américaines plaideraient pour les permis négociables dans une pure économie de marché. Très tôt, les économistes des deux pays soulignèrent la double limite des approches normatives et de l'utilisation des instruments de marché. Dans les deux pays, des économistes ont plaidé en faveur de taxes carbone pour réduire les distorsions actuelles des systèmes fiscaux et produire ainsi un double dividende ; mais, dans les deux pays, le même diagnostic fut fait sur les difficultés politiques d'une telle approche. De même, il n'y avait pas de consensus spécifiquement national sur les vertus d'un système international d'échanges des permis ou sur la façon de résoudre le problème de leur allocation. Peut-être la différence la plus significative entre eux était que les économistes français insistaient davantage sur les questions des pays en développement que leurs collègues américains.

Lorsque, en dehors de l'économie, les autres disciplines en sciences sociales s'intéressèrent aux recherches sur le climat, elles le firent à partir de leurs questions de recherche traditionnelle mais en les centrant cette fois sur la dimension climat. Par exemple, elles s'intéressèrent à la façon dont les sociétés gèrent en commun leurs ressources, comme l'eau ou les pâturages, à la perception que les gens ont de l'environnement et à la façon dont les styles de consommation affectent les ressources naturelles, en particulier les énergies fossiles. Plus récemment, elles ont tourné leur attention vers des questions comme la façon dont les sociétés comprennent la question climatique, communiquent autour de ses enjeux ou encore sur les processus de décision en contexte d'incertitude et sur les processus de transformation des comportements. Un vrai défi est ici de comprendre ce qui influence le développement et la diffusion de nouvelles technologies, et les comportements de consommation.

Mais, bien qu'il y eût un consensus scientifique croissant sur le rôle des activités humaines dans le changement climatique, la compréhension de ce rôle et des moyens de le diminuer ne progressait pas au même rythme. Aux États-Unis, la compréhension des impacts du changement climatique s'effectua à travers une évaluation commandée par le Congrès sur l'impact du climat dans diverses régions sur tout le pays. Commencée en 1990, cette évaluation mobilisa les connaissances existantes et de nombreuses études conduites en partenariat entre scientifiques et les divers intérêts concernés. Ces rapports permirent de porter l'information sur le changement climatique à l'attention de beaucoup de décideurs à travers le pays.

Peu à peu, une partie de la communauté des sciences sociales s'intéressa à la combinaison entre l'effort de modélisation à l'échelle régionale et les études de cas, pour améliorer notre compréhension de l'impact climatique à l'échelle locale, particulièrement sur les économies fragiles. Économistes français et américains participèrent aux mêmes conférences sur l'évaluation intégrée comme par exemple un atelier international organisé à Toulouse par l'un des auteurs de cet article en 1996 et intitulé : « Perspective de l'évaluation intégrée environnementale : les leçons du cas du changement climatique. » Le fait que les scientifiques avaient peu porté attention aux impacts locaux avant cette période était en particulier dû au caractère très incertain des prédictions des grands modèles climatiques à l'échelle locale. Mais la multiplication des événements climatiques extrêmes est en train de changer le débat public et renforce la nécessité de recherches sur les risques locaux.

Les réponses politiques nationales et internationales

Le changement climatique est en train de transformer l'économie et le jeu politique. Beaucoup de gouvernements développent des politiques à l'échelle locale, nationale et internationale, dès lors qu'on discute de la réduction des impacts des activités humaines sur le système climatique global. Les politiques nationales sont en partie formatées par les engagements des pays dans les accords internationaux et en partie par les pressions politiques internes au pays. Celles-ci viennent des organisations non gouvernementales, des partis verts, des scientifiques, des citoyens concernés et, dans une direction différente, des pressions économiques et politiques exercées par les firmes et les groupes d'intérêt résistant à l'idée de changer leurs pratiques actuelles et les styles de vie sous la seule présomption des risques non tangibles.

Les scientifiques ont essayé de minimiser le déficit de communication entre eux-mêmes et les décideurs, de plusieurs façons. Un exemple réussi a été l'interaction permanente entre scientifiques et hommes politiques pendant la négociation du protocole de Montréal au cours des années 1980 [146]. Les scientifiques organisèrent des réunions indépendantes pour identifier les lieux de consensus ou de désaccords sur l'impact sur la couche d'ozone des chlorofluorocarbones. Ils pensèrent qu'il était décisif que les diplomates ne soient pas égarés par les rumeurs d'incertitude scientifique là où peu d'incertitude existait. Les scientifiques envoyaient en permanence leurs conclusions à leurs propres diplomates et représentants politiques. Cette implication des scientifiques du monde entier créa une atmosphère de confiance des négociateurs sur la solidité des informations scientifiques. En résumé, les efforts des scientifiques pour développer un consensus interne, constituèrent un paramètre qui facilita l'adoption du protocole de Montréal.

Le Groupe intergouvernemental d'experts sur le changement climatique (Giec) a joué un rôle similaire en identifiant les domaines de consensus scientifique. Lancé par le G7 en 1988, le Giec est présenté ailleurs dans ce livre (voir Chapitre 1) ; mais il est important de souligner ici son rôle dans la prise de conscience progressive non seulement que le changement climatique aura un impact sur les populations humaines, mais aussi que les actions humaines sont en dernière instance responsables des changements actuels. Le Giec a un agenda scientifique plus complexe que celui de l'ozone. Dans ses délibérations, il est nécessaire de discuter l'ensemble de la chaîne qui va de l'extraction à la consommation d'énergie en passant par sa production et de discuter un large éventail de réponses politiques. La participation des sciences sociales à ce processus s'est accrue de façon très significative au fur et à mesure des rapports du Giec qui sont publiés environ tous les cinq ans. Des trois groupes de travail établis pour le premier rapport du Giec sur le changement climatique, le premier traitait de la science du climat, le deuxième des impacts socio-économiques et le troisième des stratégies de réponse. Une décennie plus tard, le Giec se centra sur trois thèmes : la science du climat, les impacts, l'adaptation et la vulnérabilité et enfin les stratégies de prévention.

L'idée qui présida à la formation du Giec, était que les décideurs, à la fois gouvernants et dans le secteur privé, ont besoin d'être informés sur les découvertes récentes de la science sur le climat et des grands aspects de consensus scientifique, ceci à partir d'une source dans laquelle ils pouvaient croire. L'objectif des rapports est d'avoir une discussion globale objective, ouverte, transparente sur le changement induit par l'homme et son impact potentiel ; cela avec la participation des scientifiques de l'ensemble des pays du monde, en particulier des pays en développement.

Le rôle des sciences humaines a été décisif sur plusieurs points du processus de délibération, en particulier sur le développement des scénarios de long terme, les débats sur le tempo des réponses au changement climatique (faut-il agir maintenant ou plus tard ?), sur les coûts de divers objectifs d'abattement et sur les types d'instruments les plus susceptibles de minimiser les coûts économiques et sociaux de la prévention. Il s'agit de sujets très controversés et politiquement sensibles parce qu'ils dépendent des perceptions individuelles des risques, des divers degrés d'optimisme sur l'acceptabilité des politiques publiques par les sociétés et sur l'efficacité de ces politiques. Le but des sciences sociales n'a pas été de définir ce que serait l'approche optimale, mais plutôt de rationaliser les discussions en séparant bien les sources de malentendus des désaccords réels et légitimes. Bien qu'il y ait des différences au sein de chaque communauté scientifique, elles ne furent pas, là encore, déterminées par la nationalité.

Cette dynamique largement soutenue par les sciences sociales a été très utile dans les discussions conduisant au protocole de Kyoto. Grâce aux liens qu'ils avaient créés entre eux et avec leurs propres gouvernements, les chercheurs en sciences sociales ont réellement contribué à promouvoir une perception commune des conséquences souvent inattendues des politiques climatiques en discussion. Une partie de cet effort fut consacrée à évaluer les coûts des objectifs de Kyoto (et éventuellement diverses formes de double dividende) et une autre partie porta sur les implications juridiques du protocole et son adaptabilité à des contextes variés. Ce fut seulement un demi-succès puisque le protocole de Kyoto reste un *unfinished business*. Cependant, il démontre la capacité des sciences sociales, parmi d'autres, à contribuer à l'émergence d'un langage commun pour parler de politiques climatiques.

Il est clair que le traité de Kyoto, qui a été désormais ratifié par la plupart des nations, a un impact en France et aux États-Unis. En France, l'opinion publique pousse la plupart des hommes politiques, quel que soit leur bord, à proclamer leur soutien aux politiques climatiques. Cela a conduit à une série de rapports du Sénat et de l'Assemblée nationale et à l'adoption d'un plan climat qui inclut un ensemble de mesures pour l'efficacité énergétique et l'innovation technique. La position de la France est facilitée par son usage extensif de l'électricité nucléaire, une énergie propre d'un strict point de vue climatique, même si elle fait débat en raison d'autres types de risques, et par le faible contenu en émission de son industrie. Mais ce pays va rencontrer des difficultés réelles pour des réductions d'émission plus importantes requises par Kyoto et devra faire porter son effort principal sur le domaine de l'habitat et sur celui, politiquement sensible, du transport. Tout cela sera influencé à la fois par les considérations de politiques nationales et par les politiques européennes, tel le système de permis d'échange de carbone européen. Aux États-Unis, beaucoup d'arguments ont été avancés pour expliquer la décision américaine de ne pas signer le traité. Parmi eux, le fait que le traité de Kyoto porte sur les émissions actuelles, et non pas futures, et représente une stratégie de court terme très partielle. Même si les États-Unis contribuent aujourd'hui significativement aux émissions globales, leur part va diminuer considérablement autour de 2030 en raison de la montée des émissions en Chine et en Inde. Les actions mises en œuvre aujourd'hui pour réduire la part américaine selon cet argument seront moins importantes pour le long terme que les actions pour réduire la croissance rapide des émissions ailleurs. Les États-Unis insistent en particulier sur le rôle de la technologie sur la réduction future dans les pays en développement et soutiennent que c'est une approche plus efficace à la réduction des émissions globales.

Bien que le gouvernement américain n'en soit pas signataire, ce traité a un impact sur le pays. Les sociétés qui ont des implantations dans les pays signataires du traité sont forcées d'y observer les règles qui découlent de Kyoto. De plus, des centaines d'autorités locales aux États-Unis et au moins dix États ont volontairement accepté de réduire leurs émissions pour s'approcher des objectifs du traité. Il est tout aussi important de noter que l'acceptation de Kyoto et l'inquiétude vis-à-vis des émissions ne sont pas nécessairement une question d'appartenance politique. Par exemple, New York et la Californie, deux des grands États avec des gouverneurs républicains, ont pris un leadership régional pour limiter les émissions dans leur État. De surcroît, des grands capitaines d'industrie et des leaders religieux ont exprimé avec une force de plus en plus vive leurs inquiétudes sur le changement climatique anthropique ; ils poussent à limiter ces impacts. Au total, la France et les États-Unis ont pris des chemins politiques différents vis-à-vis de Kyoto, mais le souci de limiter les émissions est réel dans les deux pays.

Conclusion :
le climat comme défi social

Bien que l'essentiel de la recherche scientifique sur le changement climatique fût au départ initié et conduit par les scientifiques venant des sciences de la nature et de la physique, il est clair que le climat est une question à dimension sociale à la fois en France et aux États-Unis, dont le traitement demande la collaboration des sciences humaines. Les sociétés sont directement influencées par le climat et sa variabilité selon des modalités que nous commençons seulement à comprendre. Tout aussi important est le fait que les politiques et pratiques sociales, et les décisions et comportements particuliers des individus et des groupes sociaux dans le temps et dans l'espace, ont et continueront d'avoir un effet crucial sur le climat de la planète. Dans ce contexte, le climat, ainsi que sa transformation, est devenu un élément qui influence les plans et les politiques des pays, les espoirs et les craintes des individus. Il a la capacité de transformer la réalité à laquelle nous sommes habitués et d'introduire des changements, non seulement dans le monde physique dans lequel nous habitons, mais aussi dans notre organisation économique et sociale et dans la façon dont nous utilisons ce monde. Il lie tous les peuples de la Terre dans un effort commun et nous force à considérer les réponses au défi climatique comme une responsabilité partagée. Les communautés françaises et américaines en sciences sociales doivent continuer à travailler côte à côte avec les autres scientifiques et décideurs, à la fois dans les pays développés et en développement, dans un effort commun pour faire face à un défi sans précédent.

Les auteurs

JEAN-CHARLES HOURCADE, du CNRS et de l'EHESS, est le directeur du Centre international de recherche sur l'environnement et le développement (Cired). Il a été *lead author* invitant dans les deuxième et troisième rapports du Giec et a fait partie de l'équipe de négociateurs de la France au protocole de Kyoto (Conférences des Parties 3 à 7).

ROBERTA BALSTAD, de l'Université Columbia, est *senior fellow* au Center for International Earth Science Information Network (Ciesin) et chercheur principal au Center for Research on Environmental Decisions. Elle a été président-directeur général, puis directrice du Ciesin, ainsi que directrice de la division des sciences économiques et sociales à la US National Science Foundation.

CONCLUSIONS

par Jean-Claude Duplessy et S. Ichtiaque Rasool

> « Nul remède précipité ne peut suppléer à un arrange-
> ment fixe et stable, établi de longue main, et qui pourvoit de
> loin aux besoins imprévus. »
>
> Voltaire, *Le Siècle de Louis XIV*, Chap. xxx, 1751.

> « *Humans do not tread softly on the earth.* »
> *One Earth, One Future*, National Academy of Sciences,
> Washington D.C., 1990.

Les divagations du XXe siècle

Les chapitres précédents ont souligné le caractère exceptionnel de l'évolution du climat au cours du XXe siècle. Nous ne lui connaissons pas d'analogues depuis que des mesures sont effectuées par les services météorologiques ou même qu'existent des chroniques. Des événements climatiques censés ne survenir en moyenne qu'une fois par siècle se sont succédé depuis une vingtaine d'années et les valeurs maximales de température ou de précipitation enregistrées dans des stations météorologiques ont été dépassées récemment, et parfois même plusieurs fois de suite en quelques années. Des pluies extrêmement abondantes ont provoqué des inondations alors que d'autres régions du globe subissaient dans le même temps des sécheresses intenses et persistantes. Toutes ces divagations du climat se sont traduites par des pertes considérables, tant financières qu'humaines, en raison des dégâts occasionnés et des médiocres rendements agricoles. Le réchauffement de la planète au cours des cent dernières années est estimé, à partir des données des stations du réseau météorologique mondial, à 0,8 °C, et tout particulièrement à 0,6 °C au cours des trois dernières décennies. Les reconstitutions de l'évolution du climat au cours du dernier millénaire ne montrent aucun autre exemple de réchauffement aussi global, synchrone et persistant que celui observé au cours des dernières décennies. À l'échelle régionale, on a vu apparaître de nombreux exemples d'événements extrêmes, tels les très hautes températures d'été en Alaska et en Sibérie, l'intensification des cyclones dans l'Atlantique équatorial, la vague de chaleur sur l'Europe occidentale en 2003, le rétrécissement de la couverture neigeuse sur les continents, l'amorce de la fonte de la calotte glaciaire du Groenland, etc.

Cette évolution est tout à fait intrigante au plan scientifique. On la désigne généralement sous le vocable de réchauffement global, mais il nous reste à en déterminer les causes, si ce n'est la forte injection de gaz carbonique dans l'atmosphère qui a débuté vers 1850 et a été en s'accélérant.

De fait, le système climatique est si complexe et soumis à tant de rétroactions, tantôt positives amplifiant une variation, tantôt négatives atténuant cette variation, qu'on observe toujours localement des réchauffements et des refroidissements. Faire des prévisions sur l'évolution du réchauffement global au cours des prochaines décennies est donc extrêmement délicat. Il n'y a pas que les émissions de gaz à effet de serre à prendre en compte. Les nuages, les grandes éruptions volcaniques, les émissions d'aérosols tant naturelles que dues aux activités humaines, la circulation océanique, la fonte des glaces et des calottes glaciaires, les changements à la surface des continents (urbanisation, agriculture, désertification, etc.) et, par-dessus tout, la croissance de la population mondiale au rythme de 80 millions d'individus par an, affectent les conditions climatiques régionales et globales, et ont un impact environnemental majeur.

Dans ce chapitre, nous essayons de disséquer le problème en éléments aussi simples que possible, d'établir des priorités, de présenter quelques diagnostics et de montrer quelles actions devraient être entreprises pour réduire les incertitudes sur les scénarios des changements climatiques auxquels nous serons confrontés.

La perturbation de la composition de l'atmosphère par les activités humaines

La teneur atmosphérique en gaz carbonique augmente continûment depuis le début de l'ère industrielle. Elle était d'environ 280 ppm ($280 \ cm^3 \ CO_2/m^3$ air) en 1750 et atteint presque 380 ppm en 2006. Cette augmentation provient pour les deux tiers de l'utilisation des combustibles fossiles et pour le dernier tiers de l'utilisation des sols (déforestation, agriculture, etc.). Nous sommes certains que l'essentiel de l'augmentation de la teneur atmosphérique en CO_2 provient des activités humaines (voir le Chapitre 8 sur le cycle du carbone), parce que nous disposons maintenant de mesures effectuées en continu, qui montrent que la teneur en oxygène de l'air diminue en raison de la combustion des charbons, du pétrole et du gaz. En outre, la concentration des isotopes du carbone dans le gaz carbonique de l'air (le rapport C^{13}/C^{12}) confirme de manière indépendante que le CO_2 injecté dans l'air provient bien des combustibles fossiles et non, par exemple, du dégazage de l'océan ou des éruptions volcaniques.

Le gaz carbonique n'est pas le seul gaz à effet de serre émis par les activités humaines. La teneur atmosphérique moyenne en méthane a doublé depuis 1750, d'environ 750 ppb (750 mm^3 CH$_4$/m^3 air) à 1775 ppb en 2006. Toutefois, elle n'augmente plus depuis 1999 et nous ne savons pas vraiment pourquoi. On connaît encore mal toutes les sources et les puits de ce gaz. L'essentiel du méthane présent dans l'air provient d'êtres vivants (fermentation dans les zones humides, émissions par le bétail ou les rizières), mais l'importance respective de chacune de ces sources reste mal connue. En plus, 10 à 20 % des émissions de méthane proviennent de l'utilisation des combustibles fossiles. L'élimination du méthane atmosphérique résulte de réactions chimiques faisant intervenir le radical hydroxyle (OH), de sorte que la durée de vie de ce gaz est limitée à environ douze à quatorze ans.

L'oxyde nitreux N_2O est aussi un gaz à effet de serre. Il est peu abondant et continue de croître lentement. Toutefois sa durée de vie est longue (cent vingt ans environ) et son effet n'est pas négligeable.

À ce bilan déjà lourd, il faut ajouter des gaz produits par l'industrie comme les chlorofluorocarbones (CFC) et leurs dérivés. Le protocole de Montréal a permis d'amorcer le déclin des CFC responsables du trou d'ozone au-dessus de l'Antarctique. Cependant, ils ont été remplacés dans l'industrie par d'autres gaz moins agressifs vis-à-vis de l'ozone stratosphérique, mais qui possèdent un fort pouvoir d'effet de serre. Et leur concentration augmente rapidement.

L'ozone troposphérique, pour sa part, continue de croître, notamment dans l'hémisphère Nord, en raison de la pollution locale. Son impact est significatif à l'échelle régionale. L'évolution de l'ozone troposphérique et celle de l'ozone stratosphérique sont donc bien différentes : l'augmentation régionale de l'ozone troposphérique conduit à un réchauffement localisé à basse altitude, tandis que la diminution générale de l'ozone au-dessus de 12 kilomètres provoque un refroidissement global de la stratosphère.

De plus en plus d'aérosols sont émis dans l'atmosphère du fait des activités humaines. On suit l'augmentation de leur teneur par télédétection (satellites, stations au sol) et par des mesures *in situ*. Par leurs effets directs (interception de la lumière solaire) et indirects (modifications des types de nuage et de leur altitude, etc.), ils contribuent principalement à refroidir la surface de la planète.

La perturbation des surfaces continentales et des océans

La surface des continents est actuellement bien différente de ce qu'elle serait en conditions purement naturelles. Les hommes ont coupé les forêts pour en utiliser le bois et en faire des prairies ou des terres agricoles. Ces activités qui ont débuté dès le néolithique ont considérablement augmenté au cours des trois derniers siècles. À l'échelle mondiale, le taux de déforestation atteint 1,4 million d'hectares par an, à peu près la moitié de la surface de la Belgique. Les conséquences de ces changements de la surface des continents sont énormes et seront discutées plus loin.

L'océan reçoit tous les déchets produits par les activités humaines et déversés dans les fleuves, notamment des éléments nutritifs. Il absorbe aussi une partie du CO_2 injecté dans l'atmosphère et, bien que naturellement riche en bicarbonate, l'augmentation de la teneur de l'océan en CO_2 est maintenant mesurable. Nous commençons à détecter le changement d'acidité de l'eau de mer dans les régions où le CO_2 est fortement absorbé. La vie marine subit de plein fouet cette perturbation : le taux de calcification de certaines espèces de coraux a déjà diminué et le phénomène affectera d'autres espèces animales (foraminifères, mollusques, etc.) ou végétales (algues calcaires) au fur et à mesure que la teneur en CO_2 de l'eau de mer augmentera et que le taux de saturation en carbonate diminuera.

Les conséquences physiques

Les gaz qui ont une grande durée de vie dans l'atmosphère et un fort pouvoir d'effet de serre (CO_2, CH_4, N_2O, les composés chlorofluorocarbonés et d'autres, tels l'hexafluorure de soufre SF_6) augmentent le forçage radiatif, c'est-à-dire la différence entre l'énergie reçue et celle perdue au sommet de la troposphère (voir le Chapitre 2). Un forçage radiatif positif se traduit par un réchauffement de la basse atmosphère, tandis qu'un forçage négatif conduit à un refroidissement. Depuis le début de l'ère industrielle, le forçage radiatif dû aux gaz à effet de serre s'est accru de $2,6 \pm 0,25\ Wm^{-2}$ et il continue d'augmenter. L'ozone troposphérique contribue également à réchauffer régionalement la basse atmosphère, tandis que la diminution de l'ozone stratosphérique s'accompagne d'un refroidissement général, bien mesuré, de la stratosphère.

Les aérosols diffusent le rayonnement solaire, mais ce n'est pas leur seul effet. Les aérosols de sulfates agissent comme noyaux de condensation pour former des gouttelettes d'eau dans les nuages, modifiant ainsi la couverture nuageuse. Ces aérosols provoquent un forçage radiatif négatif (refroidissement). Les aérosols carbonés et les suies provoquent un réchauffement de la basse atmosphère dans les régions polluées.

Les changements de la couverture végétale à la surface des sols (déforestation, mise en culture) ont provoqué une augmentation d'albédo (augmentation du pouvoir réflecteur du sol, s'accompagnant d'un forçage négatif), tandis que les particules carbonées noires provenant des feux de biomasse ont un forçage positif lorsqu'elles se déposent dans les zones couvertes de neige ou de glace.

Toutes ces perturbations témoignent que les activités humaines ont modifié le système climatique et qu'il est très probable qu'elles conduisent à un réchauffement du climat terrestre. Quant à l'amplitude de ce réchauffement, elle est difficile à évaluer car elle dépend d'un ensemble complexe d'interactions et de rétroactions au sein du système climatique, tels les changements de la couverture nuageuse, de l'albédo de la surface des continents, de l'extension de la glace de mer, de la circulation océanique qui transporte de la chaleur, etc.

L'évolution de la température de l'air

La température moyenne de la planète, calculée comme moyenne des températures de l'air au-dessus des continents et des océans, a augmenté de 0,8 °C depuis le début du XXe siècle et de 0,6 °C depuis trente ans. La tendance au réchauffement s'est accélérée depuis 1980. Les années 1998 (une année caractérisée par un fort El Niño et une expansion des eaux chaudes en surface de l'océan Pacifique) et 2005 (année sans El Niño) ont été les plus chaudes reconnues depuis qu'existent les observations du réseau météorologique mondial. Le réchauffement a affecté les zones océaniques et continentales, mais les grandes masses continentales se réchauffent beaucoup plus vite que les océans en raison de la forte capacité calorifique de l'eau. Ce réchauffement s'accompagne d'une diminution du nombre de jours de gel ou de grand froid pendant les hivers des latitudes moyennes, alors que le nombre de journées très chaudes augmente en été. L'amplitude thermique entre le jour et la nuit diminue parce que les températures diurnes augmentent moins que celles des nuits (conséquence directe d'un effet de serre davantage ressenti en absence de soleil).

Les autres changements
au sein du système climatique

Toutes les mesures de la température et de la salinité de l'eau de mer effectuées depuis le début des campagnes océanographiques sont rassemblées dans une base de données mondiale. Elles montrent que l'océan s'est réchauffé, même à grande profondeur. D'après les observations rassemblées par Bryden *et al.* [147], le flux net de chaleur transportée par les courants océaniques de l'Atlantique équatorial vers les hautes latitudes aurait diminué depuis cinquante ans. La variabilité décennale de la circulation thermohaline est encore trop mal connue pour que l'on puisse considérer cette réduction comme une tendance bien établie, mais il est clair que, dès maintenant, nous devrons faire très attention aux changements de la circulation océanique pendant les prochaines décennies.

Bien que les précipitations soient très variables d'une région à une autre et d'une année à une autre, il semble bien que le cycle hydrologique soit également perturbé. Les données du réseau météorologique mondial ont enregistré une augmentation de 0,5 à 1 % par décennie des pluies sur les continents au nord d'une latitude de 30° nord depuis le début du XXe siècle. Le débit moyen annuel des principaux fleuves qui se déversent dans l'océan Arctique a augmenté significativement au cours des soixante dernières années, tout comme la fréquence des événements de pluie intense sur l'Eurasie. Au cours des trente dernières années, des périodes de sécheresse marquée se sont développées dans de nombreuses régions du globe et elles ont été durement ressenties, notamment là où la densité de population est deux à trois fois plus grande que la moyenne mondiale.

La teneur en vapeur d'eau de l'atmosphère a augmenté comme conséquence du réchauffement de la surface de la planète. Comme la vapeur d'eau est également un gaz à effet de serre, il est critique de bien comprendre les mécanismes de cette augmentation pour obtenir des projections raisonnablement fiables des climats futurs.

Les événements El Niño, tout comme leur contrepartie La Niña, ont un impact global. Autrefois, ils se produisaient plus ou moins régulièrement au rythme d'une fois toutes les décennies. Ils sont maintenant devenus plus fréquents avec une périodicité de deux à sept ans et s'accompagnent d'autant de changements de la circulation atmosphérique. La couverture de neige et de glaces, que les satellites permettent de bien observer, a rétréci depuis une trentaine d'années à la fois en épaisseur et en extension. La calotte glaciaire du Groenland commence à fondre, ce qui provoque une montée du niveau de la mer d'environ 0,2 millimètre par an (et il est vraisemblable que le phénomène va s'accélérer dans le futur en raison de rétroactions non linéaires). Quant aux glaciers des montagnes tropicales, ils reculent si rapidement que leur disparition est un sujet d'inquiétude. Le niveau de la mer a monté, pendant tout le XXe siècle, de 15 à 20 centimètres selon les estimations les plus récentes. Les mesures effectuées par satellite ont commencé en 1990 et indiquent un taux de croissance actuel de 3,1 ± 0,8 millimètres par an.

Les leçons du passé

Tout au long de l'histoire géologique de la Terre (4,5 milliards d'années), le climat n'a fait que changer. La période la mieux connue est la plus récente, l'ère Quaternaire qui couvre approximativement les deux derniers millions d'années. Les carottes de sédiment prélevées au fond des océans et les forages effectués dans les calottes glaciaires fournissent des chroniques détaillées des variations climatiques des 800 000 dernières années. Elles montrent une alternance entre des périodes chaudes, assez comparables à celles d'aujourd'hui, et des périodes glaciaires caractérisées par des températures plus basses et la croissance de calottes glaciaires sur les continents de haute latitude. Il n'est pas peu surprenant que la température de l'air ait été étroitement corrélée à sa teneur en CO_2.

Le climat est extrêmement sensible à une perturbation mineure du bilan radiatif de notre planète. Par exemple, l'orbite elliptique que la Terre décrit autour du Soleil se modifie très lentement, parce que non seulement le Soleil, mais aussi les autres planètes du système solaire attirent la Terre. Il en résulte des variations de la distance Terre-Soleil et de l'inclinaison de la Terre sur le plan de l'écliptique, avec des pseudo-périodicités de 21 000, 41 000, 100 000 et 400 000 ans. Elles se traduisent par des variations de l'intensité du cycle saisonnier, alors que la quantité de chaleur moyenne annuelle reçue par la Terre ne varie qu'extrêmement peu. L'effet de ces variations saisonnières est considérable et elles agissent comme un métronome qui rythme les oscillations du climat du Quaternaire. Cette théorie astronomique a été présentée pour la première fois par Milankovitch et elle est maintenant communément acceptée après plus de cinquante ans d'étude des climats passés.

En plus de ces fluctuations à long terme, les enregistrements glaciaires et marins montrent l'existence de variations abruptes (en moins de cent ans) et de grande amplitude (parfois plus de 10 °C) qui sont ressenties sur les hautes et moyennes latitudes de l'hémisphère Nord, mais ont un impact sur toute la planète. Ces grandes oscillations se sont répétées pendant toute la dernière glaciation. Celle-ci a commencé il y a 115 000 ans et a culminé il y a seulement 20 000 ans. Les épisodes les plus froids correspondent à des périodes de débâcles massives d'icebergs qui sont survenues tous les 7 000 ans lorsque le Canada et le nord de l'Europe étaient recouverts de gigantesques calottes glaciaires. Un réchauffement rapide de tout l'Atlantique Nord a marqué la fin de la dernière débâcle d'icebergs il y a environ 11 000 ans. Tous ces changements sont expliqués par une réorganisation brutale du système climatique : une calotte glaciaire instable relâche une armada d'icebergs dans l'océan Atlantique Nord ; leur fonte s'est traduite par une injection d'eau douce dans les hautes latitudes qui a stratifié les eaux. La circulation thermohaline et le transport de chaleur dont elle est responsable ont été considérablement ralentis. Lorsque cesse l'injection d'eau douce, la circulation océanique reprend et les eaux chaudes gagnent à nouveau les mers nordiques. De telles variations abruptes du climat n'ont été décelées que lorsque le Canada et la Scandinavie étaient recouverts de calottes glaciaires qui atteignaient les côtes atlantiques. Les conditions sont donc bien différentes de celles du climat interglaciaire actuel, mais on découvre ainsi que sur des périodes de temps de quelques dizaines d'années, le bilan d'eau douce sur l'Atlantique Nord et la circulation océanique sont des paramètres essentiels du climat de la Terre.

Le XXe siècle dans le contexte du dernier millénaire

Les scientifiques reconstituent le climat du dernier millénaire en étudiant les données historiques, les anneaux d'arbres, les glaciers de montagne et les carottages effectués dans les calottes glaciaires et au fond des océans et des lacs. Les enregistrements obtenus ont montré l'existence d'une période chaude au Moyen Âge, suivie d'une détérioration appelée par les historiens « petit âge glaciaire ». Celui-ci s'achève avec le XIXe siècle. Cette évolution est caractérisée par une grande variabilité spatio-temporelle. Des années chaudes, parfois localement plus chaudes que les dernières années, ont été reconnues localement mais, au cours du dernier millénaire, nous n'avons aucun indice d'un réchauffement aussi global, synchrone et persistant que la tendance observée au cours de la fin du XXe siècle. Il est clair que bien que la variabilité naturelle du climat existe toujours, le réchauffement des trente dernières années est si prononcé et si rapide qu'il est hautement probable qu'il ait une origine anthropique.

Une stratégie sage pour vivre dans un monde perturbé

Tous les précédents chapitres de ce livre ont souligné que pour un scénario donné d'émissions de gaz à effet de serre, nous sommes encore incapables de prédire avec précision les changements qui surviendront au sein du système climatique. Il est évident qu'aujourd'hui nous ne pouvons pas davantage estimer de manière fiable les changements à l'échelle régionale, qui sont ceux qui ont le plus grand intérêt pour la société.

La cause de ces incertitudes tient au fait que les modèles climatiques dont nous disposons pour faire des projections sur de longues périodes (quelques dizaines d'années à quelques siècles) ne prennent en compte que de manière simpliste la physique des nuages et du rayonnement qui les traverse, le rôle des aérosols à l'échelle locale et globale, la circulation océanique thermohaline, etc., de sorte qu'ils ne relient pas correctement la circulation générale de l'atmosphère et les conditions météorologiques moyennes considérées à l'échelle régionale.

Pour remédier à cet état de fait et pouvoir estimer avec fiabilité par exemple l'augmentation de la température de l'air ou la probabilité de longues périodes de sécheresse ou encore des inondations dans une région donnée au cours des prochaines décennies, nous proposons une stratégie scientifique et technique, inspirée de l'histoire de Joseph (Genèse IX, 41) pour faire face aux problèmes à venir, et s'appuyant sur cinq points essentiels. Elle est destinée à éclairer les aspects les plus difficiles de l'étude du changement climatique et à mettre en œuvre immédiatement les actions les plus urgentes pour prévoir, comprendre et affronter les défis du climat futur.

COMPRENDRE LES ASPECTS CRITIQUES DU SYSTÈME CLIMATIQUE : CLIMAT RÉGIONAL ET LE CLIMAT GLOBAL

Plusieurs problèmes doivent recevoir une attention immédiate.

Comme l'ont souligné Morel et Chahine (Chapitre 4), aucun pronostic climatique à long terme ne peut être sérieusement envisagé sans une prévision quantitativement exacte du cycle global de l'eau. Il est donc nécessaire de développer des représentations numériques plus réalistes que celles dont on dispose aujourd'hui pour tous les aspects du cycle de l'eau considérés à leur échelle réelle. Les résultats des modèles devront être comparés à des observations détaillées des nuages précipitants et de leur évolution spatio-temporelle. Ces modèles seront nécessaires pour établir le lien entre, d'une part, la description météorologique du temps et les processus physiques à l'échelle des nuages et, d'autre part, la circulation atmosphérique générale et le climat. Il est donc temps que les sciences du climat et de la météorologie se rejoignent, ce qui n'est pas encore le cas dans tout le monde universitaire.

Les aérosols atmosphériques représentent un problème difficile. Tout d'abord, leur forçage radiatif est tantôt positif, tantôt négatif selon leur nature, leur taille, leur origine, leur caractère hygroscopique ou non, et, bien sûr, leur distribution spatio-temporelle. Ils ont un effet essentiellement régional. Les aérosols émis par les activités humaines s'ajoutent à ceux produits par les phénomènes naturels. À l'échelle globale, le gaz sulfureux SO_2 émis lors des grandes éruptions volcaniques (celle du mont Pinatubo par exemple) peut atteindre la stratosphère. Il réagit alors avec l'eau pour donner des gouttelettes de sulfate et forme un panache qui enserre notre planète comme une gigantesque ombrelle. Ce voile provoque un refroidissement pouvant atteindre 2 °C au niveau du sol pendant les deux à trois ans nécessaires au nettoyage de la stratosphère. Il est évidemment impossible de prévoir toutes ces perturbations, qui sont brèves et ont eu des fréquences très variables dans le passé. Il faut donc mettre en œuvre des programmes scientifiques pour suivre aux échelles régionales et globales l'évolution de la teneur atmosphérique en aérosols et leur nature.

Minster et Wunsch (Chapitre 6) ont insisté sur l'importance d'un programme d'observation de l'océan pour suivre au cours des prochaines décennies les évolutions lentes des paramètres océaniques, même si elles ne paraissent pas s'accompagner de phénomènes dramatiques. Les scientifiques et les populations vivant dans les régions côtières pourront ainsi surveiller l'évolution du niveau de la mer, parce que les effets du changement climatique sur l'océan ne se développeront que progressivement, mais les dangers associés s'accroîtront régulièrement avec le temps.

Ciais et Moore (Chapitre 8) soulignent qu'outre les incertitudes résiduelles sur le cycle du carbone, l'estimation des flux de carbone régionaux est un problème très mal contraint. Pour certaines régions, telles l'Amérique du Nord ou une grande part de l'Eurasie, nous ne sommes pas capables de déterminer d'un an sur l'autre si elles constituent un puits ou une source de carbone. Cette incertitude tient tout simplement au fait que nous ne disposons pas du nombre de stations de mesure de la teneur atmosphérique en CO_2 qui est indispensable à la détermination géographique des sources et des puits de ce gaz.

Enfin, on ne doit pas oublier que l'évolution du climat perturbée par les émissions anthropiques de gaz à effet de serre et de poussières se superpose à son évolution naturelle. Cette variabilité naturelle est encore mal comprise, mais elle reste dans une gamme limitée que l'étude des climats anciens permet de définir. Indépendamment de l'impact des activités humaines, la plupart des composantes du système climatique présentent des variations qu'on ne sait pas encore expliquer, avec des constantes de temps très variables. Certaines sont très brèves (quelques jours pour l'atmosphère), d'autres beaucoup plus longues (plusieurs années, lorsque l'océan ou les glaces entrent en jeu). Le système climatique présente un comportement chaotique, typique des systèmes dont la dynamique n'est pas linéaire, difficile à prévoir de manière déterministe. Ce problème ne pourra être résolu qu'au prix d'un effort de recherche fondamentale soutenu.

DÉVELOPPER UN PROGRAMME AMBITIEUX D'OBSERVATIONS, TANT AUX ÉCHELLES RÉGIONALES QUE GLOBALES

Nous manquons de données sur l'évolution actuelle du système climatique et il est donc indispensable de l'observer aux échelles régionales et globales pour mieux la comprendre. Un système d'observations opérationnel devrait idéalement : 1° comporter des approches intégrées combinant efficacement des mesures *in situ* et par télédétection ; 2° prendre en compte une stratégie d'étude des milieux continentaux, océaniques et atmosphériques intégrant leur évolution actuelle et passée (paléoclimatologie), et incluant l'impact des activités humaines ; 3° être assez robuste pour fournir pendant plusieurs décennies des mesures précises, continues et bien calibrées de tous les paramètres importants ; 4° être mené dans le cadre d'une collaboration internationale permettant de coordonner les efforts nationaux, d'assurer une harmonisation des mesures, des procédures expérimentales et de la transmission des données, et de valoriser aux mieux les efforts disparates ; 5° construire une base de données accessible à la communauté scientifique et au public ; celle-ci ne devra pas être figée, mais capable d'évoluer pour exploiter au mieux les progrès technologiques ; 6° utiliser les données ainsi acquises pour améliorer les modèles climatiques régionaux et globaux, à la fois pour qu'ils rendent mieux compte des observations et pour accroître leur capacité prédictive.

La liste des observations dont on a besoin est évidemment longue, mais on peut les regrouper en fonction des questions scientifiques et des impératifs de recherche qui en découlent. Par exemple, un suivi précis et à long terme du niveau de la mer ne peut fournir une information vraiment utile que s'il est combiné avec la mesure des températures et des salinités des eaux superficielles de l'océan, de la tension du vent, de l'extension de la glace de mer et du comportement des glaciers continentaux. De la même façon, les observations de la couverture nuageuse doivent s'accompagner de la détermination des profils de température et de vapeur d'eau dans l'atmosphère, de l'état de la surface continentale et de l'humidité des sols. Un autre exemple est celui du CO_2 atmosphérique dont les variations spatiales et temporelles doivent être étudiées en conjonction avec l'évolution des écosystèmes continentaux et marins, de la température de l'air au niveau du sol, et de l'utilisation des sols par les activités humaines, en faisant bien sûr appel aux modèles de circulation générale de l'atmosphère.

On n'insistera jamais trop sur l'importance de contrôler en permanence la précision des mesures, d'assurer leur continuité pendant des décennies et d'effectuer des étalonnages croisés entre les diverses équipes scientifiques tout en intégrant les innovations technologiques. Il n'y a pas une seule agence au monde qui soit capable à elle seule d'assurer cet effort considérable. D'après Fellous et Wood (Chapitre 12), le programme Surveillance globale de l'environnement pour la Sécurité (GMES) lancé conjointement en 1998 par la Commission européenne et l'Agence spatiale européenne (ESA) est passé du stade des concepts à la réalité avec, depuis 2001, les financements nécessaires. Les États-Unis ont également lancé un effort national coordonné pour mener à bien le programme américain Système intégré d'observation de la Terre (IEOS), qui aborde, entre autres, plusieurs sujets prioritaires dans le domaine du climat. Tous ces efforts ne seront vraiment rentables que si la continuité des observations et des mesures est assurée.

FAIRE UN BILAN SANS COMPLAISANCE DES RESSOURCES ÉNERGÉTIQUES DISPONIBLES

Les modèles démographiques sont fiables et indiquent que la population de la Terre est en augmentation constante : elle va passer de 6,5 milliards d'individus aujourd'hui à 7,5 milliards en 2025 et 9 milliards en 2050. L'essentiel de cette croissance concernera les pays en voie de développement qui vont ainsi avoir à relever un double défi : assurer leur propre développement économique et générer assez de nourriture et d'énergie pour satisfaire l'ensemble de leurs besoins.

La demande planétaire en énergie va aller croissant. Des scénarios de l'Agence internationale de l'énergie de l'OCDE supposent que la demande énergétique va croître au rythme de 1,6 % à 2 % par an et donc qu'elle aura augmenté de 50 % en 2030. Elle sera alors proche de 16 000 Mtep (millions de tonnes d'équivalent pétrole) alors qu'elle n'était que d'environ 10 500 Mtep en 2002. Les plus gros demandeurs seront les nations en développement rapide : les besoins de la Chine et de l'Inde réunis représenteront 20 % de la demande énergétique mondiale.

Les ressources en pétrole et en gaz naturel ne sont pas infinies. Les réserves prouvées de pétrole assurent un approvisionnement jusqu'en 2050. Les progrès scientifiques et techniques permettront vraisemblablement d'augmenter ces réserves, surtout si le prix des combustibles fossiles augmente. Néanmoins, globalement, les réserves commencent à s'amenuiser. Les prix croissent d'année en année, même si les variations sont un peu chaotiques et si la raréfaction n'est que l'un des facteurs. Les forts écarts de prix peuvent aussi provoquer une répartition différente de ses usages. Quoi qu'il en soit, une demande toujours croissante portant sur des ressources limitées ne peut constituer une politique satisfaisante pour le long terme.

Le charbon est abondant à la surface de la Terre ou en sous-sol à des profondeurs modérées. Les réserves avérées de charbon assurent un approvisionnement pour plus de deux ou trois siècles, ce qui peut sembler rassurant. Toutefois, cette énergie est loin d'être propre. Pour produire une même quantité d'énergie, les émissions de CO_2 sont deux fois plus importantes en brûlant du charbon qu'en brûlant du gaz naturel qui est le moins polluant des combustibles fossiles. En outre, le charbon émet des suies, des poussières et d'autres polluants, en particulier des composés soufrés responsables de la pollution urbaine en hiver et des métaux lourds fortement toxiques. Maintenir un environnement salubre en utilisant intensivement le charbon est difficile et nécessitera en outre la mise en œuvre de nouvelles technologies pour récupérer le CO_2 émis et le confiner d'une manière ou d'une autre.

Le gaz naturel apparaît ainsi comme un des meilleurs agents de substitution pour remplacer le pétrole et le charbon en attendant que des énergies renouvelables alternatives aient été développées, même si son transport et sa distribution peuvent soulever des difficultés.

Les centrales nucléaires produisaient environ 6,5 % des besoins énergétiques mondiaux en 2002, parce que l'énergie nucléaire ne débouche actuellement que sur la production d'électricité (la chaleur résiduelle n'est pas, ou très peu, valorisée). Cette source d'énergie est, dans certains pays, mal acceptée par la société. Elle nécessite un haut degré de technologie et un effort continu pour assurer la sûreté d'exploitation. Les centrales en fonctionnement doivent donc être étroitement contrôlées par une autorité de sûreté indépendante (c'est le cas en France, mais ça ne l'était pas dans l'ancienne Union soviétique). Si l'énergie nucléaire devait se développer avec des réacteurs du type de ceux utilisés aujourd'hui (essentiellement des réacteurs à eau sous pression), elle consommerait une part importante des réserves prouvées en ^{235}U en moins d'un siècle. Une politique à long terme reposant sur l'énergie nucléaire nécessitera donc de faire appel à des réacteurs surgénérateurs à neutrons rapides, qui consomment essentiellement ^{238}U, un isotope de l'uranium qui est cent quarante fois plus abondant que ^{235}U. On peut également penser à du ^{232}Th, encore plus abondant, en recourant à des réacteurs à sel fondu, mais cette dernière technique n'cst encore qu'expérimentale. Il faut souligner que les centrales nucléaires produisent des déchets, qui sont fortement radioactifs lorsqu'on sort le combustible usé du cœur des réacteurs. Les isotopes les plus radioactifs décroissent significativement en une trentaine d'années, mais il subsiste des éléments radioactifs de longue période qui doivent être stockés et isolés de la population pendant plusieurs centaines de milliers d'années.

Les énergies renouvelables proviennent soit de la géothermie, soit de l'énergie solaire sous des formes diverses : rayonnement solaire, vent, hydroélectricité le long des cours d'eau (centrales au fil de l'eau), processus biologiques, etc. Une difficulté inhérente aux énergies renouvelables est leur nature hautement variable et souvent diffuse (sauf la géothermie). Leur diversité géographique est une autre source de problèmes pratiques : certaines nations possèdent de grandes ressources potentielles, mais bien loin des centres urbains où la population est concentrée et la demande énergétique forte. Une critique récurrente faite aux énergies renouvelables est leur nature intermittente. Une autre est la difficulté de bâtir des systèmes susceptibles de fournir les quantités d'énergie requises pour remplacer d'autres sources. Les combustibles fossiles sont bien plus faciles et souples d'emploi, ce qui les fait préférer par l'industrie. En 2002, les énergies renouvelables ne satisfont que 12 % des besoins mondiaux ; encore s'agit-il, pour l'essentiel (environ 10 %), de la combustion du bois, source traditionnelle qui échappe actuellement aux circuits commerciaux.

Tout compte fait, on s'aperçoit que la demande énergétique mondiale des prochaines décennies devra être satisfaite avec des énergies déjà opérationnelles dans un contexte tendu de raréfaction du pétrole et du gaz naturel.

UN EFFORT GIGANTESQUE POUR DÉVELOPPER UN PROGRAMME ÉNERGÉTIQUE AMBITIEUX

Au cours des prochaines décennies, nous aurons à relever un défi majeur avec des contraintes contradictoires : d'une part, il faudra fournir davantage d'énergie à une population en croissance forte et, d'autre part, réduire les émissions locales et globales de gaz à effet de serre. Pour évaluer l'ampleur de l'effort à mener, il faut se rendre compte que le protocole de Kyoto, déjà bien difficile à mettre en œuvre, ne permettra pas de stabiliser la concentration en CO_2 de l'atmosphère. Les efforts qui seront nécessaires pour assurer un développement durable, respectueux de l'environnement, seront beaucoup plus importants que ceux demandés maintenant. Les quantités à fournir au milieu du XXIe siècle et qu'il faudra satisfaire à l'aide de ressources n'émettant pas de CO_2 seront sans doute bien supérieures à celles que nous obtenons actuellement par l'emploi de combustibles fossiles (peut-être doublées). Il faudra faire appel à toute la palette des ressources énergétiques possibles (voir une discussion approfondie dans le livre de Tissot [148]).

Une stratégie à long terme nécessitera donc de recourir :

• à des économies d'énergie et au développement de technologies nouvelles à rendement élevé.

Les objectifs sont ici de vivre mieux en consommant moins d'énergie. L'effort peut commencer avec les technologies actuelles si les gouvernements prennent des mesures incitatives fortes, notamment dans le domaine du chauffage urbain, de la climatisation, des transports et dans les équipements à faible consommation (depuis l'électroménager jusqu'à la communication et l'informatique).

• à des technologies plus propres que celles d'aujourd'hui.

Environ un tiers de toutes les émissions de gaz carbonique résultant des activités humaines sert à produire de l'électricité. Ce pourcentage aura tendance à augmenter dans le futur si le charbon, qui est le plus fort émetteur, prend un rôle majeur, comme on s'y attend, les pays consommant le plus d'énergie (États-Unis, Chine) étant aussi ceux où les réserves de charbons sont les plus abondantes. Beaucoup d'activités industrielles (raffineries, cimenteries, aciéries, etc.) sont émettrices de grandes quantités de CO_2. L'impact de ces émissions peut être considérablement réduit en capturant le CO_2 à la source et en le stockant en milieu géologique profond, par exemple d'anciennes mines ou des réservoirs naturels de gaz ou de pétrole. Tout le monde en parle, mais la faisabilité à l'échelle des émissions mondiales représente un rapport d'extrapolation gigantesque (de 1 à 10 000) par rapport aux trois expériences en cours. En effet, on peut estimer les émissions à environ 50 Gt en 2050 ; une capture significative de CO_2 devrait porter sur au moins 20 %, soit 10 000 Mt ; les essais actuels ne concernent que 1 Mt chacun.

L'énergie nucléaire pourrait connaître de nombreux progrès, mais ceux-ci ne se traduiront guère au niveau des centrales au cours des prochaines décennies en raison de la durée de vie des réacteurs qui reposent sur une technologie établie depuis longtemps. Une nouvelle génération de réacteurs surgénérateurs envisage de faire appel à des réactions de fission conventionnelles avec un cycle du combustible fermé pour utiliser au mieux les éléments fissiles et produire un minimum de déchets à conserver en stockage géologique profond. On en est encore à un stade de réflexion et ces réacteurs devront être développés dans le cadre d'une large collaboration internationale. Les plans les plus optimistes supposent que le développement de cette technologie nécessitera vingt ou trente ans de recherches scientifiques et techniques intensives. On ne peut donc compter que sur la génération actuelle de réacteurs nucléaires avec une robustesse et une sécurité accrues.

Une révolution pourrait provenir de la fusion dont l'objectif est de combiner des atomes d'hydrogène pour fabriquer de l'hélium, comme le fait le Soleil, ce qui offrirait de l'énergie pour des millions d'années. Cependant, après plus de cinquante ans de recherches intensives, des projets comme ITER (International Thermo-nuclear Experimental Reactor, projet de réacteur à fusion nucléaire) ont pour seul objectif de démontrer que la fusion pourrait constituer une source d'énergie envisageable au plan scientifique et technique. Aucun de ces projets ne vise à fabriquer une vraie centrale productrice d'énergie et il ne serait pas réaliste d'espérer un développement industriel de cette technologie dans les cinquante prochaines années.

L'hydrogène pourrait être utilisé comme un combustible propre pour les transports au cours des prochaines décennies en remplacement du pétrole. Mais il n'existe pas sous une forme directement utilisable dans la nature et il est actuellement produit à partir de fractions pétrolières, ce qui ne fait que déplacer le problème. Il pourrait être produit par électrolyse dans de grandes centrales énergétiques elles-mêmes propres mais qui consommeront d'énormes quantités d'énergie.

• à une réduction des émissions de CO_2 pour les transports.

Ce sont eux qui consomment le plus de pétrole et, jusqu'à ce que l'hydrogène soit devenu un combustible opérationnel, on ne voit pas de réelle alternative sauf un changement de mode de transport (transport public pour les personnes et, surtout, conteneurs sur rail pour les marchandises). C'est le domaine où l'on prédit pour les cinquante prochaines années le plus fort accroissement de la consommation énergétique et donc des émissions de CO_2. Ce seront les pays en voie de développement, notamment la Chine, qui auront les plus gros besoins. Il est donc important que des technologies efficaces soient mises en place dans les pays développés, mais aussi dans les pays en voie de développement. Cette politique demandera de repenser les modes de vie dans certains pays développés qui emploient beaucoup de véhicules gros consommateurs d'essence en dépit des améliorations technologiques des dernières décennies.

• à un développement actif des énergies renouvelables.

La seule source d'énergie pratiquement infinie étant le Soleil, l'énergie solaire sous toutes ses formes devrait être l'approche de référence pour préparer notre adaptation à un monde où les combustibles fossiles seraient devenus rares et chers. Il faudra développer toutes ces sources, notamment l'utilisation directe de l'énergie solaire, des fermes d'éoliennes et les biocarburants. L'effort ne fait que commencer. Le département américain de l'énergie a pour objectif de remplacer 30 % des carburants d'origine fossile par des biocarburants. Une directive de l'Union européenne recommande que 5,75 % de tous les carburants utilisés pour les transports (essence, gazole) proviennent de biocarburants en 2010. Ces objectifs peuvent effectivement être atteints avec les connaissances scientifiques et technologiques actuelles. Les progrès de la génétique, des biotechnologies, de la chimie des procédés et de l'ingénierie devraient permettre de construire de nouvelles centrales pour convertir la biomasse en combustibles et fabriquer des produits qui auront un impact positif sur l'économie et l'environnement. Cependant, il faut être conscient de plusieurs difficultés. Tout d'abord, les biocarburants sont produits par une culture qui réclame de l'énergie, comme toute culture intensive : il faut sacrifier 1 litre de produits pétroliers pour produire de 2 à 8 litres de biocarburant (et ce dernier chiffre n'est valable que pour la canne à sucre au Brésil). Ensuite, le pouvoir calorifique de l'éthanol est en gros 50 % de celui de l'essence, ce qui veut dire que la consommation sera doublée. Enfin, il y a le risque d'entrer en compétition avec la nourriture de 9 milliards d'habitants.

Trois points saillants ressortent de cette analyse : premièrement, des énergies vraiment nouvelles ne pourront pas être mises en œuvre avant au moins cinquante ans ; deuxièmement, les économies d'énergie sont indispensables dès maintenant ; troisièmement, comme elles ne seront pas suffisantes pour répondre aux besoins, un effort technologique majeur devra être mené pour utiliser au mieux toutes les sources d'énergie connues. Nous ne pouvons pas nous permettre de rejeter une énergie n'émettant pas de CO_2 pour des raisons politiciennes ou pseudo-écologiques.

SE PRÉPARER À UNE INDISPENSABLE ADAPTATION AUX CHANGEMENTS À VENIR AU SEIN DU SYSTÈME CLIMATIQUE

Nous pouvons espérer que, dans les prochaines années, les recherches fondamentales sur le climat permettront de réduire les incertitudes que nous avons relevées et d'avoir plus de confiance dans les simulations climatiques calculées par les modèles régionaux et globaux pour différents scénarios énergétiques. Toutefois, sans avoir besoin d'en arriver là, nous sommes certains que la population de la Terre aura dépassé 7 milliards d'individus en 2030 et la moitié d'entre elle vivra à moins de 100 kilomètres de la côte. Même si l'intensité des événements extrêmes reste la même qu'aujourd'hui, les dévastations causées par les cyclones, la montée du niveau de la mer à laquelle il faut s'attendre et les inondations causées par les rivières en crue nécessitent qu'on aborde le problème avec la plus grande attention dès maintenant.

L'agriculture est un autre domaine particulièrement vulnérable aux épisodes de sécheresse ou d'inondation. Actuellement un quart de la population mondiale souffre d'un manque d'eau douce. C'est notamment le cas en Afrique et dans le sud de l'Asie lorsque la mousson d'été vient à manquer. Comme l'intensité de la mousson dépend des événements de type El Niño et La Niña, il devrait être assez facile de la prévoir un an à l'avance. Les associations internationales d'aide aux pays en voie de développement devraient tester l'applicabilité pratique de cette prédictibilité acquise grâce aux études scientifiques les plus récentes et étudier comment les pluies tombant dans les années de forte mousson pourraient être stockées pour alimenter les populations locales en période de pénurie. Cet effort à la fois scientifique et technique devra être soutenu pour que les populations utilisent au mieux l'eau que la nature voudra bien leur fournir.

Comme l'ont conclu Hourcade et Balstad (Chapitre 13), le climat et la variabilité climatique sont devenus un thème au travers duquel sont (et seront de plus en plus) filtrés les plans et les politiques, les espoirs et les aspirations des individus et des nations. Ce thème a le potentiel d'altérer la réalité comme nous en avons déjà eu des exemples et d'introduire des changements non seulement dans le monde physique que nous habitons, mais aussi dans la vie sociale et économique. Il lie tous les peuples de la Terre et nous force à considérer les réponses aux variations du climat comme un effort commun. Dans cet effort, les sociologues doivent travailler aux côtés des autres scientifiques.

Un message clair doit être transmis : l'adaptation est indispensable. Ce sont les scientifiques qui les premiers ont attiré l'attention du public et des décideurs sur le problème du changement climatique. Pendant longtemps, ils n'ont été que peu entendus, et les pouvoirs politiques n'ont entrepris que des actions minimes après quelques événements extrêmes qui ont eu un grand retentissement dans le public, même si les scientifiques ne peuvent affirmer que ces catastrophes sont le résultat de la perturbation du climat par les activités humaines. En 1992, un programme d'« écologie industrielle » a été proposé par Socolow *et al.* [149], avec l'intention de concilier les interactions entre une civilisation industrielle mondiale et l'environnement naturel, et d'aider à transformer les relations du monde industriel avec l'environnement. Cette approche a été – et est toujours – une grande idée. Elle devrait constituer le thème central de notre politique environnementale au cours du XXIe siècle et le fil directeur d'une stratégie qui suivrait aussi bien l'exemple de la Genèse que les recommandations de Voltaire, et que nous préconisons. C'est certainement la méthode la plus efficace et la moins chère pour préparer le futur. Est-il irréaliste de souhaiter que ce message soit pleinement entendu par les décideurs avant que la société ait à faire face à un problème monumental qui deviendra inextricable sous la pression des événements ?

Les auteurs

JEAN-CLAUDE DUPLESSY est directeur de recherches au CNRS. Il a été directeur du Centre des faibles radioactivités et a présidé le Programme français d'étude du changement global. Il travaille actuellement au Laboratoire des sciences du climat et de l'environnement à Gif-sur-Yvette.

S. ICHTIAQUE RASOOL a été responsable scientifique du programme Changement global à la Nasa. Il a été *senior research scientist* au Jet Propulsion Laboratory (Nasa/Caltech) à Pasadena (Californie) et *visiting professor* à l'Université du New Hampshire. Il a dirigé le bureau du programme IGBP-DIS au sein de l'université Paris-VI. S. I. Rasool a reçu de nombreuses récompenses de la Nasa, dont l'Exceptional Scientific Achievement Medal en 1974, ainsi que la médaille William T. Pecora.

*

Références

National Academy of Sciences, 1999, *Global Environmental Change, Research Pathways for the Next Decade*, Washington DC, National Academy Press.

GLOSSAIRE

Acia (Arctic Climate Impact Assessment). Le rapport d'évaluation des impacts du climat en Arctique (Acia) a été établi par le Conseil de l'Arctique et le Comité international des sciences de l'Arctique, afin de disposer d'une synthèse critique des connaissances sur la variabilité et le changement du climat et l'augmentation du rayonnement ultraviolet. Ce rapport, qui traite des impacts et des conséquences sur l'environnement, la santé humaine, la société, l'économie et la culture, apporte une aide à la décision politique. Il a été rédigé par une équipe de plus de trois cents scientifiques de quinze pays. Il comporte plusieurs volumes disponibles sur www.acia.uaf.edu.

Accrétion. Processus de croissance des gouttes de pluie par adhérence et accumulation.

Aérosols. Particules solides ou liquides en suspension dans l'atmosphère qui proviennent du sol, de la végétation, de l'océan ou de sources de pollution.

Albédo. L'albédo d'un élément de surface de la Terre est la fraction d'énergie solaire réfléchie par la Terre vers l'espace. C'est une mesure de la réflectivité de la surface terrestre. La neige et la glace ont un albédo élevé et réfléchissent jusqu'à 80 % de l'énergie solaire, tandis que les forêts ou l'océan du large ont un albédo faible. En moyenne, l'albédo de la Terre est d'environ 30 %.

Altimétrie. Technique d'observation spatiale, fondée sur la mesure de la distance entre un satellite et la surface de l'océan. Connaissant avec précision l'orbite du satellite, on peut en déduire les variations d'élévation de la surface marine, liées aux courants et à d'autres processus océaniques.

Arctique. Région comprise entre le pôle Nord et les limites forestières nordiques de l'Amérique du Nord et de l'Eurasie. D'un point de vue scientifique, ces limites sont généralement fonction du processus étudié.

Bassin-versant. Zone géographique sur laquelle une rivière collecte son eau (*via* le ruissellement et *via* ses affluents).

Capteur optique. Instrument mesurant l'intensité du rayonnement lumineux visible reçu de différents objets, dans le domaine des longueurs d'onde visibles.

Cellule convective. Circulation cellulaire tridimensionnelle de relativement compacte qui se développe dans l'atmosphère en condition instable, et qui peut atteindre le sommet de la troposphère sous une forme de tour caractéristique. La durée de vie d'une telle cellule est de l'ordre d'une demi-heure et son extension horizontale de l'ordre de 10 kilomètres.

Ceres (*Cloud and the Earth's Radiant Energy System*). Ensemble d'instruments embarqués sur des satellites de la Nasa pour mesurer le flux de rayonnement solaire rétrodiffusé et le rayonnement infrarouge émis par la Terre et son atmosphère.

Chlorofluorocarbures (CFC). Composés chimiques de fabrication industrielle, dérivés par substitution de l'hydrogène par des atomes de chlore et de fluor dans les hydrocarbures. Ces produits étaient utilisés dans les appareils réfrigérants et dans beaucoup d'autres applications domestiques et industrielles. Leur production a été interdite à la suite de la mise en place du protocole de Montréal et de ses amendements successifs.

Circulation de Hadley. Circulation cellulaire dans le plan méridien (latitude-altitude) qui apparaît lorsque l'on considère la moyenne zonale de l'écoulement atmosphérique. La circulation de Hadley comporte un mouvement ascendant à l'équateur compensé par des mouvements descendants sur les deux zones tropicales Nord et Sud. Cette circulation se traduit par la convergence des vents à basse altitude vers l'équateur, compensée par une divergence équivalente dans les hautes couches.

Cirrus. Nuages de glace, de structure généralement stratifiée en couche mince et translucide, qui se forment dans les hautes couches de la troposphère.

Clausius-Clapeyron (loi de). Relation entre la température ambiante et la pression partielle (proportionnelle à la densité moléculaire) d'une espèce particulière de molécules volatiles dans sa phase gazeuse en équilibre avec sa phase liquide. La pression partielle à l'équilibre (également connue sous le nom de pression de vapeur saturante) dépend de l'espèce chimique considérée et croît rapidement avec la température.

Cnes. Centre national d'études spatiales.

Conseil de l'Arctique. Forum intergouvernemental sur les problèmes communs aux pays de la région. En font partie le Canada, le Danemark (y compris le Groenland et les îles Féroé, la Finlande, l'Islande, la Norvège, la Fédération de Russie, la Suède et les États-Unis d'Amérique. Le Conseil est un lieu de coopération entre les huit gouvernements et les six associations autochtones : Conférence circumpolaire Inuit, Conseil Saami, Association russe des peuples autochtones du Nord, Conseil international des Aléoutes, Conseil arctique Athabascan, et Conseil international Gwich'in.

Convention-cadre des Nations unies sur le changement climatique (en anglais, UNFCCC). Traité international sur l'environnement adopté par la Conférence sur l'environnement et le développement tenue à Rio de Janeiro en 1992. Cette convention est conçue pour fournir un cadre international propre à l'établissement de mécanismes pour réduire les émissions de gaz à effet de serre afin de combattre le réchauffement climatique.

Couche limite planétaire. Couche atmosphérique dans laquelle la turbulence aérodynamique créée par la friction sur la surface des continents ou des océans gouverne le mouvement de l'air et le mélange de ses différentes propriétés. La couche limite planétaire s'étend jusqu'à une altitude de 1 à 2 kilomètres, au-dessus de laquelle la circulation de l'« atmosphère libre » est largement à l'abri des effets de la couche limite turbulente.

Cryosphère. Ensemble des neiges et des glaces. Partie de la croûte terrestre et de l'atmosphère sujette à des températures inférieures à 0 °C au moins une partie du temps chaque année.

Cumulus. Nuages de forme boursouflée, créés par un courant ascendant rapide et les tourbillons qui lui sont associés. Ces mouvements, dits « convectifs », sont engendrés par l'instabilité de la stratification de l'atmosphère, les parcelles d'air les plus chaudes et légères ayant tendance à s'élever au sein de l'air ambiant relativement froid. Un tel courant convectif peut former un nuage en forme de tour, qui s'élève jusqu'au sommet de la troposphère.

Détraînement. Processus inverse de l'entraînement d'une parcelle d'air par les tourbillons créés par un jet – tel que le courant ascendant au cœur d'une cellule nuageuse convective – qui pénètre une masse d'air calme.

Eau précipitable. Masse totale de vapeur d'eau par unité de surface présente dans une colonne d'air verticale couvrant toute l'épaisseur de l'atmosphère. La quantité d'eau précipitable en moyenne globale dans l'atmosphère est équivalente à une couche de 2,5 centimètres d'épaisseur d'eau condensée.

Eaux souterraines. Ce sont les eaux contenues dans les sols et qui correspondent à des zones saturées. Tous les vides entre particules sont remplis d'eau.

Écoulement et mélange dans l'océan. Les courants océaniques peuvent être décrits en distinguant l'écoulement, qui se produit sur des distances relativement grandes (supérieures à 50 kilomètres environ dans l'océan du large), et le mélange qui se réfère aux phénomènes turbulents de plus petite taille.

Effet direct des aérosols. Impact des aérosols sur le bilan radiatif de la planète dû à la diffusion et à l'absorption du rayonnement solaire, conduisant généralement à un refroidissement du système climatique.

Effet indirect des aérosols. Modification des propriétés microphysiques et optiques des nuages due à la présence d'aérosols comme noyaux de condensation et de noyaux glaçogènes sur lesquels les gouttelettes d'eau nuageuse et les cristaux de glace peuvent se former.

Effet semi-direct des aérosols. Modification du profil vertical de température et de la nébulosité due à l'absorption du rayonnement solaire par les aérosols.

Effet de serre. Absorption et réémission du rayonnement infrarouge de la surface terrestre par les molécules absorbantes, les nuages ou la matière particulaire dans l'atmosphère qui la surplombe. L'effet de serre des gaz absorbants ou des particules augmente rapidement avec la différence de température entre le milieu absorbant et la surface.

Épaisseur optique. Effet cumulatif de l'absorption d'un rayonnement électromagnétique traversant un milieu absorbant. L'atténuation du rayonnement est exponentielle avec l'épaisseur optique pour exposant. Une épaisseur optique unité correspond à une atténuation par un facteur $\exp^{-1}$.

Équation de Navier-Stokes. Formulation des lois de la mécanique appliquées à une parcelle de fluide (considérée comme un objet matériel conservant son identité pendant un intervalle de temps infinitésimal).

ESA. Agence spatiale européenne.

Forçage radiatif. Changement du flux de rayonnement net au niveau de la tropopause, résultant du changement imposé d'un facteur de l'environnement (par exemple, l'augmentation de la concentration de gaz carbonique), toutes autres choses étant égales par ailleurs. Le forçage radiatif peut être envisagé comme un apport incrémental d'énergie au système constitué par la troposphère, les océans, la cryosphère et la surface des continents. Cet apport doit être compensé par le stockage de l'énergie en excès (par exemple dans les océans) ou par l'accroissement du rayonnement infrarouge émergeant de la tropopause.

Formation d'eaux profondes. Plongée en profondeur de l'eau superficielle devenue plus dense que les eaux sous-jacentes. Ce changement de densité intervient lorsque l'eau se refroidit (par exemple en hiver aux hautes latitudes) ou devient plus salée (par exemple quand la formation de glace de mer laisse du sel dans l'eau). Cette formation d'eaux profondes est un phénomène localisé, aussi dénommé convection profonde.

Gaz à effet de serre. Les principaux gaz à effet de serre sont la vapeur d'eau (H_2O), le dioxyde de carbone ou gaz carbonique (CO_2), le méthane (CH_4), l'ozone (O_3), le peroxyde d'azote (N_2O), l'hexafluorure de soufre (SF_6), les hydrofluorocarbures (HFC), perfluorocarbures (PFC) et chlorofluorocarbures (CFC). Cependant, seuls les gaz absorbants présents dans la stratosphère (c'est-à-dire tous sauf la vapeur d'eau) contribuent au « forçage radiatif » du système climatique.

Giec (Groupe d'experts intergouvernemental sur l'évolution du climat, en anglais IPCC). « Le rôle du Giec est d'évaluer d'une manière compréhensive, objective, ouverte et transparente l'information scientifique, technique et socio-économique pertinente pour la compréhension du fondement scientifique du risque associé au changement climatique anthropique, de ses impacts potentiels, et des options pour l'adaptation ou l'atténuation. Les rapports du Giec doivent être politiquement neutres, bien qu'ils aient à traiter objectivement des facteurs scientifiques, techniques et socio-économiques pertinents pour l'application de politiques particulières. » (D'après les termes de référence du Giec.)

Glacier émissaire. Glacier qui draine la glace des calottes polaires vers l'océan. En Antarctique, près de 80 % de la masse de glace est évacuée par quelques dizaines de glaciers émissaires.

Halons. Composés chimiques dérivés par substitution de l'hydrogène par des atomes de chlore, de brome et de fluor dans les hydrocarbures et utilisés dans certains types d'extincteurs.

Humidité relative. Rapport entre la densité des molécules d'eau effectivement présentes dans l'air et la densité maximale de ces molécules pouvant subsister à l'état gazeux à une température donnée.

Infiltration. Une partie de l'eau de pluie pénètre dans le sol et alimente soit les eaux superficielles, soit les eaux souterraines en pénétrant plus profondément. Une autre partie part en ruissellement de surface, crée des rigoles, et s'écoule vers les ruisseaux et rivières.

IPSL. Institut Pierre-Simon-Laplace.

Lidar. Instrument utilisant une brève impulsion de rayonnement lumineux émis par un laser afin de mesurer une distance, de sonder les propriétés de la colonne d'air traversée, ou les deux à la fois.

Marégraphes. Instrument de mesure des variations du niveau de la mer, soit par la mesure de l'élévation de la surface, soit par celle de la pression au fond de l'eau. Destinés à la surveillance des marées, ces instruments détectent aussi les variations des courants marins, du contenu thermique de l'océan et de la masse d'eau océanique.

Méridien (adjectif). Dans la direction nord-sud.

Meris (*Medium Resolution Imaging Spectrometer*). Spectromètre imageur spatial à résolution spectrale moyenne, sensible au rayonnement d'origine solaire rétrodiffusé par la Terre. Quinze bandes spectrales peuvent être sélectionnées à partir du sol, chacune ayant une largeur et une valeur centrale programmables entre 390 et 1 040 nm.

Méso-échelle. Domaine d'échelles horizontales attachées à des phénomènes allant du nuage convectif individuel (10 kilomètres) à des systèmes météorologiques compacts tels que les cyclones tropicaux (quelques centaines de kilomètres).

Mésosphère. Région de l'atmosphère située entre approximativement 50 et 85-100 kilomètres d'altitude. Elle est caractérisée par une décroissance de la température avec l'altitude. Sa limite supérieure appelée mésopause est caractérisée par un minimum de température de – 150 °C dans les régions polaires pendant l'été.

Microphysique des nuages. Ensemble de processus physico-chimiques qui se produisent à la surface de particules solides ou liquides préexistantes, conduisant à l'accrétion ou à la perte de molécules d'eau, à la croissance ou l'évaporation de gouttes de pluie, à la formation ou la sublimation de cristaux de glace et, en général, à la condensation de vapeur d'eau sous forme de précipitation liquide ou solide.

MISR (*Multiangle Imaging SpectroRadiometer*). Instrument spatial conçu pour acquérir des images quasi simultanées de la surface terrestre suivant neuf directions de visée dans le domaine spectral visible.

Modèle de climat global. Un modèle de climat global combine généralement les représentations numériques des équations mécaniques et physiques qui régissent la circulation atmosphérique planétaire (ou circulation générale de l'atmosphère) et la circulation des océans. De tels modèles incorporent en outre des prescriptions concernant l'évolution des caractéristiques chimiques, hydrologiques et même biologiques de l'atmosphère, des océans et de la surface des continents, ainsi que l'évolution des glaciers et de la banquise marine.

Modis (*Moderate Resolution Imaging Spectroradiometer*). Instrument spatial conçu pour acquérir des images de l'atmosphère et de la surface terrestre dans une trentaine de bandes spectrales, depuis le proche ultraviolet jusqu'au rayonnement thermique (infrarouge) émis par la Terre.

Mouillage. Une des techniques utilisées pour observer l'océan sur une longue période de temps. Les instruments sont placés le long d'une ligne ancrée au fond et s'étendant jusqu'à la surface. Parmi ces instruments figurent des courantomètres qui mesurent la vitesse et la direction des courants.

Nasa (*National Aeronautics and Space Administration*). Agence spatiale américaine.

Noyau de condensation. Aérosol sur lequel la vapeur d'eau atmosphérique peut adhérer et s'accumuler pour former des gouttelettes d'eau ou particules de glace constitutives d'un nuage.

Nutriments. Nom générique des espèces chimiques qui constituent une source alimentaire fondamentale pour les écosystèmes. Dans l'océan, les principaux nutriments sont les nitrates, les phosphates, la silice dissoute, mais des nutriments mineurs comme le fer sont aussi nécessaires.

OMI (*Ozone Monitoring Instrument*). Instrument spatial mesurant le rayonnement rétrodiffusé dans le visible et l'ultraviolet, d'où l'on peut déduire la quantité totale d'ozone et d'autres constituants atmosphériques, tels que NO_2, SO_2, BrO, $OClO$, ainsi que certaines caractéristiques des aérosols.

Orbite géostationnaire. Orbite circulaire géocentrique située à 35 786 kilomètres d'altitude au-dessus de l'équateur de la Terre, dans le plan équatorial et d'une excentricité orbitale nulle. Un satellite en orbite géostationnaire possède une période de révolution exactement égale à la période de rotation de la Terre sur elle-même, soit 23 h 56 min 4 s, et paraît immobile par rapport à tout point à la surface de la Terre.

Orbite héliosynchrone. Orbite circulaire géocentrique dont on choisit l'altitude et l'inclinaison de façon que l'angle entre le plan d'orbite et la direction du Soleil demeure à peu près constant, en dépit de la dérive annuelle du plan d'orbite (précession). Un satellite en orbite héliosynchrone repasse au-dessus d'un point donné de la surface terrestre à la même heure solaire locale, de sorte que l'éclairement solaire varie peu d'un passage à l'autre. Les orbites héliosynchrones sont possibles dans une gamme d'altitudes allant de 600 à 1 000 kilomètres, pour des périodes de 96-100 min, avec une inclinaison d'environ 98 ° sur l'équateur.

Orographie. Caractérise le relief et la nature des terrains d'une région.

OSTM (*Ocean Surface Topography Mission*). Nom américain de la mission spatiale océanographique Jason-2 (Nasa-Cnes), dont le lancement est prévu en 2008.

Percolation. Processus qui décrit le mouvement de l'eau de la surface où le sol n'est pas saturé vers les zones souterraines qui sont saturées.

Permafrost ou **pergélisol.** Nom donné aux sols qui demeurent gelés pendant deux années consécutives ou davantage. La plupart du pergélisol est située aux hautes latitudes (régions polaires Nord et Sud), mais un pergélisol alpin existe à haute altitude. Actuellement, près de 20 % des terres émergées sont couvertes de pergélisol ou de glace. Par-dessus le pergélisol, il y a une couche de sol dite couche active qui fond pendant l'été. La végétation ne peut se développer que dans cette couche active, car la croissance végétale ne peut avoir lieu que dans un sol complètement décongelé pendant une partie de l'année. L'épaisseur de la couche active varie selon l'année et le lieu, elle est typiquement de 0,6 à 4 mètres. Dans les zones de pergélisol permanent ou d'hivers très rudes, la profondeur du pergélisol peut être importante : 440 mètres à Barrow (Alaska), jusqu'à 726 mètres dans l'Arctique canadien, et 1 493 mètres dans les bassins du nord de la Léna et du fleuve Iana en Sibérie.

Phénologie. Phénomènes relatifs au développement, et particulièrement au cycle annuel de la faune et de la flore.

Polder (*Polarization and Directionality of the Earth's Reflectance*). Radiomètre imageur spatial à grand champ de vue mesurant le rayonnement rétrodiffusé à différentes longueurs d'onde visibles et pour plusieurs polarisations, permettant de déterminer certaines propriétés optiques des nuages, des aérosols et des surfaces.

Potentiel de réchauffement global. Indice comparatif indiquant le rapport de la contribution au réchauffement global intégrée dans le temps, attendue de l'injection d'une masse donnée d'un gaz à effet de serre, à l'effet également intégré de la même masse de gaz carbonique, compte tenu des coefficients d'absorption et de la durée de vie des différentes espèces chimiques.

Ppm (v), ppb (v). Partie par million, partie par milliard (en volume).

Programme des Nations unies pour l'environnement (PNUE). Le Programme pour l'environnement, établi en 1972 par les Nations unies, est destiné à guider les efforts pour sa protection et encourager les partenariats, en fournissant l'information, l'inspiration et les moyens permettant aux nations d'améliorer la qualité de vie sans compromettre celles des générations futures.

Protocole de Kyoto. Amendement à la Convention-cadre des Nations unies sur le changement climatique assignant des objectifs obligatoires de réduction des émissions de gaz à effct de serre aux nations signataires.

Radar. Instrument actif émettant des impulsions radioélectriques et analysant l'écho renvoyé par une cible, pour en déduire sa distance et ses caractéristiques. Le radar à synthèse d'ouverture, embarqué sur un porteur mobile (avion ou satellite), peut fournir des images à haute résolution de la surface terrestre en collectant les échos reçus à partir de plusieurs impulsions, traités pour former une seule image.

Radiomètre. Instrument mesurant l'intensité du rayonnement reçu d'un objet matériel à une longueur d'onde ou dans une bande spectrale particulière du spectre électromagnétique. Par exemple, les satellites de télédétection emportent des radiomètres micro-ondes, pour des applications météorologiques et hydrologiques ou encore pour observer l'étendue des glaces de mer, des radiomètres optiques multispectraux pour observer le couvert végétal, ou des radiomètres infrarouge pour mesurer la température de surface.

Rapport sur l'état de la couche d'ozone de l'OMM et du PNUE. Rapport du même type que celui du Giec produit tous les quatre ou cinq ans par la communauté scientifique internationale.

Rayon efficace. Valeur utilisée à la place du rayon géométrique de particules (aérosols, gouttelettes nuageuses) pour tenir compte de leur distribution en tailles.

Rétroaction climatique. Incrément positif ou négatif au forçage radiatif initial résultant des ajustements induits dans le système climatique, tels que changement de la distribution des températures, vents et courants marins, neige et étendue des glaces, pluies et humidité du sol, etc.

Scénarios d'émission. Le Giec a développé un ensemble de scénarios d'émissions de gaz à effet de serre qui décrivent de façon plausible les conditions futures de la planète. Ces scénarios prennent en compte les estimations de la population future, les problèmes d'équité au sein des sociétés et entre nations, et diverses projections des conditions économiques, des évolutions technologiques, et du degré de globalisation. Les scénarios B2 et A2 encadrent les valeurs maximale (A2) et minimale (B2) du tiers médian de tous les scénarios du Giec.

Sensibilité climatique. Réchauffement de surface associé à un incrément spécifique (ou forçage) du bilan d'énergie de la planète (en watt par mètre carré, Wm^{-2}). Le facteur de sensibilité du climat dépend fortement des ajustements ultérieurs pris en compte dans son évaluation. De tels ajustements interviennent en effet au fur et à mesure que la perturbation initiale atteint les autres composantes de l'environnement terrestre, chacune réagissant à celle-ci par une contribution positive ou négative (dite « rétroaction »).

Smos *(Soil Moisture and Ocean Salinity).* Mission spatiale de l'ESA (lancement prévu en 2008) pour mesurer l'humidité des sols et la salinité des eaux superficielles des océans.

SST (*Sea Surface Temperature*). Température de surface de la mer.

Stratopause. Limite supérieure de la stratosphère, située aux environs de 50 kilomètres d'altitude, et correspondant à un maximum local de température de l'ordre de 0 °C.

Stratosphère. Région de l'atmosphère située entre la tropopause et une altitude d'environ 50 kilomètres. Cette région de l'atmosphère où se situe la couche d'ozone est caractérisée par une croissance graduelle de la température avec l'altitude, ce qui entraîne une grande stabilité des masses d'air vis-à-vis des échanges verticaux.

Stratus. Nuages liquides de basse altitude caractérisés par une structure en couches avec des limites verticales nettes et une grande extension horizontale.

Subsidence. Mouvement atmosphérique descendant.

Systèmes météorologiques. Perturbations à caractère non linéaire qui apparaissent et se développent spontanément dans la circulation générale de l'atmosphère, jusqu'à épuisement de l'énergie mécanique disponible. Ces perturbations génèrent des vents forts, des mouvements ascendants et descendants importants, et la plupart des chutes de pluie et de neige.

Thermodynamique. Ensemble des processus qui décrivent l'échange et la transformation de l'énergie thermique. Un processus thermodynamique fondamental est l'échange de chaleur et d'eau entre l'atmosphère et l'océan.

Toga (*Tropical Ocean and Global Atmosphere*). Une expérience du Programme mondial de recherche sur le climat (1985-1995).

Toms (*Total Ozone Mapping System*). Radiomètre spatial multicanaux mesurant le rayonnement ultraviolet rétrodiffusé à différentes longueurs d'onde, d'où l'on peut déduire la quantité totale d'ozone présente dans l'atmosphère.

Tropopause. Frontière entre la troposphère et la stratosphère située entre 15 et 18 kilomètres dans la zone équatoriale où la température est de l'ordre de – 70 à – 80 °C. La tropopause aux latitudes extratropicales est sensiblement plus basse (typiquement de 8 à 12 kilomètres) et moins froide que la tropopause tropicale.

Troposphère. Région de l'atmosphère comprise entre la surface de la Terre et la tropopause. Elle est caractérisée par une décroissance rapide de la température en fonction de l'altitude (– 6,5 °C par kilomètre), une stabilité relativement faible facilitant les mouvements verticaux, et une grande activité mécanique et thermodynamique. La troposphère est le moteur de toutes les autres composantes du système climatique.

Woce (*World Ocean Circulation Experiment*). Expérience du Programme mondial de recherche sur le climat (1990-2000).

ZCIT. Zone de convergence intertropicale.

RÉFÉRENCES

[1] IPCC, 1990, *Climate Change : The IPCC Scientific Assessment*, J.T. Houghton, G.J. Jenkins et J.J. Ephraums (éd.), Cambridge University Press, 365 p. (The IPCC First Assessment Report, ou FAR.)

[2] IPCC, 1996, *Climate Change 1995, The Science of Climate Change*, J. T. Houghton *et al.* (éd.), Cambridge University Press, 572 p. (The IPCC Second Assessment Report, ou SAR.)

[3] HOUGHTON J. T., Y. DING, D. J. GRIGGS, M. NOGUER, J. P. VAN DER LINDEN, X. DAI, K. MASKELL, C. A. JOHNSON (éd.), 2001a, *Climate Change 2001 : The Scientific Basis*, Cambridge University Press, 881 p. (The IPCC Third Assessment Report, ou TAR). Tous les fichiers PDF de l'IPCC sont disponibles sur : www.ipcc.ch/.

[4] IPCC, 2001b, *Climate Change 2001 : Synthesis Report*, R.T. Watson *et al.* (éd.), A contribution of Working Groups I, II, and III to the Third Assessment Report of the Intergovernmental Panel on Climate Change, Cambridge University Press, New York, 398 p. (The TAR Synthesis Report, incluant The Summary for Policymakers et The Working Group Summaries.)

[5] IPCC, 2007, *The Fourth Assessment Report* (sous presse). (PDF consultable sur www.ipcc.ch)

[6] ARRHENIUS, S., 1896, « On the influence of carbonic acid in the air upon the temperature of the ground », *The London, Edimburgh and Dublin Philosophical Magazine and Journal of Science*, 41, p. 237-276.

[7] FOURIER, J.-B. J., 1824, « Remarques générales sur les températures du globe terrestre et des espaces planétaires », *Annales de chimie et physique*, 2ᵉ série, XXVI, p. 136-167.

[8] LONDON, J., 1957, « A study of the atmospheric heat balance », *Final Report on Contract*, n°AF (122)-165, New York University, 99 p.

[9] VONDER HAAR, T. H. et V. E. SUOMI, 1971, « Measurements of the Earth's radiation budget from satellites during a five-year period, Part 1 : Extended time and space means », *Journal of Atmospheric Sciences*, 28, p. 305-314.

[10] BARKSTROM, B. R., E. F. HARRISON, G. L. SMITH, R. N. GREEN, J. KIBLER, R. CESS et l'équipe de ERBE Science, 1989, « Earth Radiation Budget Experiment (ERBE) : Archival of April 1985 Results », *Bulletin of the American Meteorological Society*, 70, 10, p. 1254-1262.

[11] KANDEL, R., M. VIOLLIER, P. RABERANTO et J.-Ph. DUVEL, L. A. PAKHOMOV et V. A. GOLOVKO, A. P. TRISHCHENKO, J. MUELLER, E. RASCHKE et R. R. STUHLMANN, 1998, « The ScaRaB Earth Radiation Budget Dataset », *Bulletin of the American Meteorological Society*, 79, 5, p. 765-783.

[12] RAMANATHAN, V., R. D. CESS, E. F. HARRISON, P. MINNIS, B. R. BARKSTROM, E. AHMAD et D. HARTMAN, 1989, « Cloud-Radiative Forcing and Climate :

Insights from the Earth Radiation Budget Experiment », *Science*, 243, p. 57-63.

[13] SODEN, B. J., 1997, « Variations in the tropical greenhouse effect during El Niño », *Journal of Climate*, 10, 5, p. 1050-1055.

[14] DOBLAS-REYES, F. J., R. HAGEDORN et T. N. PALMER, 2005, « The rationale behind the success of multi-model ensembles in seasonal forecasting, Part II : Calibration and combination », *Tellus*, A, 57, p. 234-252.

[15] CHRISTY, J. R., R. W. SPENCER et W. D. BRASWELL, 2000, « MSU tropospheric temperatures : Dataset construction and radiosonde comparisons », *Journal of Atmospheric and Oceanic Technology*, 17, p. 1153-1170.

[16] RANDALL, D., M. KHAIROUTDINOV, A. ARAKAWA et W. GRABOWSKI, 2003, « Breaking the Cloud Parameterization Deadlock », *BAMS*, 84, p. 1547-1564.

[17] WILD, M., H. GILGEN, A. ROESCH, A. OHMURA, C. N. LONG, E. G. DUTTON, B. FORGAN, A. KALLIS, V. RUSSAK et A. TSVETKOV, 2005, « From Dimming to Brightening : Decadal Changes in Solar Radiation at Earth's Surface », *Science*, 308, p. 847-850.

[18] WIELICKI, B. A., T. WONG, N. LOEB, P. MINNIS, K. PRIESTLEY et R. S. KANDEL, 2005, « Changes in Earth's Albedo Measured by Satellite », *Science*, 308, p. 825-825.

[19] PALLÉ, E. P., R. GOODE, P. MONTAÑÉS-RODRÍGUEZ et S. E. KOONIN, 2004, « Changes in Earth's Reflectance over the Past Two Decades », *Science*, 304, p. 1299-1301.

[20] LINDZEN R. S., 1977, « Can Increasing Carbon Dioxide Cause Climate Change ? », *Proceedings of the National Academy of Sciences of the USA*, 94, p. 8335-8342.

[21] MANABE, S. et R. T. WETHERALD, 1967, « Thermal Equilibrium of the Atmosphere with a Given Distribution of Relative Humidity », *Journal of Atmospheric Sciences*, 24, p. 241-259.

[22] MILLER, M., A. BELJAARS et T. PALMER, 1992, « The Sensitivity of the ECMWF Model to the Parameterization of Evaporation from the Tropical Oceans », *Journal of Climate*, 5, p. 418-434.

[23] PHILLIPS T. J., G. L. POTTER, D. L. WILLIAMSON, R. T. CEDERWALL, J. S. BOYLE, M. FIORINO, J. J. HNILO, J. G. OLSON, S. XIE et J. J. YIO, 2004, « Evaluating Parameterizations in General Circulation Models : Climate Simulation Meets Weather Prediction », *Bulletin of the American Meteorological Society*, 85, p. 1903-1915.

[24] TRENBERTH, K. E., J. FASULLO et L. SMITH, 2005, « Trends and variability in column-integrated atmospheric water vapor », *Climate Dynamics*, 24, p. 742-758.

[25] DINGMAN, S.L., 2002, *Physical Hydrology* (2ᵉ édition), Prentice Hall, Upper Saddle River, NJ.

[26] BROWN, R.D., 2000, « Northern Hemisphere snow cover variability and change : 1915-1997 », *Journal of Climate*, 13, 13, p. 2339-2355.

[27] STOW, D.A., A. HOPE, D. MCGUIRE, D. VERBYLA, J. GAMON, F. HUEMMRICH, S. HOUSTON, C. RACINE, M. STURM, K. TAPE, L. HINZMAN, K. YOSHIKAWA, C. TWEEDIE, B. NOYLE, C. SILAPASWAN, D. DOUGLAS, B. GRIFFITH, G. JIA, H. EPSTEIN, D. WALKER, S. DAESCHNER, A. PETERSEN, L. M. ZHOU et R. MYNENI, 2004, « Remote sensing of vegetation and land-cover change

in Arctic Tundra Ecosystems », *Remote Sensing of Environment*, 89, 3, p. 281-308.

[28] BARNETT, T. P., J. C. ADAM et D. P. LETTENMAIER, 2005, « Potential impacts of a warming climate on water availability in snow-dominated regions », *Nature*, 438, p. 303-309.

[29] RÄISÄNEN, J., 2002, « CO_2-induced changes in interannual temperature and precipitation variability in 19 CMIP2 experiments », *J. Climate*, 15, p. 2395-2411.

[30] WEBSTER, P. J., G. J. HOLLAND, A. CURRY et H. R. CHANG, 2005, « Changes in Tropical Cyclones number, duration and intensity in a warming environment », *Science*, 309, p. 1844-1846.

[31] MILLY, P. C. D. et K. A. DUNNE, 2001, « Trends in evaporation and surface cooling in the Mississippi River basin », *Geophysical Research Letters*, 28, p. 1219-1222.

[32] BIASUTTI, M. et A. GIANNINI, 2006, « Robust Sahel drying in response to late 20th century forcings », *Geophysical Research Letters*, 33, L11706.

[33] HELD, I. M., T. L. DELWORTH, J. LU, K. L. FINDELL et T. R. KNUTSON, 2005, « Simulation of Sahel drought in the 20th and 21st centuries », *Proceedings of the National Academy of Sciences*, 102, p. 17 891-17 896.

[34] HUNTINGTON, T.G., 2006, « Evidence for intensification of the global water cycle : Review and synthesis », *Journal of Hydrology*, 319, p. 83-95.

[35] NAKICENOVIC, N. et R. SWART (éd.), 2005, *Special Report on Emissions Scenarios*, Intergovernmental Panel on Climate Change, Cambridge University Press, Port Chester, NY.
Voir également : http://www.grida.no/climate/ipcc/emission/index.htm

[36] REDELSPERGER, J. L., C. D. THORNCROFT, A. DIEDHIOU, T. LEBEL, D. J. PARKER et J. POLCHER, 2006, « African Monsoon Multidisciplinary Analysis (AMMA) : An International Research Project and Field Campaign », *Bulletin of the American Meteorological Society*, 87, p. 1739-1746.

[37] PIELKE, R. A., G. MARLAND, R. A. BETTS, T. N. CHASE, J. L. EASTMAN, J. O. NILES, D. D. S. NIYOGI et S. W. RUNNING, 2002, « The influence of land-use change and landscape dynamics on the climate system : relevance to climate-change policy beyond the radiative effect of greenhouse gases », *Philosophical Transactions of the Royal Society of London*, Serie A – Math. Phys. Eng. Sc., 360, 1797, p. 1705-1719.

[38] STOMMEL, H. et A. B. ARONS, 1960, « On the abyssal circulation of the world ocean - II. An idealized model of the circulation pattern and amplitude in oceanic basins », *Deep-Sea Research*, 6, p. 217-233.

[39] GANACHAUD, A., 1999, *Large Scale Oceanic Circulation and Fluxes of Freshwater, Heat, Nutrients and Oxygen*, PhD Thesis, MIT/WHOI, 266 p.

[40] BARROW, J. D. et S. P. BHAVASAR, 1987, « Filaments : what the astronomer's eye tells the astronomer's brain », *Quarterly Journal of the Royal Astronomical Society*, 28, p. 109-128.

[41] DIAZ, H. F. et V. MARKGRAF, 1992, *El Niño : Historical and Paleoclimatic Aspects of the Southern Oscillation*, Cambridge University Press, Cambridge, 476 p.

[42] BROECKER, W. B., 1987, « The biggest chill », *Natural History*, 96, p. 74-82.

[43] CHURCH, J., J. M. GREGORY, P. HUYBRECHTS, M. KUHN, K. LAMBECK, M. T. NHUAN, D. QIN et P. L. WOODWORTH, 2001, « Changes in Sea level »,

in [8] : *Climate Change 2001 : The Scientific Basis*, J. T. Houghton *et al.*, Cambridge University Press, New York, p. 639-693.

[44] DOUGLAS, B. C., M. S. KEARNEY, S. P. LEATHERMAN (éd.), 2001, *Sea Level Rise – History and Consequences*, Academic Press, San Diego.

[45] CAZENAVE, A. et R. S. NEREM, 2004, « Present-day sea level change : observations and causes », *Reviews of Geophysics*, 42, RG3001, doi : 10-1029/04/2003RG000139.

[46] HOLLOWAY G. et T. SOU, 2002, « Has Arctic sea ice rapidly thinned ? », *Journal of Climate*, 15, p. 1691-1701.

[47] ROTHROCK, D. A., J. ZHANG et Y. YU, 2003, « The Arctic ice thickness anomaly of the 1990s : A consistent view from observations and models », *Journal of Geophysical Research*, 108, C3, p. 3083-3092.

[48] MEIER, W., J. STROEVE, F. FETTERER et K. KNOWLES, 2005, « Reductions in Arctic sea ice cover no longer limited to summer », *EOS*, 86 (36), p. 326-327.

[49] OVERPECK, J. T. *et al.*, 2005, « Arctic system on trajectory to new, seasonally ice-free state », *EOS Transactions*, 86, p. 309-313.

[50] SHINDELL, D. T. et G. A. SCHMIDT, 2004, « Southern Hemisphere climate response to ozone changes and greenhouse gas increases », *Geophysical Research Letters*, 31, p. 1029.

[51] HOLLAND, M. M. et C. M. BITZ, 2003, « Polar amplification of climate change in coupled models », *Climate Dynamics*, 21, p. 221-232.

[52] BROECKER, W. S., 1997, « Thermohaline circulation, the Achilles heel of our climate system : Will man-made CO_2 upset the current balance ? », *Science*, 278, p. 1582-1588.

[53] Antarctic Climate Impact Assessment (Acia), 2004, *Impacts of a Warming Arctic*, Cambridge University Press, New York, 140 p. (disponible sur http://www.amap.no).

[54] DRINKWATER, M. R., R. FRANCIS, G. RATIER et D. J. WINGHAM, 2004, « The European Space Agency's Earth explorer mission CryoSat : measuring variability in the cryosphere », *Annals of Glaciology*, 39, 1, p. 313-320.

[55] CRUTZEN, P. J. et E. F. STOERMER, 2000, *IGBP Newsletter*, 41.

[56] CRUTZEN, P. J., 2002, « Geology of mankind », *Nature*, 415, p. 23.

[57] BARNOLA, J. M., M. ANKLIN, J. PORCHERON, D. RAYNAUD, J. SCHWANDER et B. STAUFFER, 1995, « CO_2 evolution during the last millennium as recorded by Antarctic and Greenland ice », *Tellus*, 47, p. 264-272.

[58] ETHERIDGE, D. M., L. P. STEELE, R. L. LANGENFELDS, R. J. FRANCEY, J.-M. BARNOLA et V. I. MORGAN, 1996, « Natural and anthropogenic changes in atmospheric CO_2 over the last 1000 years from air in Antarctic ice and firn », *Journal of Geophysical Research – Atmospheres*, 101, p. 4115-4128.

[59] ETHERIDGE, D. M., L. P. STEELE, R. J. FRANCEY et R. L. LANGENFELDS, 1998, « Atmospheric methane between 1000 AD and present : Evidence of anthropogenic emissions and climatic variability », *Journal of Geophysical Research – Atmospheres*, 103, p. 15979-15993.

[60] FERRETTI, D. F., J. B. MILLER, J. W. C. WHITE, D. M. ETHERIDGE, K. R. LASSEY, D. C. LOWE, C. M. MACFARLING MEURE, M. F. DREIER, C. M. TRUDINGER, T. D. VAN OMMEN et R. L. LANGENFELDS, 2005, « Unexpected changes to the

global methane budget over the last 2,000 years », *Science*, 309, p. 1714-1717.

[61] BARNOLA, J.-M., D. RAYNAUD, Y. S. KOROTKEVICH et C. LORIUS, 1987, « Vostok ice core provides 160,000-year record of atmospheric CO_2 », *Nature*, 329, p. 408-414.

[62] BLUNIER, T., J. A. CHAPPELLAZ, J. SCHWANDER, B. STAUFFER et D. RAYNAUD, 1995, « Variations in atmospheric methane concentration during the Holocene epoch », *Nature*, 374, p. 46-49.

[63] RAYNAUD, D., J. JOUZEL, J.-M. BARNOLA, J. CHAPPELLAZ, R. J. DELMAS et C. LORIUS, 1993, « The ice record of greenhouse gases », *Science*, 259, p. 926-934.

[64] KEELING, C. D., S. C. PIPER et M. HEIMANN, 1989, « A Three-dimensional Model of Atmospheric CO_2 Transport Based on Observed Winds : 4. Mean annual gradients and interannual variations », in *Aspects of Climate Variability in the Pacific and Western Americas*, *Geophysical Monograph 55*, sous la direction de D. H. Peterson, American Geophysical Union, Washington, États-Unis.

[65] KEELING, R., S. C. PIPER et M. HEIMANN, 1996, « Global and hemispheric CO_2 sinks deduced from changes in atmospheric O_2 concentration », *Nature*, 381, p. 218-221.

[66] MANNING, A. C. et R. F. KEELING, 2006, « Global oceanic and land biotic carbon sinks from the Scripps atmospheric oxygen flask sampling network », *Tellus*, 58B, 2, p. 95-116.

[67] BOUSQUET, P., P. PEYLIN, P. CIAIS, C. LE QUÉRÉ, P. FRIEDLINGSTEIN et P. P. TANS, 2000, « Regional changes in carbon dioxide fluxes of land and oceans since 1980 », *Science*, 290, p. 1342-1346.

[68] LUCHT, W., I. C. PRENTICE, R. B. MYNENI, S. SITCH, P. FRIEDLINGSTEIN, W. CRAMER, P. BOUSQUET, W. BUERMANN et B. SMITH, 2002, « Climatic control of the high-latitude vegetation greening trend and Pinatubo effect », *Science*, 296, p. 1687-1689.

[69] RODENBECK, C., S. HOUWELING, M. GLOOR et M. HEIMANN, 2003, « Time-dependent atmospheric CO_2 inversions based on interannually varying tracer transport », *Tellus*, Series B-Chemical and Physical Meteorology, 55, p. 488-497.

[70] TIAN, H. Q., J. M. MELILLO, D. W. KICKLIGHTER, A. D. McGUIRE, J. V. K. HELFRICH, B. MOORE et C. J. VOROSMARTY, 1998, « Effect of interannual climate variability on carbon storage in Amazonian ecosystems », *Nature*, 396, p. 664-667.

[71] CIAIS, P., P. P. TANS, M. TROLIER, J. W. WHITE et R. FRANCEY, 1995, « A large Northern Hemisphere Terrestrial CO_2 sink indicated by the $^{13}C/^{12}C$ ratio of atmospheric CO_2 », *Science*, 269, p. 1098-1102.

[72] FAN, S., 1998, « Modelling long-range transport of CFCs to Mace Head, Ireland », *Quarterly Journal of the Meteorological Society*, 124, p. 417-446.

[73] GURNEY, K. R., R. M. LAW, A. S. DENNING, P. J. RAYNER, D. BAKER, P. BOUSQUET, L. BRUHWILER, Y. H. CHEN, P. CIAIS, S. FAN, I. Y. FUNG, M. GLOOR, M. HEYMANN, K. HIGUCHI, J. JOHN, T. MAKI, S. MAKSYUTOV, K. MASARIE, P. PEYLIN, M. PRATHER, B. C. PAK, J. RANDERSON, J. L. SARMIENTO, S. TAGUCHI, T. TAKAHASHI et C. W. YUEN, 2002, « Towards robust regional

estimates of CO_2 sources and sinks using atmospheric transport models », *Nature*, 415, p. 626-630.

[74] RAYNER, P. J. et R. M. LAW, 1999, « The interannual variability of the global carbon cycle », *Tellus*, 51, p. 210-212.

[75] TANS, P. P., I. Y. FUNG et T. TAKAHASHI, 1990, « Observational Constraints On the Global Atmospheric CO_2 Budget », *Science*, 247, p. 1431-1438.

[76] PETERS, W., E. J. DLUGOKENCKY, F. J. DENTENER, P. BERGAMASCHI, G. DUTTON, P. V. VELTHOVEN, J. B. MILLER, L. BRUHWILER et P. P. TANS, 2004, « Toward regional-scale modeling using the two-way nested global model TM5 : Characterization of transport using SF_6 », *Journal of Geophysical Research-Atmospheres*, 109, p. 19314.

[77] PEYLIN, P., P. J. RAYNER, P. BOUSQUET, C. CAROUGE, F. HOURDIN, P. HEINRICH, P. CIAIS et C. AEROCARB, 2005, « Daily CO_2 flux estimates over Europe from continuous atmospheric measurements : 1. Inverse methodology », *Atmospheric Chemistry and Physics Discussions*, 5, p. 1647-1678.

[78] RAYNER, P., M. SCHOLZE, W. KNORR, T. KAMINSKI, R. GIERING et H. WIDMANN, 2005, « Two decades of terrestrial carbon fluxes from a Carbon Cycle Data Assimilation System (CCDAS) », *Global Biogeochemical Cycles*, 19, doi : 10.1029/2004GB002254.

[79] ORR, J. C., E. MAIER-REIMER, U. MIKOLAJEWICZ, P. MONFRAY, J. L. SARMIENTO, J. R. TOGGWEILER, N. K. TAYLOR, J. PALMER, N. GRUBER, C. L. SABINE, C. LE QUÉRÉ, R. M. KEY et J. BOUTIN, 2001, « Estimates of anthropogenic carbon uptake from four 3-D global ocean models », *Global Biogeochemical Cycles*, 15, n° 11, p. 43-60.

[80] SARMIENTO, J. L. et E. T. SUNDQUIST, 1992, « Revised budget for the oceanic uptake of anthropogenic carbon dioxide », *Nature*, 356, p. 589-593.

[81] BROECKER, W. S. et T. H. PENG, 1982, *Tracers in the Sea*, Lamont-Doherty Geological Observatory, Palisades, New York, 690 p.

[82] ORR, J., 1993, « Accord of ocean models in predicting uptake of anthropogenic CO_2 », *Water, Air & Soil Pollution*, 70, p. 465-481.

[83] BOPP, L., O. AUMONT, S. BELVISO et P. MONFRAY, 2003, « Potential impact of climate change on marine dimethyl sulfide emissions », *Tellus*, série B, 55, p. 11-22.

[84] JOOS, F., G.-K. PLATTNER, T. F. STOCKER, O. MARCHAL et A. SCHMITTNER, 1999, « Global warming and marine carbon cycle feedbacks on future atmospheric CO_2 », *Science*, 284, p. 464-467.

[85] ARCHER, D. E., H. KHESHGI et E. MAIER-REIMER, 1997, « Multiple timescales for neutralization of fossil fuel CO_2 », *Geophysical Research Letters*, 24, p. 405-408.

[86] INDERMÜHLE, A., T. F. STOCKER, F. JOSS, H. FISCHER, H. J. SMITH, M. WAHLEN, B. DECK, D. MASTROIANNI, J. TSCHUMI, T. BLUNIER, R. MEYER et B. STAUFFER, 1999, « Holocene carbon-cycle dynamics based on CO_2 trapped in ice at Taylor Dome, Antarctica », *Nature*, 398, p. 121-126.

[87] GOULDEN, M. L., J. W. MUNGER, S. M. FAN, B. C. DAUBE et S. C. WOFSY, 1996, « Exchange of carbon dioxide by a deciduous forest : Response to interannual climate variability », *Science*, 271, p. 1576-1578.

[88] WOFSY, S. C., M. L. GOULDEN, J. W. MUNGER, S. M. FAN, P. S. BAKWIN, B. C. DAUBE, S. L. BASSOW et F. A. BAZZAZ, 1993, « Net Exchange of CO_2 in a Midlatitude Forest », *Science*, 260, p. 1314-1317.

[89] CIAIS, P., M. REICHSTEIN, N. VIOVY, A. GRANIER, J. OGEE, V. ALLARD, M. AUBINET, N. BUCHMANN, C. BERNHOFER, A. CARRARA, F. CHEVALLIER, N. DE NOBLET, A. D. FRIEND, P. FRIEDLINGSTEIN, T. GRÜNWALD, B. HEINESCH, P. KERONEN, A. KNOHL, G. KRINNER, D. LOUSTAU, G. MANCA, G. MATTEUCCI, F. MIGLIETTA, J. M. OURCIVAL, D. PAPALE, K. PILEGAARD, S. RAMBAL, G. SEUFERT, J. F. SOUSSANA, M. J. SANZ, E. D. SCHULZE, T. VESALA et R. VALENTINI, 2005, « An Unprecedented Reduction in the Primary Productivity of Europe during 2003 caused by Heat and Drought », *Nature*, 437, p. 529-533.

[90] HOUGHTON, R. A., 2003, « Revised estimates of the annual net flux of carbon to the atmosphere from changes in land use and land management 1850-2000 », *Tellus*, série B, p. 378-390.

[91] RAMANKUTTY, N. et J. A. FOLEY, 1999, « Estimating historical changes in global land cover : Croplands from 1700 to 1992 », *Global Biogeochemical Cycles*, 13, p. 997-1028.

[92] KLEIN GOLDEWIJK, K., 2001, « Estimating global land use change over the past 300 years : the HYDE database », *Global Biogeochemical Cycles*, 15, p. 417-434.

[93] DEFRIES, R. S., R. A. HOUGHTON, M. C. HANSEN, C. B. FIELD, D. SKOLE et J. TOWNSHEND, 2002, « Carbon emissions from tropical deforestation and regrowth based on satellite observations for the 1980s and 1990s », *Proceedings of the National Academy of Sciences*, 99, n° 22, p. 14256-14261.

[94] ACHARD, F., H. D. EVA, P. MAYAUX, H.-J. STIBIG et A. BELWARD, 2004, « Improved estimates of net carbon emissions from land cover change in the tropics for the 1990s », *Global Biogeochemical Cycles*, 18, GB2008, doi : 10.1029/2003GB002142.

[95] HURTT, G. C., S. FROLKING, M. G. FEARON, B. MOORE, E. SHEVLIAKOVA, S. MALYSHEV, W. PACALA et R. A. HOUGHTON, 2006, « The underpinnings of land-use history : three centuries of global gridded land-use transitions, wood-harvest activity, and resulting secondary lands », *Global Change Biology*, 12, p. 1-22.

[96] CASPERSEN J. P., S. W. PACALA, J. C. JENKINS, G. C. HURTT, P. R. MOORCROFT et R. A. BIRDSEY, 2000, « Contributions of land-use history to carbon accumulation in US forests », *Science*, 290, n° 5494, p. 1148-1151.

[97] PACALA, S. W., G. C. HURTT, D. BAKER, P. PEYLIN, R. A. HOUGHTON, R. A. BIRDSEY, L. HEATH, E. T. SUNDQUIST, R. F. STALLARD, P. CIAIS, P. MOORCROFT, J. P. CASPERSEN, E. SHEVLIAKOVA, B. MOORE, G. KOHLMAIER, E. HOLLAND, M. GLOOR, M. E. HARMON, S.-M. FAN, J. L. SARMIENTO, C. L. GOODALE, D. SCHIMEL et C. B. FIELD, 2001, « Consistent land- and atmosphere-based US carbon sink estimates », *Science*, 292, n° 5525, p. 2316-2320.

[98] PYNE, S. J., 1997, *America's Fires : Management of wildlands and forests*, Forest History Society, Durham, New Hampshire, États-Unis.

[99] DWYER, E., S. PINNOCK, J.-M. GRÉGOIRE et J. M. C. PEREIRA, 2000, « Global spatial and temporal distribution of vegetation fire as determined from satellite observations », *International Journal of Remote Sensing*, 21, p. 1289-1302.

[100] MALHI, Y. et J. GRACE, 2000, « Tropical forests and atmospheric carbon dioxide », *Trends in Ecology and Evolution*, 15, p. 332-337.

[101] SKOLE, D. et C. J. TUCKER, 1993, « Tropical deforestation and habitat fragmentation in the Amazon : satellite data from 1978 to 1988 », *Science*, 206, p. 1905-1909.

[102] ACHARD, F. H., D. EVA, H.-J. STIBIG, P. MAYAUX, J. GALLEGO, T. RICHARDS et J.-P. MALINGREAU, 2002, « Determination of deforestation rates of the world's humid tropical forests », *Science*, 297, n° 5583, p. 999-1002.

[103] CURRAN, L. M., S. N. TRIGG, A. K. McDONALD, D. ASTIANI, Y. M. HARDIONO, P. SIREGAR, I. CANIAGO et E. KASISCHKE, 2004, « Lowland forest loss in protected areas of Indonesian Borneo », *Science*, 303, p. 1000-1003.

[104] PAGE, S. E., F. SIEGERT, J. O. RIELEY, H. D. V. BOEHM, A. JAYA et S. LIMIN, 2002, « The amount of carbon released from peat and forest fires in Indonesia during 1997 », *Nature*, 420, p. 61-65.

[105] STOCKS, B. J., J. A. MASON, J. B. TODD, E. M. BOSCH, B. M. WOTTON, B. D. AMIRO, M. D. FLANNIGAN, K. G. HIRSCH, K. A. LOGAN, D. L. MARTELL et W. R. SKINNER, 2002, « Large forest fires in Canada, 1959-1997 », *Journal of Geophysical Research – Atmospheres*, 108, D1, 8149.

[106] VAN DER WERF, G. R., J. T. RANDERSON, G. J. COLLATZ, L. GIGLIO, P. S. KASIBHATLA, A. F. ARELLANO, Jr., S. C. OLSEN et E. S. KASISCHKE, 2004, « Continental-scale partitioning of fire emissions during the 1997 to 2001 El Niño/La Niña period », *Science*, 303, p. 73-76.

[107] MOLLICONE, D., H. D. EVA et F. ACHARD, 2006, « Human role in Russian wildfires », *Nature*, 440, p. 436-437.

[108] HURTT, G. C., S. W. PACALA, P. R. MOORCROFT, J. CASPERSEN, E. SHEVLIAKOVA, R. A. HOUGHTON et B. MOORE III, 2002. « Projecting the future of the US carbon sink », *Proceedings of the National Academy of Sciences of the USA*, 99, n° 3, p. 1289-1394.

[109] KVENVOLDEN, K. A., 1999, « Potential effects of gas hydrates on human welfare », *Proceedings of the National Academy of Sciences of the USA*, 96, n° 7, p. 3420-3426.

[110] MILKOV, A. V., 2004, « Global estimates of hydrate-bound gas in marine sediments : how much is really out there ? », *Earth Science Reviews*, 66, p. 183-197.

[111] MYNENI, R. B., C. D. KEELING, C. J. TUCKER, G. ASRAR et R. R. NEMANI, 1997, « Increased plant growth in the northern high latitudes from 1981 to 1991 », *Nature*, 386, p. 698-702.

[112] KICKLIGHTER, D. W., M. BRUNO, S. DONGES, G. ESSER, M. HEIMANN, J. HELFRICH, F. IFT, F. JOOS, J. KADUK, G. H. KOHLMAIER, A. D. MacGUIRE, J. M. MELILLO, R. MEYER, B. MOORE III, A. NADLER, I. C. PRENTICE, W. SAUF, A. L. SCHLOSS, S. SITCH, U. WITTENBERG et G. WÜRTH. 1999, « A first order analysis of the potential role of CO_2 fertilization to affect the global carbon budget : a comparison of four terrestrial biosphere models », *Tellus*, série B, 51, p. 343-366.

[113] PRENTICE, I. C. *et al.*, 2001, « The carbon cycle and atmospheric carbon dioxide », chapitre 3, *in* [8].

[114] FRIEDLINGSTEIN, P., I. FING, E. HOLLAND, J. JOHN, G. BRASSEUR, D. ERICKSON et D. SCHIMEL, 1995, « On the contribution of CO_2 fertilization to the missing biospheric sink », *Global Biogeochemical Cycles*, 9, p. 541-556.

[115] JONES, T. H., L. J. THOMPSON et J. H. LAWTON, 1988, « Impacts of rising atmospheric carbon dioxide on model terrestrial ecosystems », *Science*, 280, p. 441-443.

[116] NORBY, R. J., E. H. DELUCIA, B. GIELEN, C. CALFAPIETRA, C. P. GIARDINA, J. S. KING, J. LEDFORD, H. R. MCCARTHY, D. J. P. MOORE, R. CEULEMANS, P. DE ANGELIS, A. C. FINZI, D. F. KARNOSKY, M. E. KUBISKE, M. LUKAC, K. S. PREGITZER, G. E. SCARASCIA-MUGNOZZA, W. H. SCHLESINGERH et R. OREN, 2005, « Forest response to elevated CO_2 is conserved across a broad range of productivity », *Proceeding of the National Academy of Sciences of the USA*, 102, n° 50, p. 18052-18056.

[117] HUNGATE, B. A., J. S. DUKES, M. R. SHAW, Y. LUO et C. B. FIELD, 2003, « Nitrogen and climate change », *Science*, 302, p. 1512-1513.

[118] NEMANI, R. R., C. D. KEELING, H. HASHIMOTO, W. M. JOLLY, S. C. PIPER, C. J. TUCKER, R. B. MYNENI et S. W. RUNNING, 2003, « Climate-driven increases in global terrestrial Net Primary Production from 1982 to 1999 », *Science*, 300, p. 1560-1563.

[119] COX, P. M., R. A. BETTS, C. D. JONES, S. A. SPALL et I. J. TOTTERDELL, 2000, « Acceleration of global warming due to carbon-cycle feedbacks in a coupled climate model », *Nature*, 408, p. 184-187.

[120] BERTHELOT, M., P. FRIEDLINGSTEIN, P. CIAIS, P. MONFRAY, J.-L. DUFRESNE, H. LE TREUT et L. FAIRHEAD, 2002, « Global response of the terrestrial biosphere to CO_2 and climate change using a coupled climate-carbon cycle model », *Global Biogeochemical Cycles*, 16.

[121] CRAMER, W., A. BONDEAU et F. I. WOODWARD, 2001, « Global response of terrestrial ecosystem structure and function to CO_2 and climate change : results from six dynamic global vegetation models », *Global Change Biology*, 7, p. 357-373.

[122] CAO, M. et F. I. WOODWARD, 1998, « Dynamic responses of terrestrial ecosystem carbon cycling to global climate change », *Nature*, 393, p. 249-252.

[123] DUFRESNE, J.-L., P. FRIEDLINGSTEIN, M. BERTHELOT, L. BOPP, P. CIAIS, L. FAIRHEAD, H. LETREUT et P. MONFRAY, 2002, « On the magnitude of positive feedback between future climate change and the carbon cycle », *Geophysical Research Letters*, 29, p. 1-4.

[124] FRIEDLINGSTEIN, P. *et al.*, 2006, « Climate-carbon cycle feedback analysis ; results from the C4MIP model intercomparison », *Journal of Climate*, sous presse.

[125] BOPP, L., L. LEGENDRE et P. MONFRAY, 2002, « La pompe à carbone va-t-elle se gripper ? », *La Recherche*, 355, p. 49-51.

[126] JOOS, F., R. MEYER, M. BRUNO et M. LEUENBERGER, 1999, « The variability in the carbon sinks as reconstructed for the last 1000 years », *Geophysical Research Letters*, 26, p. 1437-1440.

[127] SARMIENTO, J. L. et C. LE QUERE, 1996, « Oceanic carbon dioxide uptake in a model of century scale global warming », *Science*, 274, p. 1346-1350.

[128] BLUNIER, T., J. A. CHAPPELLAZ, J. SCHWANDER, J.-M. BARNOLA, T. DESPERTS, B. STAUFFER et D. RAYNAUD, 1993, « Atmospheric methane, record of a Greenland ice core over the last 1000 years », *Geophysical Research Letters*, 20, p. 2219-2222.

[129] *Acia Overview Report : Impacts of a warming Arctic*, 2004, Cambridge University Press (fichier PDF disponible sur www.acia.uaf.edu).

[130] *Acia Scientific Report : Arctic Climate Impact Assessment*, 2005, Cambridge University Press (fichier PDF disponible sur www.acia.uaf.edu).

[131] *Acia Policy Report : Arctic Climate Impact Assessment : Policy Document*, 2004, Cambridge University Press (fichier PDF disponible sur www.acia.uaf.edu).

[132] *Millennium Ecosystem Assessment. Ecosystems and human well-being*, vol. 1 « Current state and trends, Polar systems and human well-being », 2005, Island Press, 717 p. (fichier PDF disponible sur www.millenniumas-sessment.org/en/products.aspx).

[133] DÉQUÉ, M., 2007, « Frequency of precipitation and temperature extremes over France in an anthropogenic scenario : model results and statistical correction according to observed values », *Global and Planetary Change*, 57, p. 16-26.

[134] IPCC/TEAP, 2005, *Special report on safeguarding the ozone layer and the global climate system : Issues related to hydrofluorocarbons and perfluoro-carbons*, sous l'égide des groupes I et II du IPCC et du Technology and Economic Assessment Panel, Cambridge University Press, Royaume-Uni et New York.

[135] RAMASWAMY, V., M.-L. CHANIN, J. ANGELL, J. BARNETT, D. GAFFEN, M. E. GELMAN, P. KECKHUT, Y. KOSHELKOV, K. LABITZKE, J. J. R. LIN, A. O'NEIL, J. NASH, W. RANDEL, R. ROOD, K. SHINE, M. SHIOTANI et R. SWINBANK, 2001, « Stratospheric temperature trends : observations and model simulations », *Reviews of Geophysics*, 39, p. 71-122.

[136] Commission européenne, 2003, *Ozone-climate interactions, in Air Pollution research report*, I.S.A. Isaksen (éd.), Report 81, EUR 20623, Luxembourg.

[137] WMO-UNEP Scientific Assessment of Ozone Depletion, 2007, *Global Ozone Research and Monitoring Project - Report*, n° 50, 572 p., Genève, Suisse.

[138] US National Research Council, Board on Atmospheric Sciences and Climate, Commission on Geosciences, Environment, and Resources, 2000, *From Research to Operations in Weather Satellites and Numerical Weather Prediction : Crossing the Valley of Death*, National Academy Press, Washington DC, États-Unis.

[139] GCOS Second Adequacy Report, 2003, *The second report on the adequacy of the global observing systems for climate in support of the UNFCCC*, GCOS-82 (WMO/TD n° 1143), 85 p. (fichier PDF disponible sur http://www.wmo.ch/web/gcos/gcoshome.html)

[140] GCOS Implementation Plan, 2004, *Implementation plan for the global observing system for climate in support of the UNFCCC*, GCOS-92 (WMO/TD n° 1219), 153 p. (fichier PDF disponible sur http://www.wmo.ch/web/gcos/gcoshome.html).

[141] GCOS Satellite Supplement, 2006, *Systematic observation requirements for satellite-based products for climate*, GCOS-107 (WMO/TD n° 1338), 103 p. (fichier PDF disponible sur http://www.wmo.ch/web/gcos/gcoshome.html).

[142] CEOS Response to GCOS Requirements, 2006, *Satellite observation of the climate system*, 54 p. (fichier PDF disponible sur http://www.ceos.org/pages/pub.html)

[143] MOLINA, M. et F. S. ROWLAND, 1974, « Stratospheric sink for chlorofluoro-methanes : chlorine atomic catalyzed destruction of ozone », *Nature*, 249, p. 810-812.

[144] STOLARSKI, R. S. et R. J. CICERONE, 1974, « Stratospheric chlorine : a possible sink for ozone », *Canadian Journal of Chemistry*, 52, p. 1610-1615.

[145] National Research Council, 1976, *Halocarbons : effects on stratospheric ozone*, Washington DC, États-Unis.

[146] BENEDICT, R. E., 1991, *Ozone diplomacy : new directions in safeguarding the planet*, Cambridge, MA, Harvard University Press.

[147] BRYDEN, H. L., H. R. LONGWORTH et S. A. CUNNINGHAM, 2005, « Slowing of the Atlantic meridional overturning circulation at 25°N », *Nature*, 438, p. 655-657.

[148] TISSOT, B., 2003, *Halte au changement climatique*, Paris, Odile Jacob, Sciences, 295 p.

[149] SOCOLOW, R., C. ANDREWS, F. BERKHOUT et V. THOMAS, 1994, *Industrial Ecology and Global Change*, Cambridge University Press, New York.

INDEX

REMERCIEMENTS

Nous tenons à exprimer notre reconnaissance à l'égard de D. James Baker et Jacques Merle qui nous ont apporté une aide précieuse en révisant l'ensemble du manuscrit, de Tom Karl, Marc Jamous, Marianne Magnani et Emily Wallace, qui en ont relu et commenté une partie, de David Herring, Jean et Daphne Kaufman, et Lorraine Remer, qui ont aidé à compléter le chapitre 4 après le décès de Yoram Kaufman. Nous sommes particulièrement redevables au talent et à l'habileté de Michel Grégoire, qui a réalisé les figures des éditions en anglais[1] et en français de ce livre.

---

1. *Facing climate change together*, Cambridge University Press, 2008.

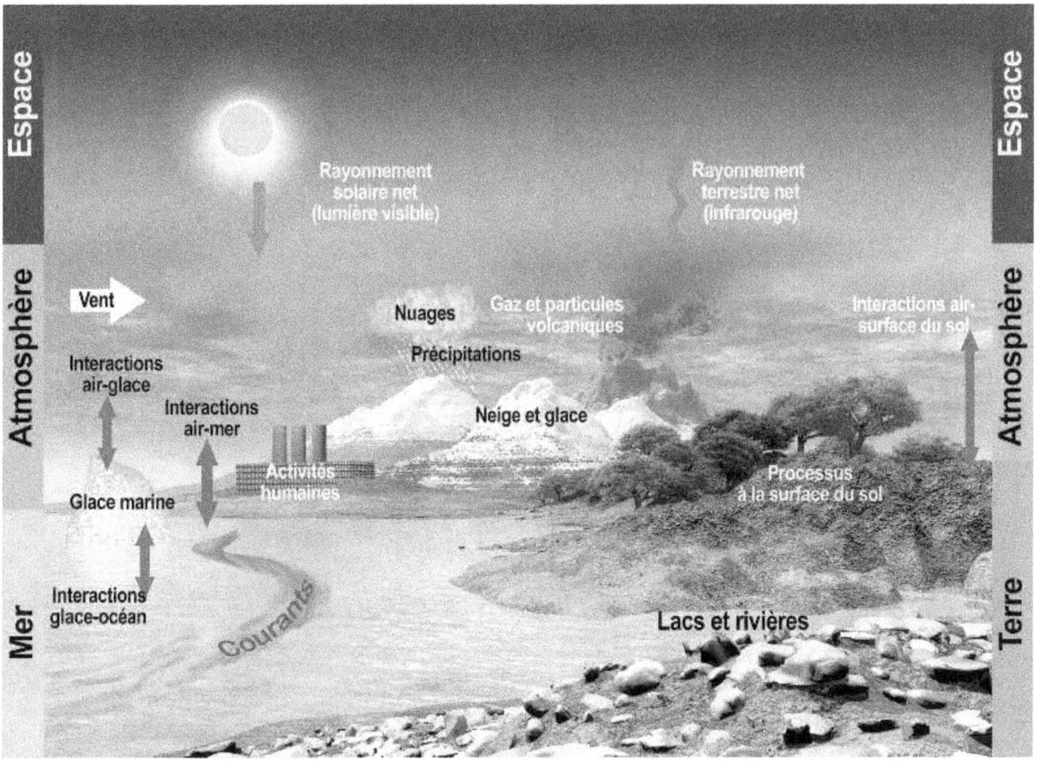

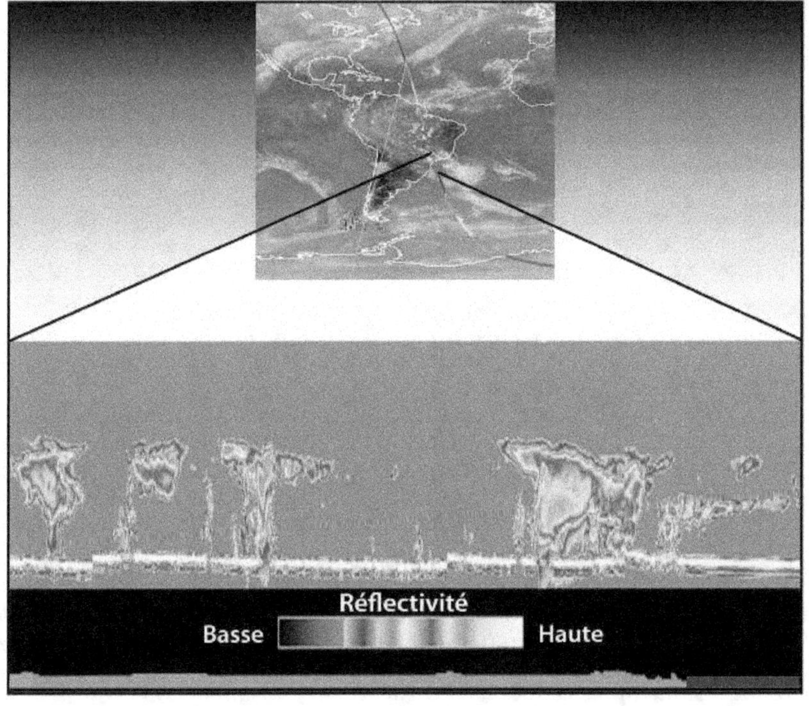

Figure 1.1. *Représentation simplifiée des éléments du système climatique.*

Figure 2.4. *Image tridimensionelle produite par le radar du satellite CloudSat, indiquant la distribution verticale de l'intensité des pluies exprimée par la réflectivité radar (en bas) sous la trace du satellite (en haut) au survol de l'orage tropical Andrea le 9 mai 2007.*

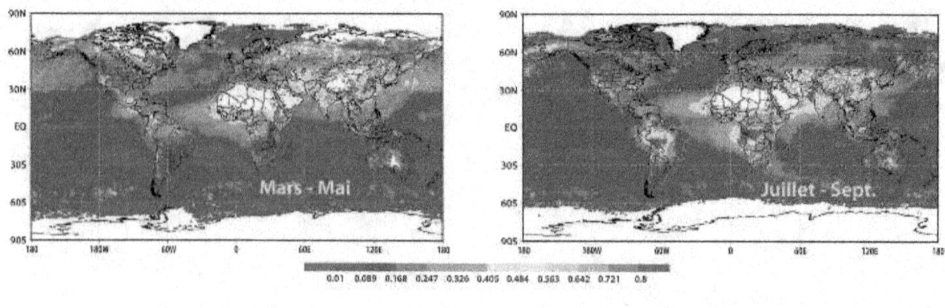
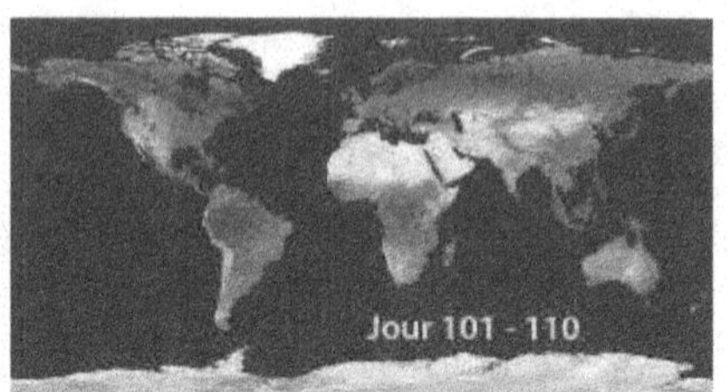
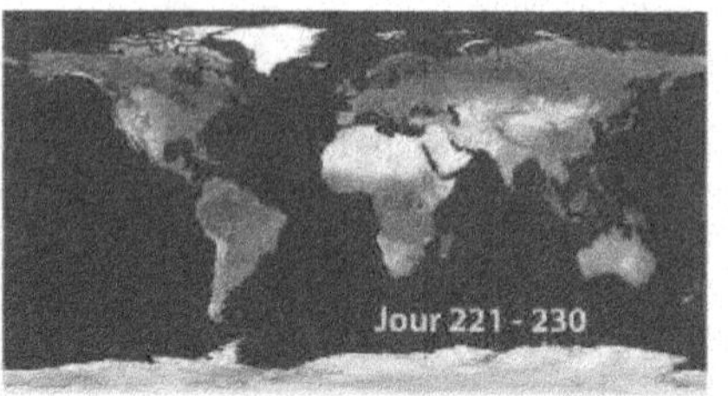

Figure 3.1. Distribution géographique des aérosols et des feux de végétation pour la période de mars à mai 2005 (à gauche) et de juillet à septembre 2005 (à droite). Les régions de feux de végétation apparaissent en rouge sur les cartes du bas et sont aussi caractérisées par des épaisseurs optiques en aérosols élevées. On peut remarquer les poussières désertiques qui sont expulsées du Sahara, les sels marins au-dessus de certains océans et les aérosols de pollution au-dessus des régions industrialisées. Les données proviennent de l'instrument Modis à bord du satellite Terra de la Nasa. (http://rapidfire.sci.gsfc.nasa.gov/firemaps et http://lake.nascom.nasa.gov/movas/)

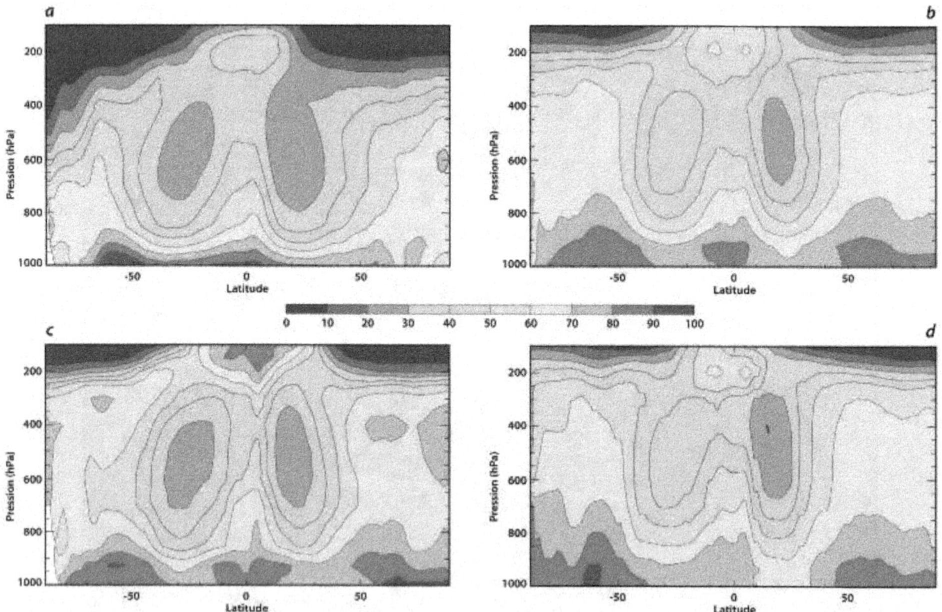

Figure 4.1. Moyenne zonale de l'humidité relative (en %) mesurée sur la période 2002-2006 par l'instrument AIRS (sondeur atmosphérique infrarouge) de la Nasa et calculée par différents modèles pour les mois d'hiver (décembre, janvier et février) sur la période 1980-1999 ; (a) observations AIRS ; (b) moyenne de dix-neuf simulations par des modèles de climat ; (c) simulation par le modèle du Centre japonais de recherche de pointe sur le changement global ; (d) simulation par le modèle du Service météorologique du Royaume-Uni.
(Figure aimablement fournie par la Nasa et le JPL. Les diagrammes ont été réalisés par Thomas Hearty et Duane Waliser du JPL. Pour plus de détails, voir http://airs.jpl.nasa.gov)

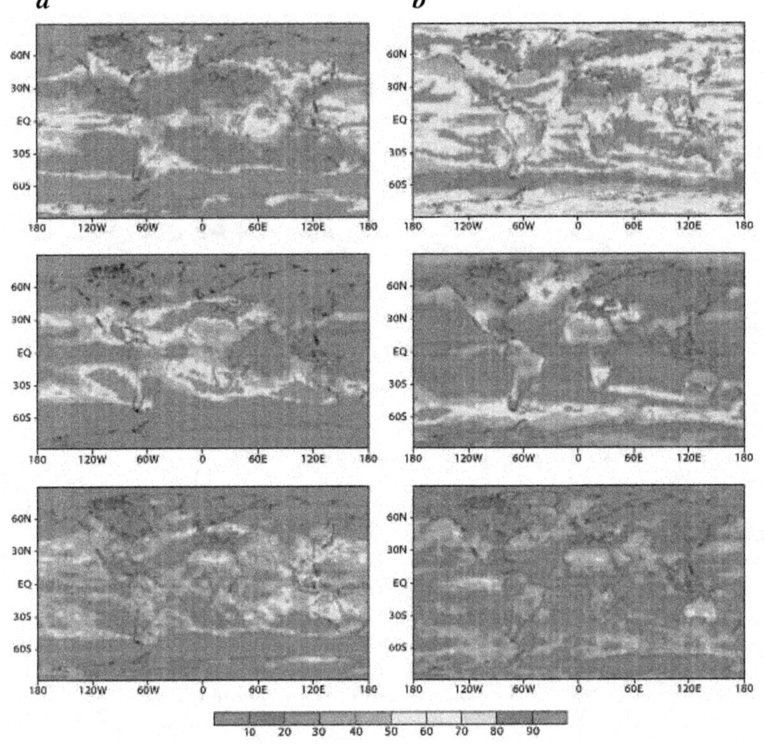

Figure 5.2. a-b
(a) Pourcentage des modèles IPCC qui prédisent une augmentation (en haut), une diminution (au milieu) et pas de changement (en bas) des précipitations annuelles entre la simulation de contrôle et le scénario SRESA2 ; (b) idem *pour l'évaporation annuelle.*

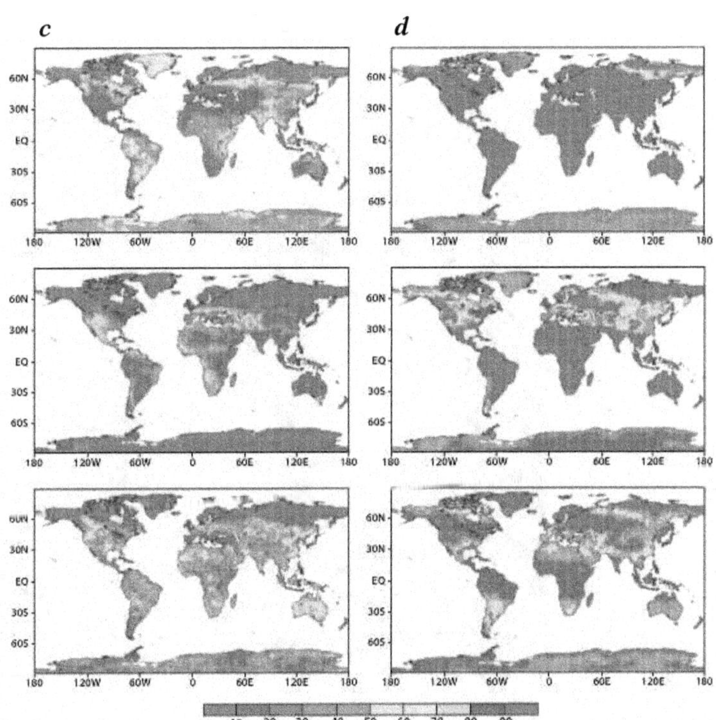

Figure 5.2. c-d
(c) Idem *pour le ruissellement annuel ; (d)* idem *pour la neige en mars-avril-mai, exprimée en contenu en eau équivalent.*

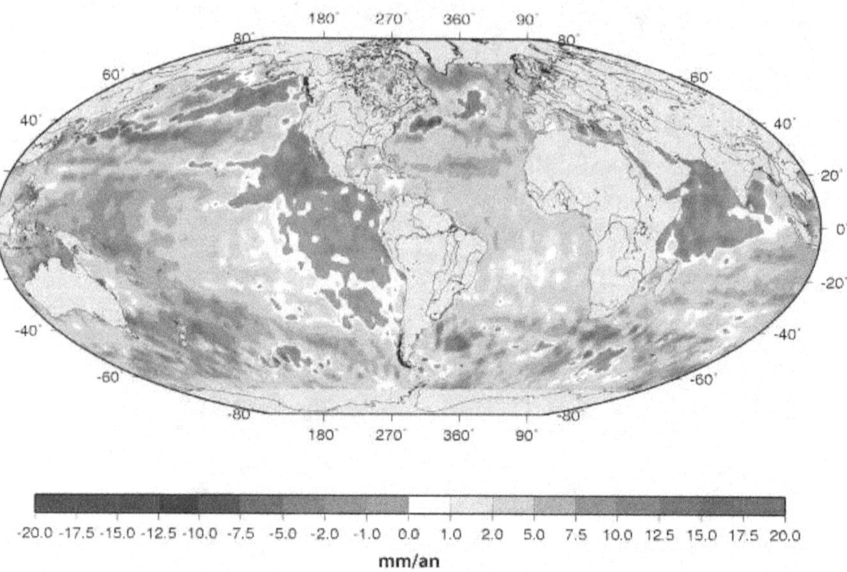

Figure 6.5. Carte de la dérive du niveau de la mer en mm/an entre 1993 et 2005 d'après A. Cazenave et S. Nerem [43]. On notera que le niveau de la mer s'abaisse dans certaines régions et s'élève dans d'autres. La moyenne globale est une élévation de 3 mm/an. Comprendre la cause de ce phénomène, à la fois selon les régions et en moyenne, est essentiel pour prévoir l'évolution future de l'un des impacts importants du changement climatique.

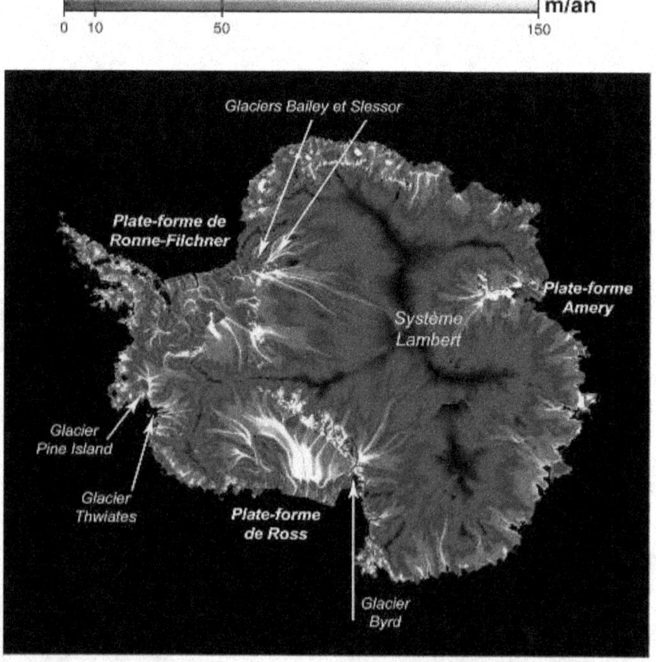

Figure 7.2. Écoulement de la glace en Antarctique : on remarque de grands fleuves de glace dont la signature est encore visible à plusieurs centaines de kilomètres en amont. 80 % de la glace du continent sont drainés par seulement quelques pour cent de la côte.

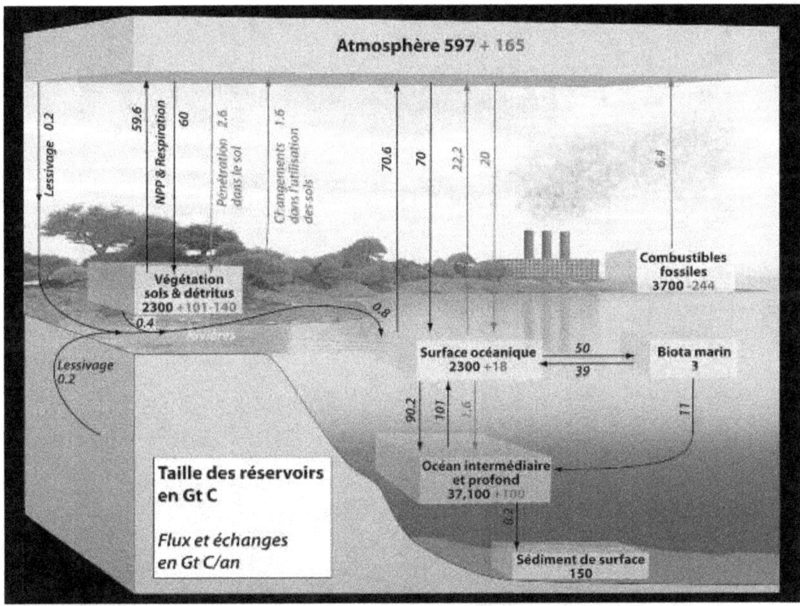

Figure 8.7. *Représentation schématique du cycle du carbone.*

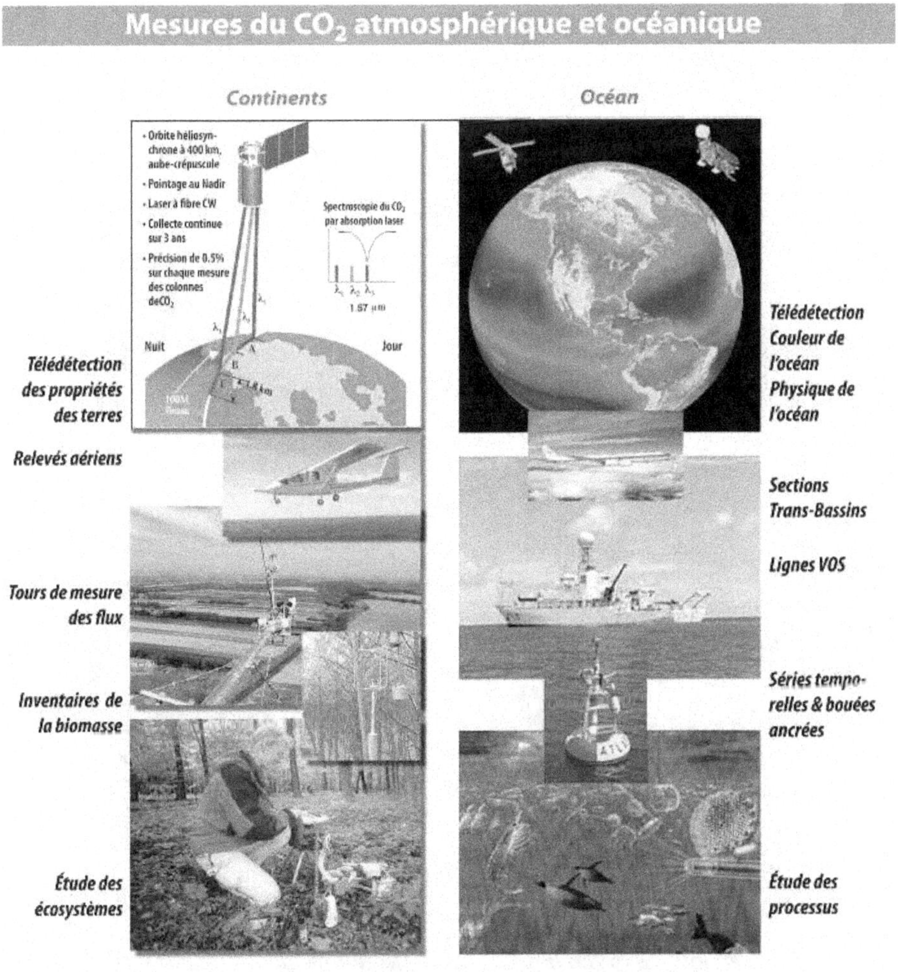

Continents　　*Océan*

Télédétection des propriétés des terres

Relevés aériens

Tours de mesure des flux

Inventaires de la biomasse

Étude des écosystèmes

Télédétection Couleur de l'océan Physique de l'océan

Sections Trans-Bassins

Lignes VOS

Séries temporelles & bouées ancrées

Étude des processus

Figure 8.12. *Un système intégré d'observation du carbone.*

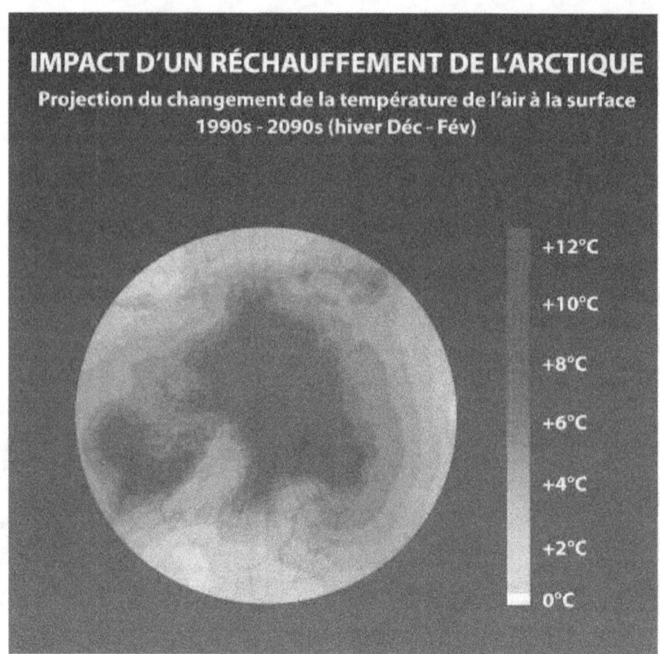

Figure 9.1. *Projections de la température de surface de l'air arctique en hiver pour la période 1990-2090, calculées par moyenne des cinq modèles ACIA selon le scénario B2 (Source : rapport ACIA).*

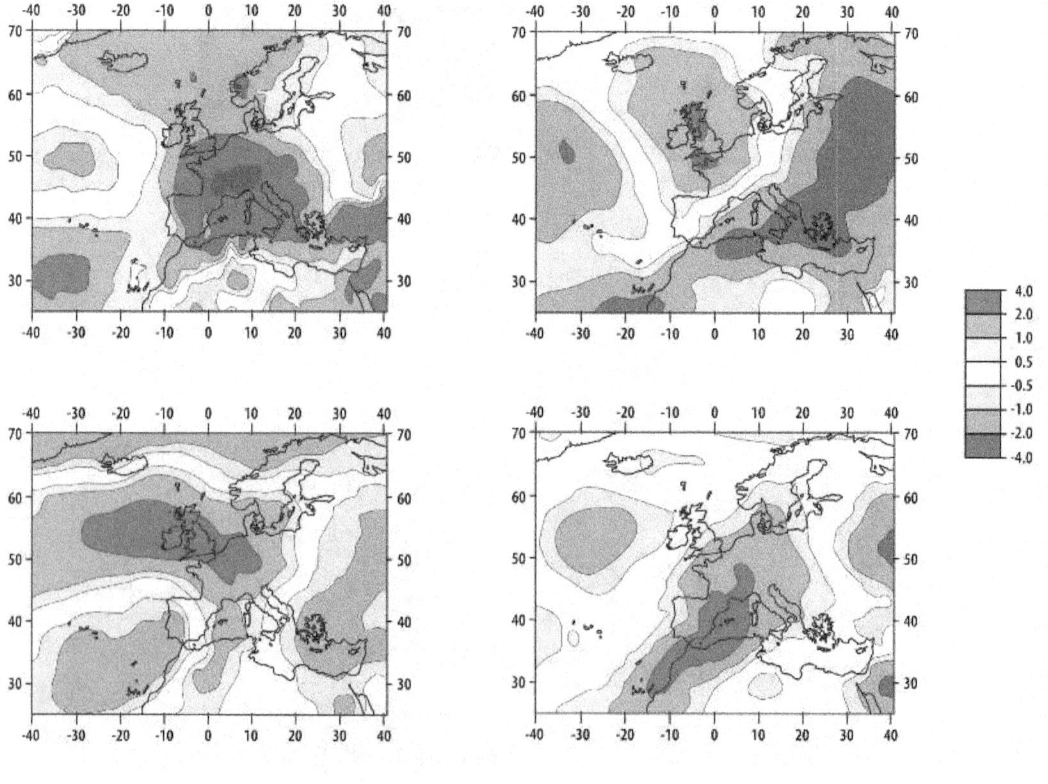

Figure 10.1. *Anomalies de température (en °C) à 850 hPa en juin/juillet/août 2003 (en haut à gauche), juin/juillet/août 1976 (en haut à droite), juin/juillet/août 1983 (en bas à gauche) et juin/juillet/août 1994 (en bas à droite).*

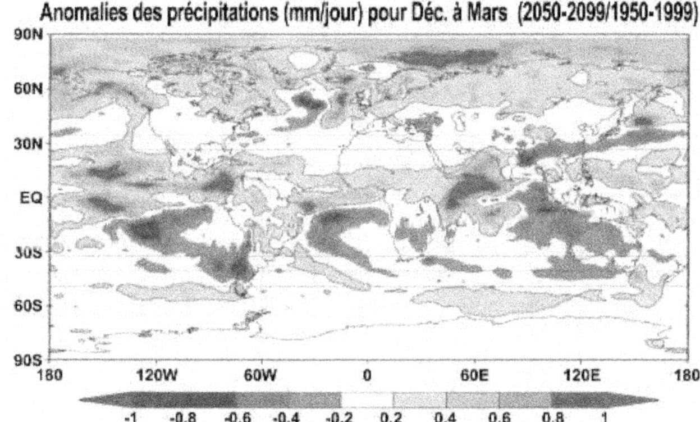

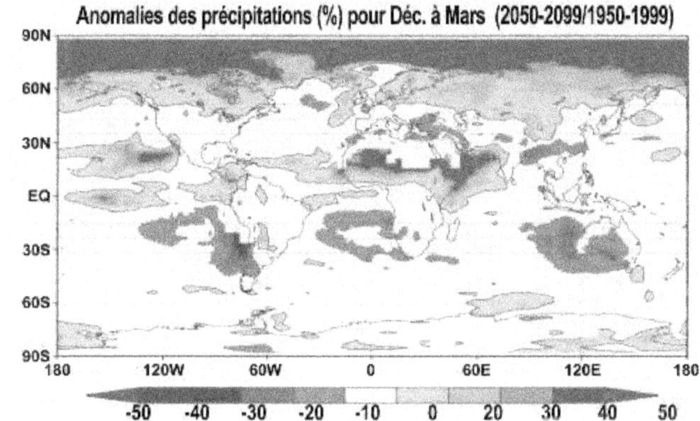

Figure 10.4. Anomalies globales des précipitations au XXIe siècle (en haut : mm/jour ; en bas : %), telles que simulées avec Arpège-Climat pour la période de décembre à mars dans le cas du scénario B2.

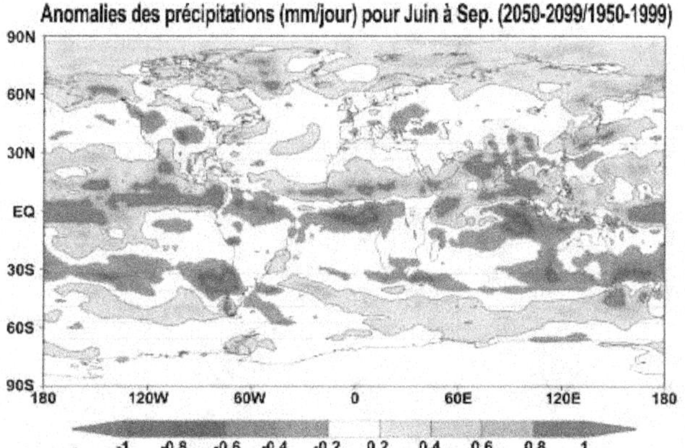

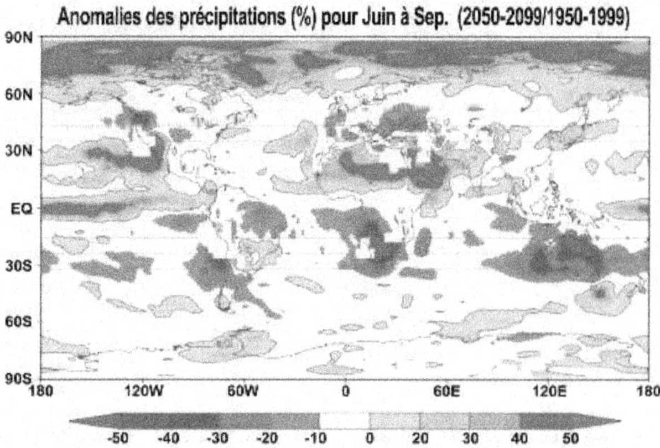

Figure 10.5. Anomalies globales des précipitations au XXIe siècle (en haut : mm/jour ; en bas : %), telles que simulées avec Arpège-Climat pour la période de juin à septembre dans le cas du scénario B2.

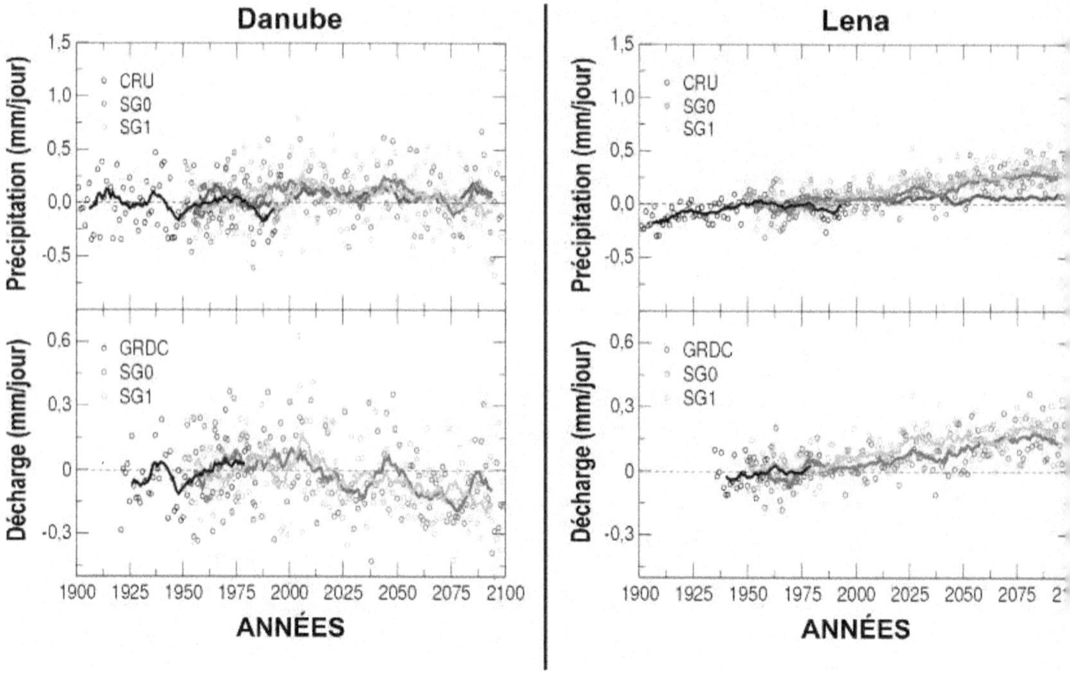

Figure 10.6. Anomalies annuelles (cercles) et moyenne glissante sur onze ans (courbes) des précipitations (en haut) et des écoulements (en bas) : observations (symboles noirs) et simulations (symboles rouges), pour le Danube (à gauche) et la Lena (à droite).

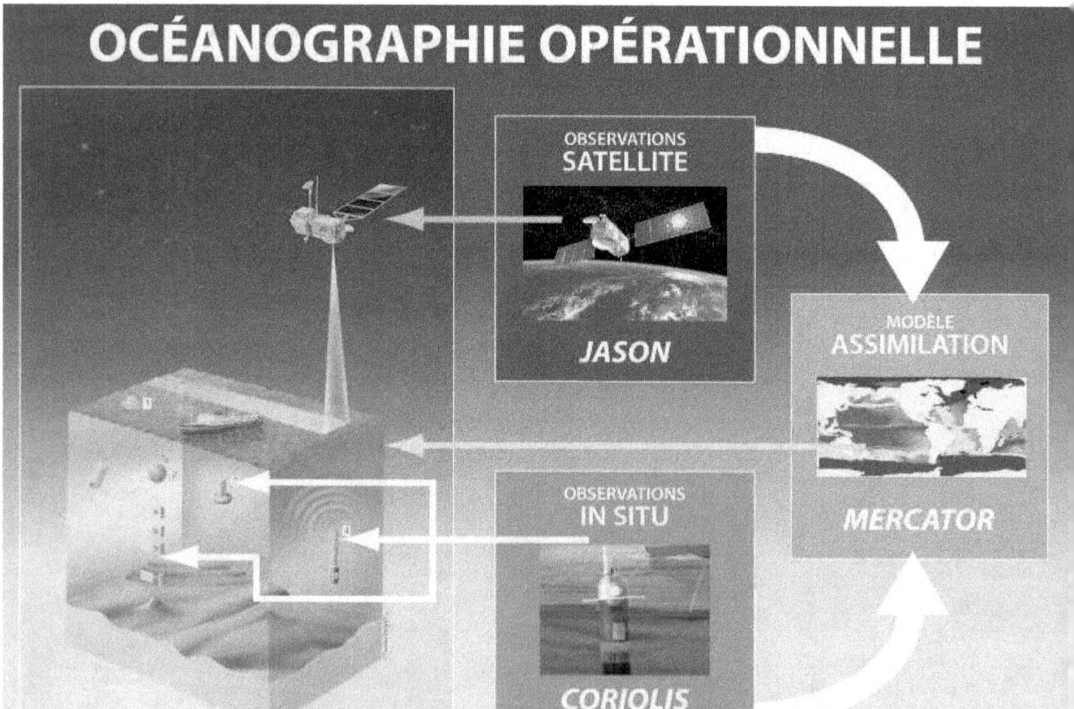

Figure 12.1. Représentation schématique d'un système intégré d'observation de l'océan.

TABLE DES MATIÈRES

Chapitre 7
Glace et climat

Chapitre 8
Le cycle global du carbone

Chapitre 9
Les défis du changement climatique : implications et perspectives pour l'Arctique

Chapitre 10
De certains impacts du changement climatique sur l'Europe et l'Atlantique

Chapitre 11
Interaction entre la chimie atmosphérique et le climat

Chapitre 12
Le système d'observation du climat

Chapitre 13
Climat et société : la dimension humaine

Conclusions

Comprendre les aspects critiques du système climatique : climat régional et le climat global (253) – Développer un programme ambitieux d'observations, tant aux échelles régionales que globales (255) – Faire un bilan sans complaisance des ressources énergétiques disponibles (256) – Un effort gigantesque pour développer un programme énergétique ambitieux (258) – Se préparer à une indispensable adaptation aux changements à venir au sein du système climatique (261).

Cet ouvrage a été transcodé et mis en pages
chez Nord Compo (Villeneuve-d'Ascq)